彩色涂层钢板生产技术问答

主　编　沙　舟　韩志勇
副主编　李鸿波　李绮屏

北　京
冶金工业出版社
2009

内 容 提 要

本书以操作技术、产品质量控制和设备维护、车间现场管理为主线，以问答形式和通俗语言，全面、系统地讨论并解答了彩色钢板从原材料到产品出厂整个生产流程的各环节中常见的基本概念、工艺、技术、设备、产品质量控制和车间管理等问题。从大量疑难问题中，精选出常见的有生产实践意义的问题进行了深入浅出的阐述，内容丰富，紧扣生产实际，实用性强。

全书共分10章，内容包括：彩涂板基础知识、彩涂板生产工艺、彩涂板生产操作、彩涂板质量控制、彩涂板生产线热工系统、彩涂板生产线电气设备、彩涂板生产线机械设备、彩涂板生产线液压气动系统、彩涂板生产线设备及生产管理、涂装作业安全规程等。目的是为彩涂板生产一线的操作工人和车间级管理人员提供一本比较全面的工作读本。

本书可供彩色涂层钢板生产企业操作工人、生产班组长、车间主任、现场维修人员、化验室实验员以及其他管理人员阅读，也可供职业技工学校、大专院校有关专业的师生和研究院所的科研人员参考，同时可作为企业对职工应知应会普及培训的参考书。

图书在版编目(CIP)数据

彩色涂层钢板生产技术问答/沙舟，韩志勇主编．—北京：冶金工业出版社，2009.5

ISBN 978-7-5024-4858-5

Ⅰ.彩…　Ⅱ.①沙…　②韩…　Ⅲ.钢板—有机材料—涂层—生产工艺—问答　Ⅳ.TG174.46-44

中国版本图书馆CIP数据核字(2009)第047793号

出 版 人　曹胜利

地　　址　北京北河沿大街嵩祝院北巷39号，邮编100009

电　　话　(010)64027926　电子信箱　postmaster@cnmip.com.cn

责任编辑　张登科　美术编辑　李　心　版式设计　张　青

责任校对　刘　倩　责任印制　牛晓波

ISBN 978-7-5024-4858-5

北京兴华印刷厂印刷；冶金工业出版社发行；各地新华书店经销

2009年5月第1版，2009年5月第1次印刷

787mm×1092mm　1/16；16.75印张；402千字；248页；1-3000册

45.00元

冶金工业出版社发行部　电话：(010)64044283　传真：(010)64027893

冶金书店　地址：北京东四西大街46号(100711)　电话：(010)65289081

（本书如有印装质量问题，本社发行部负责退换）

编　委　会

主　　编　沙　舟　韩志勇

副 主 编　李鸿波　李绮屏

编写人员　沙　舟　韩志勇　李鸿波　李绮屏

张富信　李一臣　袁旭东　王建兵

王　颖　邓华容　钟林勉　王直虎

朱义武　杨伟宏　耿　娟　周丽娜

王　辉

前　言

彩色涂层钢板生产技术在我国的应用已有20多年的历史，但在20世纪末之前，国内只有几条屈指可数的彩色涂层钢板生产线，总产量很低，而且都是引进国外技术和设备建成的。

彩色涂层钢板是一种防腐、轻便、美观的钢板材料，通常是将冷轧钢板或镀锌钢板预先进行表面处理（脱脂，磷化，钝化），然后涂敷涂料、高温固化而成的产品，这种钢铁产品出厂时已具有各种漂亮的色彩，故又称为“彩色涂层钢板”，在我国通常简称为“彩色钢板”或“彩涂板”。

彩色涂层钢板的用途非常广泛，它在建筑业、室内装修业、家电行业等领域，已越来越多地取代了喷涂板，而且，其应用领域还在不断扩大。

随着我国经济建设的持续发展和人民生活水平的不断提高，彩色涂层钢板的社会需求增加很快。从我国国内彩色涂层钢板市场来看，一般的建材用彩色涂层钢板基本上可以自给自足，但高档建材、家电、汽车、装饰用彩色涂层钢板的生产量还远远低于消费量，大部分依赖进口。随着房地产市场的进一步发展，建筑业对彩色涂层钢板的需求将有大幅的提高，估计将会占到彩色涂层钢板整体需求量的一半以上。为了适应市场需要，近年来，我国已经建成了许多条彩色涂层钢板生产线，据不完全统计，截至到2005年上半年，国内建成的彩色涂层钢板生产线已接近200条，设计年产量超过了1300万t，这些生产线中的大部分均为国内成套设计、制造，少数生产线采用了当今国际上最新的生产技术和设备，且能够生产较高质量和多品种的产品。

随着国内彩色涂层钢板生产工艺及装备水平的不断提高和彩色涂层钢板生产量的迅速增加，人们对彩色涂层钢板产品质量和产品品种的功能提出了更高的要求，这就需要彩色涂层钢板生产企业必须不断地进行技术改造、技术更新、技术培训和掌握先进的彩色涂层钢板生产新技术，总结新经验，努力培养一批高水平和熟练的生产技术人员及操作人员。

鉴于此，我们于2006年正式出版了《彩色涂层钢板生产工艺与装备技术》

一书，该书主要从生产工艺技术及生产装备方面对彩色涂层钢板生产线进行了较详细地介绍。该书出版后受到广大读者，特别是从事彩色涂层钢板生产线设计、管理等有关技术人员的欢迎。同时也收到一些读者的建议：希望能有一本关于彩色涂层钢板生产和操作方面的应知应会读本出版，这将会对彩色涂层钢板生产起到具体和实际的指导作用，其效果更好。为此我们又组织了一批具有丰富生产实践经验和设计经验的技术人员编写了本书，以问答形式和通俗语言，全面、系统地讨论并解答了彩色钢板从原材料到产品出厂整个生产流程的各环节中常见的基本概念、工艺、技术、设备、产品质量控制和车间管理等问题。并从大量疑难问题中，精选出常见的有生产实践意义的问题进行了深入浅出的阐述，内容丰富，紧扣生产实际 ，实用性强。其目的是为彩色涂层钢板生产一线的操作工人和车间级管理人员提供一本比较全面和实用的工作读本。

本书可供彩色涂层钢板生产企业操作工人、生产班组长、车间主任、现场维修人员、化验室实验员以及其他管理人员阅读 ，也可供职业技工学校、大专院校有关专业的师生和研究院所的科研人员参考，同时可作为企业对职工应知应会普及培训的参考书。我们期望本书能对从事彩色涂层钢板生产的有关人员有所帮助。

由于作者水平所限，书中不妥之处，欢迎读者批评指正。

作 者

2009 年 3 月

目　录

第一章　彩涂板基础知识

第二章　彩涂板生产工艺

第三章　彩涂板生产操作

第五章　彩涂板生产线热工系统

第六章　彩涂板生产线电气设备

第七章　彩涂板生产线机械设备

第八章　彩涂板生产线液压气动系统

第九章　彩涂板生产线设备及生产管理

附录 涂装作业安全规程

第一章 彩涂板基础知识

1-1 什么是彩涂板?

答: 彩涂板又称彩板或有机涂层板，是指将有机涂料涂敷于钢板表面而获得的涂装产品。它兼有有机聚合物与钢板两者的优点，既有有机聚合物的良好着色性、成形性、耐蚀性，又具有钢板的机械强度和易加工性能，可以比较容易地进行冲裁、弯曲、深冲、铆接、焊接等加工。

彩涂板一般是在专业生产线上集中生产，其产品在各行业制作各类产品后无需再进行涂装，从而有效地降低了各种加工业的制造成本。

彩涂板被广泛地应用于建筑、家电、汽车等各个行业中。

1-2 彩涂板起源于什么时候?

答: 彩涂板技术于1927年首创于美国，并于1936年建成世界上第一条涂层钢板生产线，其产品主要用于制作百叶窗和挡风墙，以取代木制品。特别在第二次世界大战爆发期间，由于战争的需要，军火业、造船业、交通业迅猛发展，薄板需求量不断增加，大大推动了钢铁业冷轧板深加工的技术进程，随之而来的板材表面防腐处理问题的研究和解决，正好为彩色涂层钢板开拓了发展空间。

20世纪50年代起，彩涂板被大量应用于建筑行业，美国于1955年建造了第一批宽带涂层机组。与此同时，欧美国家正掀起一场“建筑革命”，钢材在建筑业上的应用正不可阻挡地向前发展。为了使钢结构建筑物得到装饰及区分，很快地，钢材被涂上了不同颜色的油漆，在随后的几年时间里，油漆技术的改进又促进了钢卷涂层业的发展。

自60年代以来，彩涂板生产急剧发展，产量不断增加。彩涂板生产线主要分布在北美、欧洲、东亚、澳大利亚及新西兰地区。除此之外南美、南非、东欧及中东地区也有一些生产线。

1-3 国外彩涂板生产的发展概况?

答: 彩色钢板生产线经过50年的漫长发展，其生产线速度已从最初的15m/min发展到现在的240m/min，板厚可在0.15～2.2mm之间，板宽最大可达2000mm。20世纪末，全世界已有400多条彩色钢板生产线，单美国就有200多条，全世界的总生产能力已达到1400万t。

在美国的工艺技术影响下，20世纪60年代初，欧洲、日本已有多条彩色涂层钢板连续生产线相继投产。特别是日本，在早期引进了美国的先进技术后，不断消化吸收、改进到再建造，使彩色钢板的产量快速提高，到70年代末，其年产量就已达到200万t，跃升为亚洲彩色钢板生产的领头羊。

为了更进一步推动彩色钢板事业发展的网络化，美国早在1962年就成立了世界上最大的卷板涂装联合企业——美国国家卷材涂装者协会（NCCA），该企业是集卷板涂层的工艺技术交流、卷板和涂层原料贸易、涂层设备供应、产品买卖等信息于一体的国际性组织。该组织成员包括彩色涂层钢板的生产厂、所需原材料（如涂料、金属卷材）和设备的生产厂。除定期举行会员大会讨论交流情况外，还组织专题技术论坛和新产品设计竞赛，以推动彩色涂层钢板的发展和开拓市场，并收集和发布生产和销售的统计数字，制定和出版有关标准、技术手册和刊物，对彩色涂层钢板的发展起到很好的促进作用。目前，其成员数量已达到160多个，来自世界各地规模较大的彩色钢板和彩色铝板的生产、制造企业，我国宝钢公司是其中一员，该组织规模颇为宏大。

在欧洲，卷材涂料在1960~1965年期间已经发展得非常成熟，1966年，欧洲已经有14条彩色钢板生产线，分布于瑞典、德国、英国、比利时、瑞士和法国等多个国家。1967年，欧洲卷材涂层协会（ECCA）在比利时的布鲁塞尔成立。这个基于科技发展的协会由80多个卷材涂层商、50多个涂料生产厂、40家原材料供应商和20多家设备制造商组成。协会的宗旨是研究和推广彩色涂层钢板的生产和使用。20世纪末，欧洲的彩色涂层钢板年生产总量已达390万t。

1-4 国内彩涂板生产的发展概况?

答：在我国，彩涂板的生产起步比较晚，研究始于国家“七五”计划。20世纪80年代初，冶金、化工、轻工等几个部门同时进入有机涂层钢板的生产工艺和产品应用技术方面的科研攻关和可行性研究。为后来引进国外生产线的工作奠定了基础。

我国第一批彩色涂层钢板生产线是在20世纪80年代初期分别从美国、英国、日本引进。主要有：

（1）武钢彩涂机组：设计能力6.4万t，主要生产建筑用彩涂板。

（2）宝钢1、2号彩涂机组；设计能力约40万t，主要生产建筑用彩涂板。

（3）鞍钢新轧二条彩涂机组：设计能力30万t，主要生产建筑和家电用彩涂板。

（4）北京门窗厂机组：年产3万t。

（5）广州第三轧钢厂立式涂层机组：年产5万t。

由于当时这种生产工艺在国内属于新兴行业，产品的优点还没完全被国人认识，彩色钢板在当时可以说是薄板应用中的一种奢侈品，所以投产后产量一直上不去，多半生产线都处于不饱和状态，最后鞍钢和广州三轧的生产线因不堪其工艺缺陷和产品成本的压力而停产或转让。

20世纪末，我国彩色钢板的发展迎来了第二个高潮。国内已有上规模的彩涂线20多条，中、小型的生产线更是不计其数，年生产能力已达到150万t。

进入21世纪，我国如首钢、本钢、攀钢、邯钢、马钢、大连浦金、广东顺德浦项、江苏春兰、青岛海尔等超过30家大型企业已建成或在建10万t以上规模的彩涂生产线，机组产能较高，装备水平也较高。另外，许多民营企业也投资彩涂板生产业，其多采用国产设备，产能较小，但上马快，投资低，产品主要面向建材、装饰行业；外资及中国台湾的一些台资也纷纷登陆兴建彩涂机组，这些机组大部分集中在我国沿海地区。从 2000～2004 年，生产量以平均 39.0% 的速度递增，到 2005 年全国彩涂板产能大于 800 万 t/a。还有一批彩涂机组正在建设之中，届时全国总产能将超过 900 万 t/a 或更高；冶金行业外新建彩涂机组数量及产量已多于行业内；彩涂板生产主要集中在我国华东、华北地区，按已统计到的不完整数据，这两大区彩涂板生产能力占全国总生产能力的 66.5%，若按省份计，则以广东省产能最高，约占全国总产能的 10.1%。

据近几年的统计数字表明，我国每年仍需从国外进口彩涂板 70～80 万 t，由此可见，彩色钢板的发展在我国仍有很大的市场。

1-5　彩涂板防腐的机理是什么?

答：金属材料受到破坏主要是断裂、磨损和腐蚀等三种形式，其中腐蚀是三种形式中最复杂、对金属的破坏性最大的一种，因为金属腐蚀是发生在金属与环境（介质）间的界面上，并产生了化学或电化学反应，所以金属防腐研究是其他材料防腐研究中难度较大的一种。

金属防腐研究作为一个体系逐渐形成，是在 18 世纪中叶，罗蒙诺索夫（Jiomohocob）于 1748 年就解释了金属的氧化现象。凯依尔（Keir）于 1790 年描述了铁在硝酸中的钝化现象。德·拉·里夫（De La Rive）于 1830 年提出了金属腐蚀的微电池概念。法拉第（Faraday）于 1833～1834 年提出了电解定律。这些理论对腐蚀科学的进一步发展具有极大的推动作用。

金属防腐作为一门独立的科学始于 20 世纪初、中期，这段时期世界经历了第一次世界大战和第二次世界大战。战争中武器需要远洋运输和储备，为了防锈英国于 1943 年发布了包装标准（BS1133）。美国在第二次世界大战中，因要解决武器运输到东南亚高温潮湿地区的腐蚀问题，也对防锈材料制订了 P 系列标准，大大促进了金属防锈技术的发展。战后，这些技术从军用逐渐转移到民用，并在 50 年代后基本上形成了研究体系。

金属材料的腐蚀分类通常有以下几种：

（1）按腐蚀环境分：干腐蚀、湿腐蚀；

（2）按腐蚀机理分：化学腐蚀、电化学腐蚀、物理腐蚀；

（3）按腐蚀形态类型分：点蚀、应力腐蚀断裂；

（4）按金属材质分：在“金属手册”中常见和实用的金属；

（5）按应用范围分：其实是按腐蚀环境分类的特殊应用。

金属的防腐现象，主要是以上提及的第（1）和第（2）点，第（1）点的干腐蚀属于化学机理而湿腐蚀是属于电化学机理。第（3）至第（5）点，都是属于第（1）、第（2）点的进一步分类。彩色涂层钢板的防腐机理是利用涂层将基板与腐蚀介质隔离开来，阻止基板表面产生化学或电化学反应。因此，我们最终要研究的防腐问题应归并为涂层钢板基板表面的化学腐蚀和电化学腐蚀。

基于上述的金属腐蚀机理，人们一直在寻找有效的金属腐蚀控制方法，经过长期的实践，基本形成以下几种措施：

（1）选用金属材料时，尽可能选耐大气腐蚀的；

（2）结构设计时，尽量避免缝隙、凹槽等易积水而引起腐蚀应力断裂的地方；

（3）改变成分，添加缓蚀剂，以抑制腐蚀过程；

（4）包装前作防锈处理，储存时保持干燥清洁；

（5）采用表面保护性覆盖涂层。

1-6 彩涂板通常有几种最基本的涂层？

答：要使彩涂板达到防腐功效，基板的每一单面最少要涂上三种隔离膜层（图1-1），他们分别是化学转换涂层、底涂层和面涂层。早期的彩涂线曾有只涂二层的，即只有一层化学转换涂层和一层亦底亦面的涂料涂层，但由于防腐效果不佳，现在的彩涂线通常是涂三层或以上的，有些家电板按实际需要甚至是涂上四层或五层的。这就是下几节所介绍的为何彩涂机组会有二涂二烘、三涂三烘、四涂四烘等多种工艺流程的原因，通常说来，多涂多烘的彩涂线一般是用于印花彩涂板生产。

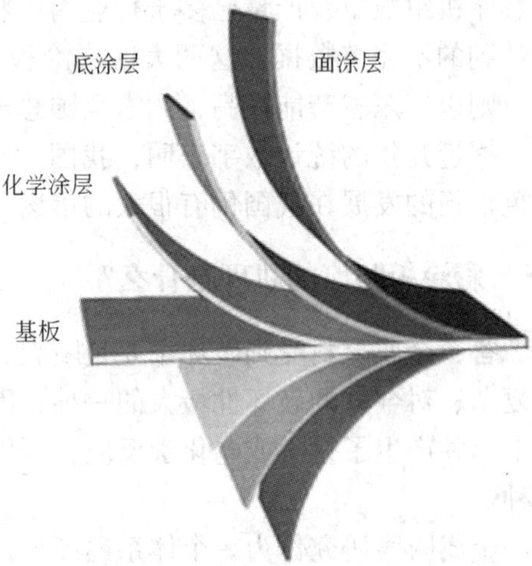

图1-1 彩涂板的涂层种类

1-7 彩涂板与传统钢板（镀锌板）相比有哪些优点？

答：彩涂板的涂层既起到保护作用又增加了装饰性，且色泽持久不容易变色，不同的彩涂板品种表面还可增加压花、印花和不同类型的色彩和表面结构。虽然传统钢板的价格比彩涂板要低一些，但由于在成形后还需进行装饰保护工序，因此，相比之下彩色涂层钢板的性能价格比还是存在明显优势。

彩色涂层钢板与传统的钢板相比，具有安装方便、施工速度快（无湿作业）、连接牢固可靠、施工季节不受限制，不做二次装修等优点。传统的钢板要达到彩色涂层钢板同样的装饰效果，则需要对钢板作涂装处理。因而彩涂板施工速度快。

彩涂板在建筑及室内装饰方面还有一个非常有利的优点，即可以起防火作用。涂层表面即使在高温的烘烤下也能保持光泽，表面颜色无任何变化。

在加工方面，优质的彩涂板在经过折弯或冲压后其表面涂层无脱落现象，涂装质量远比在成形金属表面进行单体喷涂或刷涂的质量更均匀、更稳定、更理想。

使用时间方面，彩涂板明显比传统钢板耐用，在室内可保持20～30年以上光泽不生锈。

1-8 彩涂板与镀锌板的防腐功能有什么区别？

答：作为卷材连续生产的工艺方法，镀锌板可以分为电镀锌和热镀锌两种方法，其中电镀锌方式是用电沉积的方法使金属表面镀上一层Zn金属或Zn合金。热镀锌也叫做热浸镀，是将被保护金属制品浸渍在熔融的Zn金属中，使其表面形成一层保护性金属覆盖层。

与电镀法相比，金属热镀层较厚；在相同环境下，其寿命较长。

钢材表面热镀锌层的腐蚀相当于纯锌的腐蚀，锌在大气中的腐蚀与钢材在大气条件下的腐蚀过程相似，发生化学氧化腐蚀，在有水膜凝结的锌表面同样发生电化学腐蚀。

在中性或弱酸性的大气环境下，钢板镀锌层经腐蚀后形成的腐蚀产物为非溶性化合物（氢氧化锌、氧化锌和碳酸锌），这些产物将以沉淀形式析出，形成致密的薄层，一般可达 8μm 的厚度。这种薄膜既有一定厚度，又不容易溶解于水，附着性又很强，因此它能起到大气与镀锌板之间的屏障作用，防止腐蚀的进一步发展。在保护镀锌层遭到破坏，钢铁部分表面暴露于大气环境中，此时锌与铁形成微电池，锌的电位明显低于铁的电位，锌则作为阳极对钢板基板起到牺牲阳极的保护作用，防止钢板的腐蚀发生。

彩涂板则是将液态涂料，用刷涂或辊涂法涂覆在清洁的金属表面，加温固化后可得到不同厚度的漆膜。漆膜的作用除了把金属与腐蚀介质隔开外，还可以借助于涂料中的某些颜料（如铅丹、铬酸锌等）使金属钝化，达到永久性防腐的效果。

从彩色涂层钢板的防腐机理来看，有机涂层（包括面涂层和底涂层）是一种隔离性的物质，它将基板与腐蚀介质隔离开来，以达到防蚀的作用。

但从微观的角度来看，涂层存在着很多针孔，针孔是漆膜表面上如毛孔状的缺陷，它是陷入湿膜中的空气逸出时造成的，原因可能是湿膜表层黏度和气泡壁的界面张力过大。一般针孔的平均直径在 $10^{-1} \sim 10^{-3}$μm，环境中的水、氧和其他离子都可通过针孔渗入膜层，并形成局部电池，发生膜下腐蚀。针孔与涂层的厚度成反比。即厚度越薄，针孔越多。

膜下腐蚀的过程（机理）是：

（1）水、离子和氧渗入有机涂层。

（2）基体金属与溶液间导电途径是电阻较低的涂层部位，即

1）在钢基表面发生阳极反应：

$$Fe \longrightarrow Fe^{2+} + 2e$$

2）在钢基表面还发生阴极反应：

$$H_2O + \frac{1}{2}O_2 + 2e \longrightarrow 2OH^-$$

在阴极区出现涂层鼓泡、脱层现象。

3）腐蚀反应进行时，在有机涂层导电部位下面，离子的浓度增加，并生成固态的腐蚀产物。

4）铁的溶解使反应部位附近的 pH 值降低。

5）阴极区域的 pH 值升高和阳极区域的 pH 值降低，对有机涂层均有害处。

1-9　彩涂板一般应用于哪些行业？

答： 彩涂板产品主要用于建筑、运输、电器、家具等行业，其详细用途见表 1-1。

表 1-1 彩涂板应用一览表

行 业	用 途	产 品	推荐使用牌号
建筑业	轻型建筑设施	汽车库、活动房、旅游房、冷藏车、售货亭、交通岗亭	TST01/TST02 TDC51D
	建筑构配件	屋顶、墙体、门窗、百叶窗、阳台、窗台面板	
	室内装饰应用	天花板、隔板、内墙饰面、装饰品	TSECC/TDC51D
运输业	车 辆	车身、内部装饰、防护板、其他部件	TST01/TDC51D
	船 舶	客舱天花板、墙体、内部装饰	
	其 他	车辆牌照、路牌、高速公路围墙	TSCEE/TDC51D
电 器	家用电器	洗衣机、电冰箱、空调机、电烤炉、盒式录音机、吸尘器等壳体	TSECC/TDC51D
	电器仪表	电子计算机、复印机等电子设备外壳、仪表盘、电器柜	TSECCB
其 他	办公及商店设施	办公桌、文件柜、售货架	TSCEE/TDC51D
	家 具	各种钢制家具、日用器具	
	容 器	食品包装盒、各种工具容器	

1-10 彩涂板的一般使用年限?

答: 彩色涂层钢板是一种复合材料，由基板和涂料组成，兼有钢板和有机材料两者的优点，既有钢板的机械强度和易成形的性能，又有有机涂料良好的装饰性、耐蚀性，因此，影响彩涂板寿命的因素很多，既有地域性气候方面，又有涂料品种性能和基板本身材质方面，甚至与彩涂生产时的工艺方式也有很大关系。

A 基板方面的影响

彩涂板的使用年限虽然无法给出非常具体的数字。但有一点是可以肯定的，就是使用有镀层的基板生产出来的彩涂板由于除有镀层的保护外，镀层上的有机涂层还起到了覆盖隔离的作用，可防止钢板生锈的蔓延，使用寿命比镀层钢板更长，据介绍用镀锌板为基板的彩涂板其使用寿命比镀锌钢板长 50%。镀锌层与镀铝锌合金相比，镀铝锌合金的化学性质相对较活泼，因此防腐蚀能力较镀锌彩涂板强。在同等室外条件下的测试表明，镀铝锌板为基板的彩涂板，其使用年限为镀锌板的 4 倍以上。

B 地区性气候的影响

在不同的地区和不同的使用部位，采用相同镀锌量、同种涂料、相同涂层厚度的彩色涂层板，其使用寿命还是会有很大的不同。例如，在工业区或沿海地区，由于受到空气中二氧化硫气体或盐分的作用，腐蚀速度加快，使用寿命受到影响。在雨季，涂层长期受雨水浸湿或者在日夜温差太大易结露的部位，都会较快地受到腐蚀，使用寿命均会降低。

彩涂板用在南方的建筑物或厂房，由于有适当的雨水冲洗，反而会减少由于受二氧化硫气体、盐和灰尘的作用的可能，使用寿命较长。因此，在设计时，若屋顶的倾斜度越大，则越不容易积聚灰尘等污物，使用寿命越长；对于那些不受雨水经常冲洗的区域或部位，应定期用水冲洗。

C　面漆涂料品种性能的影响

（1）聚酯树脂（PE）。它是一种常规面漆系统，此类树脂不受脂肪油酸影响，于特征上表现比较优越。涂层有良好的柔韧性、附着性和加工性。但PE涂料对耐阳光性和涂膜粉化性并不理想，因此PE涂料的使用仍需受到若干限制，一般用于空气污染不严重的地区，在工业环境或污染严重的地区，其使用寿命相对降低。一般使用年限8～10年。

（2）高性能聚酯（HDP）。它是从聚酯树脂（PE）改良而来。由于聚酯树脂（PE）含有活性基—OH/—COOH，极易和其他高分子化合物反应，所以为改良PE的耐阳光性与粉化性，将它同色泽保持性与耐热性都非常好的树脂作变性反应，而合成强化高性能聚酯树脂（HDP），HDP可提供钢板更好的持久性及更佳的室外耐候性，并可延长其防蚀年限。HDP树脂涂料系统在户外常规气候及有适当雨量洗涤的情况下，可在10～15年内，漆层不产生裂痕、剥落或松脱。

（3）聚二氟乙烯树脂（PVDF）。聚二氟乙烯树脂涂料是目前世界上卷材涂料涂装系统中最优秀的系统，也是建筑工业用彩涂板涂料中最高级的产品。由于PVDF化学键与化学键之间有很强的键结力，因此涂料具有非常好的防蚀性及色泽保持性，其耐候性（光泽保持性、耐粉化性、颜色耐久性）也是所有涂料系统中最出类拔萃的。PVDF分子量大，且为直键型结构，因此除耐化学药品性极佳外，在机械性能、耐紫外线及耐热性能方面也极优。聚二氟乙烯树脂涂料系统在户外常规气候及有适当雨量洗涤的情况下，可在20年内，漆层不产生裂痕、剥落或松脱。

1-11　彩涂板寿命周期如何划分？

答：彩涂板使用寿命的周期可以归纳为如下三个方面：

（1）装饰性使用寿命。指彩涂板表面出现褪色、粉化、龟裂、局部脱落等缺陷，尚未达到涂膜大片失去保护作用的程度。

（2）一次翻修前的使用寿命。涂层钢板表面出现大部分涂层锈斑等缺陷，将影响基板进一步使用的寿命时间。

（3）极限使用寿命。指涂层钢板不经翻修长期使用，直至出现严重腐蚀的使用寿命。

1-12　彩涂板产品的种类包括哪些？

答：彩涂板的品种繁多，但目前还没有一个严格的分类方法，现在只按一般习惯分类。

A　按使用基板分类

（1）冷轧基板彩色涂层钢板。由冷轧基板生产的彩色板，具有平滑美丽的外观，且具有冷轧板的加工性能；但是表面涂层的任何细小划伤都会把冷轧基板暴露在空气中，从而使露铁处很快生成红锈。因此这类产品只能用于要求不高的临时隔离措施和作室内用材。

（2）热镀锌彩色涂层钢板。把有机涂料涂覆在热镀锌钢板上得到的产品即为热镀锌彩涂板。热镀锌彩涂板除具有锌的保护作用外，表面上的有机涂层还起了隔绝保护、防止生锈的作用，使用寿命比热镀锌板更长。热镀锌基板的含锌量一般为180g/m^2（双面），建筑外用热镀锌基板的镀锌量最高为275g/m^2。

（3）热镀铝锌彩涂板。根据要求，也可以采用热镀铝锌钢板作为彩涂基板（55% Al-Zn和5% Al-Zn）。

（4）电镀锌彩涂板。用电镀锌板为基板，涂上有机涂料烘烤所得的产品为电镀锌彩涂板，由于电镀锌板的锌层薄，通常含锌量为20/20g/m^2，因此该产品不适合使用在室外制作墙、屋顶等。但因具有美丽的外观和优良的加工性能，因此主要可用于家电、音响、钢家具、室内装潢等，是目前市场上家电外壳用的主要彩涂品种。

B　按加工工艺和方法分类

按加工工艺和涂敷方法，有辊涂法、喷涂法、淋涂法、粉末法、覆膜法、印刷法等。

（1）按涂敷次数分类。有一涂一烘（图1-2）、二涂二烘（图1-3）、三涂三烘（图1-4）、四涂四烘（图1-5）等不同工艺，多涂多烘机组大部分是用于生产印花彩涂板。

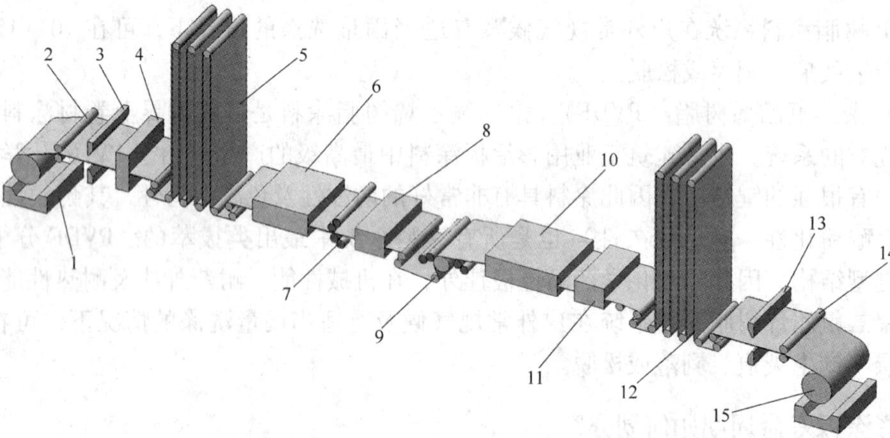

图1-2　一涂一烘彩涂线

1—开卷机；2—入口夹送辊；3—入口剪机；4—缝合机；5—入口立式活套；6—脱脂清洗段；7—化学涂层；8—化涂炉；9—涂敷机；10—固化炉；11—水冷风干段；12—出口立式活套；13—出口剪机；14—出口夹送辊；15—卷取机

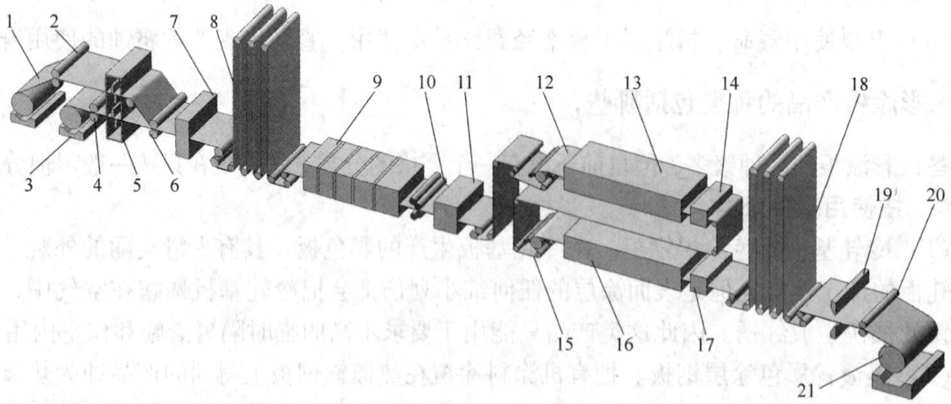

图1-3　二涂二烘彩涂线

1—1号开卷机；2—1号入口夹送辊；3—2号开卷机；4—2号入口夹送辊；5—入口双层剪机；6—汇合夹送辊；7—缝合机；8—入口立式活套；9—脱脂清洗段；10—化学辊涂机；11—化涂干燥炉；12—初涂机；13—初涂固化炉；14—初涂水冷风干段；15—精涂机；16—精涂固化炉；17—精涂水冷风干段；18—出口立式活套；19—出口剪机；20—出口夹送辊；21—卷取机

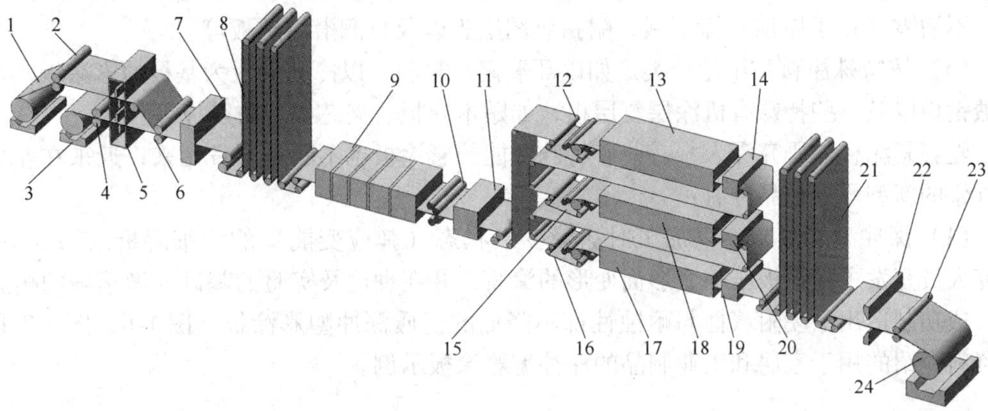

图 1-4　三涂三烘彩涂线

1—1 号开卷机；2—1 号入口夹送辊；3—2 号开卷机；4—2 号入口夹送辊；5—入口双层剪机；6—汇合夹送辊；7—缝合机；8—入口立式活套；9—脱脂清洗段；10—化学辊涂机；11—化涂干燥炉；12—1 号辊涂机；13—1 号固化炉；14—1 号水冷风干装置；15—2 号辊涂机；16—3 号辊涂机；17—3 号固化炉；18—2 号固化炉；19—3 号水冷风干装置；20—2 号水冷风干装置；21—出口立式活套；22—出口剪机；23—出口夹送辊；24—卷取机

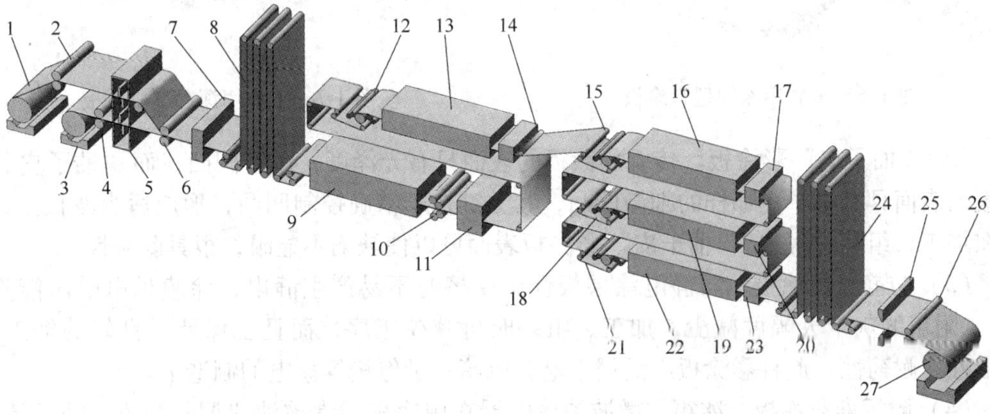

图 1-5　四涂四烘彩涂线

1—1 号开卷机；2—1 号入口夹送辊；3—2 号开卷机；4—2 号入口夹送辊；5—入口双层剪机；6—汇合夹送辊；7—缝合机；8—入口立式活套；9—脱脂清洗段；10—化学辊涂机；11—化涂干燥炉；12—1 号辊涂机；13—1 号固化炉；14—1 号水冷风干装置；15—2 号辊涂机；16—2 号固化炉；17—2 号水冷风干装置；18—3 号辊涂机；19—3 号固化炉；20—3 号水冷风干装置；21—4 号辊涂机；22—4 号固化炉；23—4 号水冷风干装置；24—出口立式活套；25—出口剪机；26—出口夹送辊；27—卷取机

（2）按涂后加工分类。有压花板或印花板，其中花纹又可分木纹、大理石纹或羊皮纹、水泥砂浆纹等。

（3）按涂层的涂料种类分类。有聚氯乙烯涂层板、聚酯涂层板、丙烯酸涂层板、氟碳涂层板、硅酸酯涂层板等。

（4）按涂层性能特点分类。有高耐候涂层板、耐高温涂层板、自熄涂层板、灭菌涂层板、不沾雪（用于屋顶）涂层板、耐指纹图层板以及自润滑涂层板等。

（5）按特殊涂料和用途分类。如以环氧富锌涂料、以冷轧钢板为基板的彩涂板，表面植绒钢板以及一些特殊有机涂层复层板，如贴木膜板、夹芯板、防震板等。

随着彩涂板的研究深入，一些有特殊性能的彩涂板也不断被开发出来，近来在业界比较推崇的新型彩涂板品种有：

（1）深冲型彩涂板。以加工时涂膜变形状态（弹应变能）的详细解析结果为基础，研究人员开发了随钢板压缩变形而变形的涂膜，并在理论及实验的基础上做精确的树脂设计，成功制造出涂膜附着性与耐蚀性都不降低的优质深冲型彩涂板。图 1-6、图 1-7 是国外资料介绍的用于家居和工业制品的深冲型彩涂板示例。

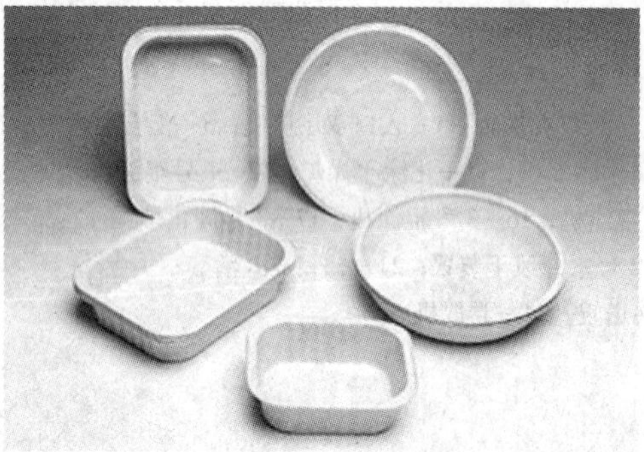

图 1-6　家居用深冲型彩涂板

图 1-7　工业用深冲型彩涂板

（2）“柚子皮”彩涂板。传统彩涂板的表面只有光泽度，没有凹凸，而“柚子皮”彩涂板的表面具有柚子皮那样的细微凹凸，其关键在于精确控制凹凸，形成适当波长。家电厂在加工、组装过程中，“柚子皮”彩涂板表面可以使缺陷不显眼，很具隐蔽性。

（3）防静电彩涂板。防静电涂层板受到摩擦时不易产生静电，涂膜带电电压能降低 1/4，附着的灰尘大幅度减少，加工、组装时可减少工序，而且也保持了良好的加工性、成形性、耐药性。此种彩涂板广泛用于电脑机箱、录像机等家电的制造上。

（4）耐污染彩涂板。冰箱、微波炉等电器在厨房里经常被油或调料污染，需要清洗，而耐污染彩涂板就具有对厨房常用的洗涤剂、漂白剂等洗涤用品的耐药性。通常彩涂板涂膜越硬，分子彼此间结合越紧，难以被污染、易于擦拭，但加工性变坏，冲压成形时，难以达到产品需要的形状；如果是柔软的涂膜，加工性能好，易于成形，但容易被污染，两者之间是矛盾的。针对此状况，研究人员研制出了将涂膜表面做硬，内部做柔韧的“倾斜型涂膜”，使涂层具备表层硬、难以被污染，膜内层密、胺量少且加工性好等特性。

（5）高吸热性彩涂板。随着电器产品的高性能化，发热量逐渐增加；而电器产品的小型化，又大大增加了电器产品单位体积的热负荷。近年通过对树脂分子、添加剂与颜料分子的专门设计，研制出吸热彩涂板。用这种彩涂板制成的电器外壳，可吸收机内热量产生的红外线，再通过钢板散逸出去。电器机内温度可降低 10℃，因而可省去电器散热用的风扇，减少散热孔，还提高了电磁屏蔽性。

1-13　彩涂板的牌号和表示方法?

答: 彩涂板的牌号是由一个“T”字加上基板的牌号构成。“T”字是“涂”字的汉语拼音的第一个字母。

例如 1：TDC51D + Z

T 表示“涂”的汉语拼音的第一个字母；DC51D + Z 表示热镀锌基板的牌号。

例如 2：TS280GD + AZ

T 表示“涂”的汉语拼音的第一个字母；S280GD + AZ 表示热镀铝锌基板的牌号。

例如 3：TDC01 + ZE

T 表示“涂”的汉语拼音的第一个字母；DC01 + ZE 表示电镀锌基板的牌号。

按 GB/T 12754—2006 规定，彩涂基板与彩涂板在牌号上的对应关系如表 1-2 所示。

表 1-2　彩涂基板类型及对应牌号

彩涂板的牌号	基板的牌号	基板的类型
TDC51D + Z	DC51D + Z	热镀锌板
TDC52D + Z	DC52D + Z	
TDC53D + Z	DC53D + Z	
TS250GD + Z	S250GD + Z	
TS280GD + Z	S280GD + Z	
TS320GD + Z	S320GD + Z	
TS350GD + Z	S350GD + Z	
TS550GD + Z	S550GD + Z	
TDC51D + AZ	DC51D + AZ	热镀铝锌板
TDC52D + AZ	DC52D + AZ	
TDC53D + AZ	DC53D + AZ	
TS250GD + AZ	S250GD + AZ	
TS280GD + AZ	S280GD + AZ	
TS320GD + AZ	S320GD + AZ	
TS350GD + AZ	S350GD + AZ	
TS550GD + AZ	TS550GD + AZ	
TDC01 + ZE	TDC01 + ZE	电镀锌板
TDC03 + ZE	TDC03 + ZE	
TDC04 + ZE	TDC04 + ZE	

1-14　彩涂板有哪些力学性能?

答: 彩涂板的成形和加工时的性能取决于其基板的力学性能和涂层的性能，涂层的性能如厚度、光泽、耐溶剂、硬度、反向冲击等指标在彩涂工艺中已经有一套非常严格的检测和控制方法。因此，彩涂板的力学性能其实是指基板的力学性能，按我国规定的钢板牌号中，可用于彩涂的基板牌号有多种，他们都有各自不同的力学性能，因此，在选用时应根据彩涂板的用途、加工方式和变形程度等因素进行选择。根据 GB/T 12754—2006 的推荐，用于建筑物屋面的彩涂板，通常选用 DC51D 系列的牌号用基板。而对于有承重要求的构件，就应根据强度要求选择合适的结构钢如 S350GD、S550GD 系列的牌号作基板。对于加工有剪切、弯曲、辊压等变形量较大的彩涂板，其基板要选用成形性较好的材料，如 DC520D、DC530D 系列的牌号用基板。表 1-3 是彩涂板用途与基板常用的力学性能对照表。

表 1-3　彩涂板用途与基板力学性能对照表

彩涂板用途分类	屈服强度/MPa	抗拉强度/MPa	伸长率/%
普通用	130 ~ 270	335 ~ 410	28 ~ 36
一般冲压用	120 ~ 240	255 ~ 335	32 ~ 38
深冲用	120 ~ 210	260 ~ 330	36 ~ 38

1-15　镀锌彩涂联合生产线有什么特点?

答: 所谓镀锌彩涂联合生产线，是基板上卷后先经镀锌工序，然后再进入彩涂工序。其主要特点是:

(1) 省去了镀锌线出口段原有的钝化和涂油工序;

(2) 省去了彩涂线的脱脂清洗工序;

(3) 省去了从镀锌到彩涂线的运输过程中的人力、物力和时间。

联合生产线通常会在镀锌和彩涂工序之间设有拉弯矫直设备，保证进入彩涂段的版形质量，使彩涂不会出现漏涂等质量问题。但这种机组布置形式因设备台数多且复杂，增加了故障停车的概率，容易出现产品质量事故。

镀锌彩涂联合生产线又分热镀锌—彩涂联合生产线（图 1-8）和电镀锌—彩涂联合生产线两种，两种联合生产线的彩涂部分的工艺是一样的，只是前端设备的组成即镀锌部分有所不同，一个为热镀锌，另一个为电镀锌等两种不同的工艺。据资料介绍，我国已有多

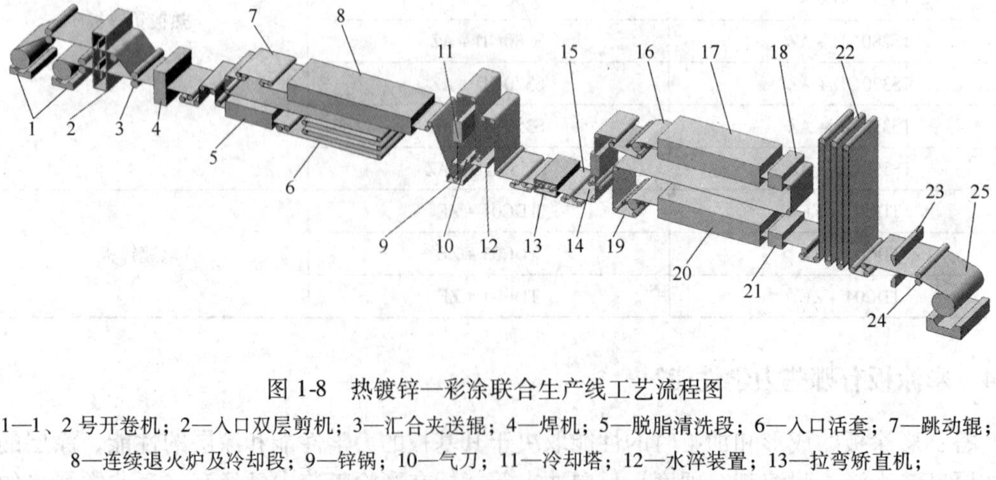

图 1-8　热镀锌—彩涂联合生产线工艺流程图

1—1、2 号开卷机；2—入口双层剪机；3—汇合夹送辊；4—焊机；5—脱脂清洗段；6—入口活套；7—跳动辊；8—连续退火炉及冷却段；9—锌锅；10—气刀；11—冷却塔；12—水淬装置；13—拉弯矫直机；14—辊涂型化成处理；15—化涂炉；16—初涂机；17—初涂固化炉；18—初涂水冷风干；19—精涂机；20—精涂固化炉；21—精涂水冷风干；22—出口活套；23—出口剪机；24—出口夹送辊；25—卷取机

条中小型的电镀锌—彩涂联合生产线，上规模的热镀锌—彩涂联合生产线目前还没有已上马的项目。

1-16　彩涂板卷包装需要配备专门的包装机组吗？

答：有些彩色涂层钢板生产线配有专门的包装作业线（图1-9、图1-10、图1-11），这种作业线的投资大，占地广，但效率高，一般是集中布置，供多条剪切机组使用，平均每15s可以自动包装一卷，一个包装工人每小时可以完成60卷的包装任务，一般为大型彩涂板生产线才配置。

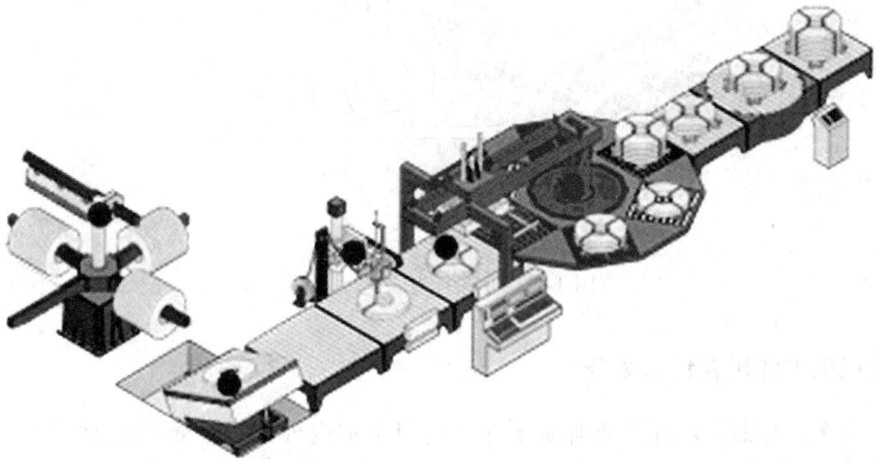

图1-9　包装机组布置示意图

图1-10　卷状包装机组

图1-11　板状包装联合机组现场

1-17　压花板的特点是什么？

答：压花板是一种有图案或纹理的、有手感且视觉层次明显的涂层产品。

压花板根据其生产工艺不同可分为热压花板和冷压花板，热压花的生产工艺原理是在钢带涂上一层塑性溶胶后，需经固化炉在某个特定的温度加热，也称为活化，出炉后在完全冷却之前，利用表面刻有凸凹花纹图案的压花辊将涂层板滚压出花纹（图1-12），滚压后立即冷却至常温，使钢带表面形成一层有凹凸感的花纹图案，这种压花的凸凹变形只发生在有机涂层内，图案的种类一般以皮革面、木纹或网纹为主。热压花板经常采用聚氯乙烯增塑溶胶膜，生产时有机膜厚度一般在100～250μm之间。

冷压花是利用压花辊滚压涂层板，使涂层随基板一起发生凸凹变形，这种工序一般在常温下进行。冷压花板生产需要采用加工性能好的涂料，如聚酯涂料等，其生产成本比热压花板低。

压花板外表美观，表面硬度高、耐腐蚀性强，由于压花后的基板表面积增加，有利于声音和热量的传递。

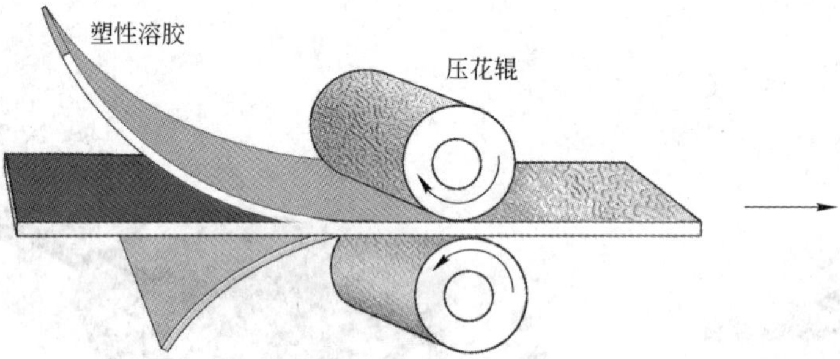

图1-12　钢带压花工艺示意图

1-18　压花板主要用在什么场合?

答: 彩涂压花钢板是近年来国际流行广泛用于室内外建筑装饰的新型产品，产品美观、立体感强、装饰性强，同时具有真实感、韧性、耐化学药品腐蚀性及耐磨损性，主要应用于家电、家具、工业仪表、室内装饰及车船内部装饰等，极具市场潜力。据了解，目前国内宝钢和本钢都可以批量生产冷压花和热压花产品，这些产品将替代国外同类产品，减少进口，节省外汇，具有极大的经济效益和社会效益。

1-19　层压板的特点是什么?

答: 层压板是彩涂板中除压花板外的另一种产品，它是将黏合剂预先涂在钢板上，在一定温度下，通过辊压（图1-13）的方法，将塑料薄膜复合到钢板表面上而制成的。其生产工艺为基板经过清洗、化涂的预处理后，由精涂机在基板下表面涂上背漆，上表面涂粘结剂，经固化炉烘烤背漆固化同时使粘结剂活化，在固化炉出口处设置层压机，让层压辊将有机膜压到基板表面，再经过水冷后让粘结剂固化，使有机膜被牢固地粘结到基板的上表面。

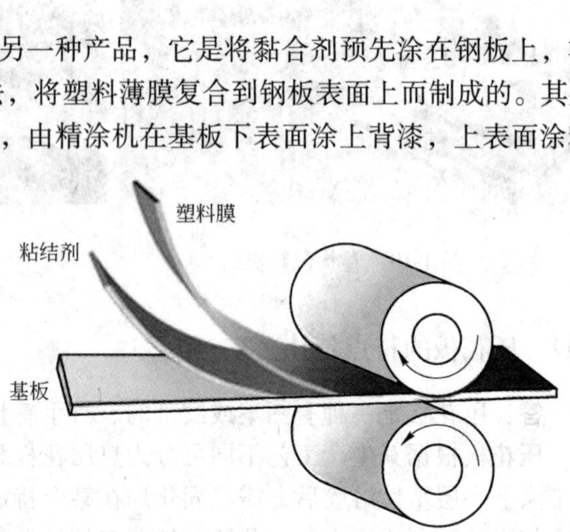

图1-13　钢带层压工艺示意图

层压板常用的有机膜也叫层压膜，通常有乙烯基覆膜（PVC），氟基树脂覆膜（PVF），聚偏氟乙烯（PVDF），聚酯基覆膜（PET），丙烯基树脂覆膜（PMMA）等。层压板的基板可以是冷轧钢板、镀锌钢板或其他涂层板。层压板可耐湿，且耐水性特别强。

层压板的生产成本较低，既有钢板的强度，又具有塑料的耐腐蚀性，另由于塑料膜具有多种花纹和图案，因此其装饰性比涂层板要强。塑料在制作过程中还可以含有多种添加剂，使层压板获得很多普通涂层板所不具有的成品性能，如弯曲、冲压和折叠等。另外，塑料薄膜比较致密，吸水性和透气性小，故抗腐蚀能力较强，它作为一种新型的复合材料越来越受到人们的重视。

1-20　层压板主要用在什么场合?

答：由于塑料薄膜印花种类繁多，故层压板的花色品种是涂层板无法比拟的，因此层压板在室内装饰方面应用非常广泛。

另层压板由于膜层坚固，粘结强度高，故层压板在建筑外墙也开始广泛被使用。

1-21　印花板的特点是什么?

答：印花板（图1-14）是印有花纹或图案的彩涂板，是国外近几年才发展起来的一种新型家电板和建材装饰板。印花彩涂板是将镀锌基板在涂层工序后经过表面印刷处理，获得各种不同图案的花纹这样一种产品，其外观比涂层板更美观、更漂亮，刚性更高、性能更优越。随着人民生活水平的不断提高，这种产品必将越来越受到市场的青睐。

图1-14　印花彩涂板

在日本、韩国等发达国家，近年来在这些方面加大开发力度，处于技术领先行列。我国虽然在印花高档次彩涂板技术装备开发方面取得较大进展，但在彩涂板印花技术装备方面，除宝钢引进的2号彩涂板生产线上有一台外，其他生产线均未配置此类设备，在这一领域尚属空白。

印花板通常是利用彩涂线生产工艺来完成。目前使用比较广泛的彩涂生产线是两涂两烘生产工艺，其精涂机常设置两台用于面漆快速换色的涂头。在这种生产线上就可以实现印花生产（图1-15），即在1号精涂机的粘料辊上刻有凹版图案，粘料辊将图案转印到涂

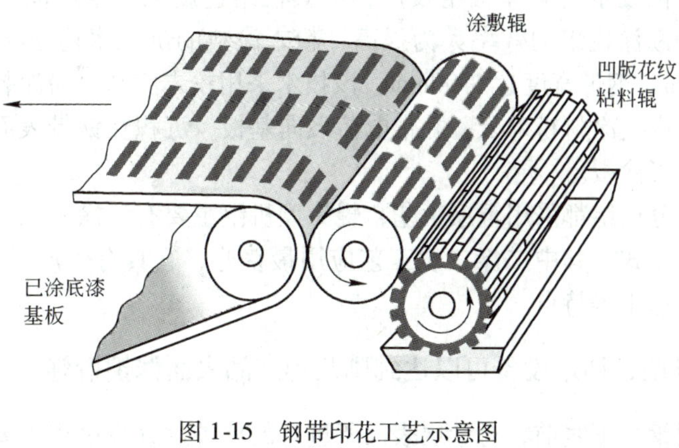

图1-15　钢带印花工艺示意图

覆辊上，涂覆辊再将图案转印到钢带上实现印花，经过烘干，2 号精涂机在表面涂清漆或透明防护膜。

在实际生产中，许多涂层产品的印花都是在单独的机组上进行的。这样的机组比较简单，只有一个开卷机、一台印花机、一座加热炉和一台卷取机组成。

为了将花纹印到涂层板的涂膜上，首先要将花纹刻蚀到紫铜辊上，然后对铜辊镀铬，作为涂层印花用的印辊，其表面上的图案花纹是凹陷的，印辊从有色浆的料盘中沾取色浆，然后由刮刀将凹陷之外的色浆全部刮掉。当印辊与转印胶辊接触时，花纹内的色浆转移到转印胶辊上，最后印到钢板表面。再经过适当温度的加热烘干，花纹便很牢固地附在钢板的涂膜上。

1-22 印花板主要用在什么场合?

答：印花板外观比涂层板更加美观，装饰性更好，图案丰富，视觉效果好，主要用于建筑物内墙、室内装饰和摆设的家居物上。

1-23 彩涂机组的涂敷工艺有什么特点?

答：彩涂板涂敷工艺主要有辊涂法、层压贴膜法及粉涂法三种。

辊涂工艺：是利用旋转的粘料辊和涂敷辊将液态涂料均匀、连续地涂敷在基板的上、下表面，经烘烤固化而成。世界上采用这种类型工艺的机组数量最多，生产量最大，并且积累了大量成熟生产操作经验。产品应用也最普遍，其产品广泛应用在室外建筑，也应用在室内装潢、家电、家具等领域。这类机组的运行速度较高、单机产能大。

辊涂工艺具有生产灵活、涂料适应性强、涂层厚度范围大等优点；采用辊涂工艺，通过配置涂后处理的专门设备（如层压机和压花机等）即可生产出层压和压花产品。

层压贴膜工艺：是将塑胶膜用热固粘结剂压粘在钢板表面，产品可保持塑胶膜原有的色泽，膜与基板不易剥离，适合再加工。这种产品外观醒目、具有防火、耐蚀、抗酸等性能；其耐火性、抗污染性较好。产品主要应用于家电、家具、室内装潢及车船内部装饰。目前其产品虽有增长势头，但采用此工艺的机组生产规模小，一般为专业家电板厂家选用，也有一些的彩涂机组是辊涂与层压贴膜两用机组。

粉涂工艺：是一种近年开发的新工艺，分为粉末枪及粉末云两种技术。几年前世界上就有多套采用粉末枪技术的彩涂机组投产，但其机组速度低、生产能力小。最近开发的 MSC 粉末云技术使粉涂机组的效率大为提高，粉末涂料的沉积率达 90%，已投产的机组速度已达 100m/min，钢带宽度达 1300mm。该技术采用粉末涂料，粉涂装置在强大的静电场下，粉末旋转刷产生涂料粉末云，并带电荷飞向基板，沉积在钢带表面，再经感应加热固化，生产出粉涂彩涂板。

目前国内大部分机组都采用辊涂工艺，辊涂型机组主要有一涂一烘、二涂二烘和三涂三烘三种生产工艺形式，其中二涂二烘工艺应用最普遍，它具有生产灵活、产品范围广、适应能力强、投资适中等特点。

1-24 彩涂板下线前，通过设备可以达到哪几种产品表面保护措施?

答：彩色涂层钢板下线前，对涂层表面所进行的保护性处理过程主要包括：可剥离保护膜、涂蜡两种保护措施。

1-25 彩涂板保护膜与蜡层分别有什么优点？

答：可剥离保护膜是用冷压贴膜的方式，将已经预涂了一层胶粘剂于背面的塑料薄膜，通过一对复合辊，在常温下与涂层板直接复合而成，薄膜是一层透明的、较薄的、成品后可剥离的塑料保护层。可剥离保护膜与钢带的黏合是属于无溶剂复合工艺，此工艺不存在废气排放问题，不需要庞大复杂的加热鼓风、废气处理装置，设备简单，原料省，能源减少，维持费用低廉，所以效益显著。可剥离膜设备占地大，膜层在剥离时易损害涂层。但技术成熟且操作简单，材料来源充分，所以仍是大多数彩涂厂的首选保护方式。

涂蜡是可剥离保护层的另一种施工形式，可剥离保护层与蜡层在功效上呈一种互补的关系，可剥离膜可以防护一切常规性的如来自运输、环境、剪切和简单的折弯加工等不正常因素所引起的涂层板表面破损。但对于后加工为辊压成形的彩涂板，可剥离膜就显得有点乏力，彩涂板在冷弯成形过程中，辊子因对涂层板表面施压而容易损坏保护膜，特别是成形产品的断面形状比较复杂时，因为断面各部分线速度和变形量不同，保护膜的膜层更容易被撕裂。此时，如果改用涂蜡保护层，不仅不会出现上述的情况，蜡层还可在彩涂板表面与辊子之间形成一层润滑膜。喷蜡设备占地小，蜡层对涂层表面没有任何损害。但喷蜡温度难以控制，特别是在北方地区使用时，由于空气温度较低，所以容易因凝固而产生喷射困难情况。且每次使用前，喷管必须清洗，由于蜡在常温下呈凝固状态，所以喷蜡机构清洗困难。

1-26 贴可剥离保护膜的彩涂板有什么特点？

答：贴可剥离保护膜的彩涂板在冷弯成形的后加工中，不会出现弯辊挤压处掉漆的现象。成型后的保护膜的粘接强度对温度有一定依赖性，应在20～25℃气温中进行剥离。保护膜在剥离中，注意因周围空气干燥程度影响可能会产生轻微静电。保护膜长时间黏附时，可能有剥不掉或变色的情况，尤其在阳光直射或紫外光照射，或者环境温度为40℃时，须特别注意。剥掉保护膜后偶尔会出现表面光泽轻微增大，但该现象将随时间的延长或稍许加热而消失。彩涂板堆积装载或保管过程中，如发生长时间对其施加压力，则可能出现保护膜变色或剥离后彩板表面光泽不均的情况，但随时间延长或对彩板加热该现象将消失。

1-27 彩涂板与喷涂板的生产线有何区别？

答：喷涂板生产工艺原来是从对金属成型后进行喷涂粉末的工艺演变过来的。该工艺在技术上已经比成形喷涂进了一大步，也叫粉末喷涂生产线。虽然粉末喷涂生产线也是采用连续生产方式，但由于其涂装工艺还是用喷枪排列的形式，与成形喷涂工艺相比没有质的改变，仍然存在效率低、劳动强度高、涂料浪费大、涂层膜厚不均匀等问题。因此，喷涂生产线基本上已被彩涂板生产线所代替。

彩色涂层钢板是将钢板表面进行严格脱脂和化学处理并在钢板表面辊涂专用涂料或薄膜后干燥固化而成的一种复合材料。它将传统的喷涂涂装变成钢板的连续涂布，便于表面处理及涂布质量的控制，又不存在涂装易产生的棱边死角等缺陷。

彩色钢板与传统的粉末喷涂生产相比，具有高效、节能、环保的优点，同时其综合成本也比喷涂板便宜，采用彩色涂层钢板工艺可以降低薄板涂装产品成本的5% ~10%，节约能源1/6 ~1/5。而喷涂工艺效率低、劳动强度高、涂料浪费大、涂层膜厚不均匀。因此，喷涂生产线基本上被彩涂板生产线所代替。

彩色涂层钢板生产线有以下优点：

(1) 生产线是高性能专用卷格涂料和工艺路线设计的。能自动连续完成开卷、脱脂清洗、化成处理、辊涂、固化、冷却和卷取等工序，真正体现了彩色涂层的自动化、高速化。所涂的漆膜附着力、硬度和抗老化性能等指标都能达到了涂料理想的技术性能和用户的实际使用要求。

(2) 采用先进的红外线或热风循环式连续烘干设备，烘干炉内各段温度可以自动调节，具有热效率高，能源消耗低的特点。以确保钢带通过时的工艺温度，达到了涂膜外观质量好、固化速度快的目的。

(3) 全线设备均配置防爆安全保护设施，先进的自动化程序控制使整个生产流程有序、高效、安全可靠。

(4) 可以灵活配置如层压、压花、印花、可剥离膜和喷蜡等涂后处理设备，这些装置不仅能实现彩涂产品多样化的需求，还能为彩涂板的成型加工提供了预防折弯、切断、刮伤的表面保护。

1-28　彩涂板有哪些加工特性？

答： 彩涂板因其表面有涂层，因此在成形加工时与普通冷轧板和镀锌板有很多不同的地方，针对彩涂板的部分力学性能（如屈服强度、伸长率）和部分涂层性能（如铅笔硬度、T弯值、冲击功）对加工成形产生影响，对此应给予足够的重视。在后加工时应注意如下几项：

(1) 零件的形状复杂、变形程度较大时，应采用多道次成形。如果一次成形，可能会因为变形量过大破坏涂层的附着力。

(2) 加工时应根据模具形状、变形特点、工艺条件等因素设定合适的间隙，间隙设定时应考虑涂层的厚度。

(3) 大多数涂层可作为固体润滑剂，并可满足多数成形工艺的润滑要求，有些涂料可通过调整配方提高涂层的润滑性。如涂层的润滑性不足，可通过涂油、涂蜡、覆可剥离保护膜等方法提高润滑性。但应注意湿润剂溶剂容易吸污物，应在安装前清除，可剥离保护膜在加工结束后也应尽快取除。

(4) 应根据设备状况、工艺条件、零件形状等因素设定合理的加工速度，变形速度过高容易导致涂层剥落。温度低时涂层的柔韧性降低，因此应避免低温加工。若环境温度较低，应将材料预热到一定温度后再进行加工。

(5) 加工时产生的切口断面易发生腐蚀，因此应采取必要的防护措施，如涂防护涂料、嵌橡胶封条等。

(6) 加工时应尽量减少切断面的毛刺，防止毛刺划伤表面。

(7) 应保持所有与涂层接触的表面干净整洁，及时清理加工时产生的切屑和金属颗粒，防止异物损坏涂层表面。

（8）加工时应尽量减少成型辊辊面或模具表面的磨损，保持接触面光洁，防止涂层表面产生压痕，划伤等缺陷。

（9）应尽可能采用工厂预先装配然后再送现场进行安装的施工方式，安装时应采取保护措施防止损坏涂层。

（10）加工时如发现涂层表面破损应及时采用专用修补涂料进行修补，防止破损处发生腐蚀。

1-29　彩涂板生产车间通常需要哪些辅助设施？

答：彩涂生产车间一般需要如下几种辅助设施：

（1）通风设施和废气处理系统，要设置风机房等；

（2）水冷却系统、废水处理系统和消防系统等；

（3）供配电系统、照明系统和防雷接地系统等；

（4）热力设施如锅炉房和空气压缩站等；

（5）产品质量控制实验室。

1-30　彩涂机组所需热力设施的特点和作用是什么？

答：机组在工艺段一般设置换热装置如：预清洗水箱、刷洗水箱、碱洗水箱、漂洗箱等，它们都需要热介质，目前国内的生产线常采用水蒸气、高温烟气、导热油等。下面分别介绍这三种热源的特点：

（1）水蒸气。水蒸气通过凝结液化，释放大量的汽化潜热，具有非常好的传热效果。水蒸气液化后变为凝结水，可以再回收到锅炉房重复使用。水蒸气的制取一般是利用蒸汽锅炉。这种方式因投资不大，换热设备简单而被广泛采用。

（2）高温烟气。回收利用其他生产线排放的高温烟气，来加热换热装置。这种方式加热效率也比较高，不过要事先做好整个厂区的热平衡方案，积极开发余热利用潜力。

（3）导热油。导热油加热是加热炉把导热油加热后，通过油管进入换热装置，释放热量后再回到加热炉被加热。整个系统为闭环系统，无介质流失，且换热效果好。但由于该系统造价高，国内很少采用。

1-31　彩涂机组所配备的水循环系统起什么作用？

答：机组配备的循环水系统包括供水系统和回水系统。供水温度一般在32℃以下，回水温度一般在45℃以下，机组就是通过循环水的温差带走机组设备的热量，达到对机组设备冷却降温的目的。

1-32　彩涂机组排放哪些废水，需要怎样的处理系统？

答：彩涂机组的废水排放点主要集中在预处理段和辊涂室。

辊涂室的废水类型主要是清洗辊子后的废溶剂和废涂料，还有涂料用后沉在筒底部的沉渣。

预处理段根据机组在表面处理工艺的选型不同而有所区别。比如：

（1）碱洗脱脂-反应型化学成膜。主要废水类型：1）脱脂废水；2）磷化废水；

3）表面调整废水；4）钝化废水。

（2）碱洗脱脂-酸洗除锈-反应型化学成膜。主要废水类型：1）脱脂废水；2）酸洗废水；3）磷化废水；4）表面调整废水；5）钝化废水。

（3）碱洗脱脂-辊涂型化学成膜。主要废水类型：1）脱脂废水；2）辊涂铬化废水。

（4）碱洗脱脂-酸洗除锈-辊涂型化学成膜。主要废水类型：1）脱脂废水；2）酸洗废水；3）辊涂铬化废水。

废水处理的流程一般采用三级处理的原则：

一级处理：用机械方法或简单的化学方法进行预处理，使悬浮物沉淀，并中和酸碱度。

二级处理：采用生物处理或添加混凝剂，使可分解、可氧化有机物经生化处理而消纳；或使悬浮物、油物经破乳、凝聚而分离。

三级处理：采用活性炭吸附、离子交换、电渗析、反渗析和化学氧化等对难分解、难处理的有机物、无机物作深度的处理。

1-33　彩涂机组通常配备什么空压机，机组什么部位需要压缩空气？

答：目前彩板生产线中用的空压机一般采用螺杆式。根据工艺对空气品质要求不同加设不同的附件，比如干燥器，过滤器等。

压缩空气的使用一般分为气动装置和仪表用气，在彩板生产线中主要是气动装置，一般用在下面的装置中：夹送辊、双切剪夹送辊、轴向夹送辊、压毛刺机、张力器、活塞制动板、挤干辊、刷洗装置、化涂机、精涂机和初涂机等。

第二章　彩涂板生产工艺

2-1　彩涂板多采用什么材料做基板，各有何特点?

答： 彩涂板基板通常采用冷轧钢带、镀锌钢带（电镀锌和热镀锌）、铝钢带、热镀锌铝合金钢带、热镀铝锌合金钢带、电镀锡钢带、电镀铬钢带等。

基板采用冷轧钢带，可以节省中间镀层费用，早期应用较多，具有平滑美丽的外观，还具有冷轧板的加工性能；但是表面涂层的任何细小划伤都会把冷轧基板暴露在空气中，从而使露铁处很快生成红锈。因此这类产品只能用于要求不高的临时隔离措施和作室内用材。因其耐腐蚀效果较差，目前已经基本淘汰。

基板采用热镀锌钢带，中间增加锌层及锌铁合金镀层，耐腐蚀性能大大提高，是目前国内涂镀机组的主要产品。热镀锌是在表面形成致密的锌铁合金镀层，防腐效果更好。热镀锌彩涂板除具有锌的保护作用外，表面上的有机涂层还起了隔绝保护、防止生锈的作用，使用寿命比热镀锌板更长。热镀锌基板的含锌量一般为 $180g/m^2$（双面），建筑外用热镀锌基板的镀锌量最高为 $275g/m^2$，热镀锌彩涂板是我国目前用途最广泛的彩涂产品。

基板采用电镀锌钢带，本身要求清洁度较高，镀层薄。涂上有机涂料固化所得的产品为电镀锌彩涂板，由于电镀锌板的锌层薄，通常含锌量为 $20/20g/m^2$，因此该产品不适合使用在室外制作墙、屋顶等。但因具有美丽的外观和优良的加工性能，因此主要可用于家电、音响、钢家具、室内装潢等。

基板采用热镀锌铝合金钢带或热镀铝锌合金钢带，其合金镀层和纯镀锌层相比，化学性质相对稳定，因此防腐蚀能力差别较大。在同等室外条件下的测试表明，镀铝锌板（带）的使用年限为镀锌板（带）的四倍以上，采用热镀铝锌钢板（带）作为彩涂基板，其锌和铝的含量通常是 55% Al-Zn 和 5% Al-Zn。

2-2　基板涂层前为什么要进行表面处理?

答： 彩涂生产线的最终产品无论是哪一种类型：涂层板、压花板或层压（贴膜）板，在机组工艺段预处理阶段，都要经过表面净化处理，即脱脂处理、化学转化膜处理等两个重要阶段。其中净化处理的作用有以下几点。

（1）提高涂层与钢基板的配套性和相容性。表面处理除了脱脂、摩擦等清洁工序外，还可包括表面的化学转化处理即涂化学液。经过化学转化后的表面能够形成有一定粗糙度的层膜，扩大涂层与基板接触的表面积，对涂层附着十分有利。

（2）使基板表面活化。去除基板生产过程中为防锈而涂上的防锈油、污垢和锈渍，污垢可分无机和有机物两类，有机物污物主要是动物性油脂、植物性油脂及矿物性油脂，无机物污物是金属氧化物、盐类、尘埃及砂土。另外还有有机物和无机物污物之和，如研磨屑、研磨材料等。动物性及植物性油脂可被碱剂皂去除。矿物性油污无法被碱剂皂去除，需用三氯乙烯、汽油、石油溶剂乳化剂等去除。无机物污物可被酸或碱溶解，利用酸、碱浸渍、化学或电解方法去除及机械研磨方法去除。无机、有机混合污物，去除较困难，除了利用化学方法，亦须用电解、机械研磨等方法联合应用去除，它们的存在不仅影响涂膜的外观，严重的会影响涂层与基板之间的附着力，使涂膜成片脱落。因此，涂前通常经过摩擦方式进行表面处理，以提高基板表面的清洁度和活化性。

（3）增强涂层对物体表面的附着力。在除去基板表面附着的防锈油、锈斑、灰尘等后，能在清洁的基板表面进行化学涂敷处理，形成以 Cr^{6+} 和 Cr^{3+} 为基本骨架的网状化学转化膜，以此增加基板与涂层之间的附着性，提高基板的防腐性和涂层的耐久性。以保证在化学转化处理时，能在基板表面形成结构均匀、附着力强的化学转化膜，避免涂料涂层因油污、空气、水分等引起气泡现象。

（4）保证和提高涂层的防护性能。在正常使用环境中，侵蚀性离子如氧化皮和锈蚀物有可能渗入有机涂层，到达钢基表面，由于其电极电位比钢铁约高 0.15 ~ 0.26V，所以成为阴极，而钢铁本身成为阳极而引发膜下腐蚀，随着腐蚀的不断发展，最终有机涂层将出现鼓泡直至破坏、剥落。为了提高有机涂层钢板的耐蚀性能，在钢板涂敷之前，完成表面处理工序，使有机涂层钢板耐蚀性大大提高，延长涂层的使用寿命。

2-3　表面处理包括哪几道工序？

答： 为了增强有机涂料对基板表面的附着力，提高涂层产品的耐腐蚀能力，基板涂层前的表面处理主要包括两个工序，一是前一点提到的脱脂处理，另一个是化学转化膜处理（化成处理），其中脱脂处理通常是由化学清洗、机械磨刷、电解清洗和热水清洗等几个步骤组成。

A　脱脂处理

（1）化学清洗。基板表面沾有的污垢主要是氧化层和油脂，脱除油脂的方法主要是利用油脂能够溶于有机溶剂、能够发生皂化反应等特性，通过用有机溶剂、表面活性剂水溶液和碱溶液进行浸泡和喷洗将金属表面的油污去除，这种方法叫化学清洗。目前最经济的化学清洗剂是碱剂，最有效的清洗工艺是喷洗。因为当用碱洗剂浸泡时，碱剂的质量分数一般在 3% ~8%，而用喷洗方法清洗时，碱洗剂质量分数约为 1%。

（2）磨刷处理。彩涂基板在前一加工工序即轧制或镀层生产过程中，为了提高其耐腐蚀的能力，往往需要进行钝化和涂油处理，同时在储运过程中，也有可能会黏附了其他脏物或者产生局部的锈蚀。这些钝化处理形成的钝化膜和局部的锈蚀以及黏附的脏物，一般经化学清洗是难以清除干净的，特别是钝化膜，需要在有机涂料涂敷前，通过机械方式即磨刷处理去除，使基板表面活化。

（3）电解清洗。彩涂生产线的基板主要以镀锌板或其他镀层材料为主，因此，基板表面清洁处理一般只采用上述（1）、（2）种处理方法。但上一点提到的磨刷处理即机械清洗对去除基板表面的含铬钝化膜（铜箔表面防氧化剂）虽然效果不错，但易划伤表面，并可能造成磨料颗粒（如碳化硅、氧化铝）嵌入基体内，同时还可能使挠性基板和薄板基板的尺寸变形。化学清洗去油污性较好，但去除含铬钝化膜的效果差。在正常脱脂段加入电解清洗的优点刚好补充了以上两种方法的不足，不仅能较好地解决机械清洗及化学清洗对基板表面清洁处理中存在的问题，而且还能使基板产生一个微观的比较均匀的粗糙表面，大大提高基板表面的粘合力，这对后面的涂敷工序是十分有利的。

B　表面化成处理

为增强附着力和抗腐蚀能力，在钢板表面经过脱脂清洗后，还需要进一步进行化成处理即化学成膜处理，使基板表面形成一层化学转化膜，如对钢铁基板进行磷化或铬化处理，对铝基板进行氧化处理等都是提高涂层与基板的结合力。

2-4　化学清洗的工作原理是什么?

答：物体表面受到物理的、化学的或生物作用而形成污染物或覆盖层，去除这些污染物或覆盖层而使其恢复到原表面状况的过程称为清洗。化学清洗就是采用一种或几种化学药剂或其溶液来清除物体表面的污染物或覆盖层的清洗方法。

化学清洗的原理就是借助清洗药剂对物体表面污染物或覆盖层进行化学转化、溶解剥离以达到脱脂、除锈和去垢的效果。化学清洗具有清除污垢彻底，腐蚀率低，清洗速度快，操作简便，性能稳定，安全可靠和费用低廉等优点。

化学清洗技术是随着一个国家工业化和现代化的进程及社会生产的需要而产生和发展起来的。其发展不仅为全社会的生产提供了有效的技术服务，而且是企业安全文明生产和人民物质文明程度的重要标志，也是生产文明程度的重要标志。

随着科学技术的发展，国内外已逐步应用化学清洗除垢的技术来实现节约能源，并将化学清洗技术逐步形成为一门新兴的系统工程，一门有理论、有实践、有效益的实用技术。

2-5　彩涂基板的化学清洗通常采用何种方式?

答：彩涂线的化学清洗可以用浸洗和喷洗两种方式，旧工艺中脱脂清洗段一般用浸泡、润湿以及将一部分设为皂化等称为浸洗的方式来洗涤基板上的污物，浸泡是一种比较传统的清洗方式，这种清洗工艺需要的浸泡段和冲洗段的槽体占地面积非常大，清洗时间长，仅适用于早期的或一些速度较低的彩涂机组，现在的大中型彩涂机组已经基本上不使用这种清洗工艺。现在的清洗段不论是碱液清洗还是水清洗已大部分采用水力喷射的方式。

采用水力喷射清洗的方式是溶液通过排列整齐的V形喷嘴以一定的压力直接喷射到基板上，污垢受到冲击和冲刷，水力喷射的基本原理是：将增压的水通过喷嘴的快速释放，形成高速度的水射流，它像水箭一样冲击需清洗的钢带表面，当水箭的冲击能超过了粘附在钢带表面的污物的极限强度时，污物就会被分解并清除。要想达到不同的清理效果，可以调节水流的压力，也可以保证在一定的水流压力下，增加水流的流量。喷射水流必须对垢层或沉积物有足够的撞击力使其粉碎，一旦垢层被渗透，流体呈楔子插入垢层和金属表面间，使垢层脱落而露出清洗的表面。结垢多呈层状或多孔状，容易碎裂，因为喷射水流的撞击可以击中一个孔，在表面以下的形成一个内压而使上部垢层裂开。在喷射操作过程中，冲碎的颗粒夹杂在喷射流中帮助冲击更多的颗粒。

喷洗工艺大大提高了清洗效果。另外，还可以缩短清洗时间，设备布置可以更加紧凑，此法特别适用于高速机组的生产。

据资料介绍，为了降低清洗设备的成本和提高清洗效率，瑞士 Griesser 股份公司与德国研究机构 Nanocraft 合作，已经将全球第一台 Openair 等离子体预处理设备应用于卷材涂层工艺。这台常压等离子体处理设备替代了以往所使用的长达 12m 的清洗线，使彩涂生产将不再受到化学清洗液和工艺废水的困扰。不仅使成本大为降低，而且也对环境保护作出的巨大贡献。

表面侵蚀、轧制油残余物污染以及迄今为止所使用的不仅污染环境，而且耗能极大的湿化学法清洗工艺，均为铝材加工的常见问题。现在终于研发出一种能够完全消除上述问题的新工艺。这种技术能够在化学处理膜涂层之前，对铝卷材进行超级精细的净化处理，可完全替代污染环境的湿化学法清洗工艺。

在初期工艺试验过程中，一直将传统的化学预清洗方法作为参照。通过对等离子体工艺参数的优化（等离子体聚焦，强度/能量沉积），已经证明新的工艺技术明显优于传统的方式。试验结果表明 Openair 常压等离子体清洗工艺不仅能够进行工业化应用，而且还具有更高的效率，它在所有科目上的试验结果均明显优于化学处理法。

从首次萌发采用在线等离子体清洗这样一种工艺设想，直至最终进行调试运行，这种新技术经历了大约五年的研发时间。采用 Openair 等离子体处理工艺之后，整条卷材涂装线的速度比原有设备高出了四倍。德国的 Vits Systems GmbH 公司负责研发这种新设备的冷却与烘干技术，由瑞士的 Werner Mathis AG 公司负责成套设备工程，包括卷材输送装置以及应用研发。

2-6　基板的磨刷处理通常采用何种方式?

答：基板的磨刷处理是通过碱洗液的溶解与刷子的机械摩擦等双重作用来去除污垢。彩涂生产线的磨刷处理是设计成机械式的，磨刷设备也叫刷洗机，通常由旋转刷辊、刷辊贮藏箱刷辊电动控制装置、碱液喷管循环系统组成。

磨刷处理工序一般设置在一二级脱脂段之间，采用特制的刷辊材料，配合碱液冲刷，对基板上下表面进行旋转式磨刷，其旋转方向与钢带运行方向相同或相反，通过毛刷与基板表面的高速运动所产生的摩擦力，除去基板表面黏附的脏物和粗糙的氧化物，使基板表面具有活性。

刷辊通常有两种类型，压缩型刷子和硬毛型刷子。压缩型刷子是将粒度很细的碳化硅或氧化铝磨料粘结在尼龙丝上，然后将这种尼龙丝制成纤维板或软垫，经固化后切成一段段圆环筒套，装在一根辊芯上制成刷辊。硬毛型刷子的刷体是用含有碳化硅磨料的尼龙丝编绕而成的。磨料粒度不同，用途也不同，两种刷子相比较各有其优缺点。压缩型刷子因含磨料粒度很细，并且刷辊对被刷板面的压力较大，因此刷过的基板表面均匀一致，其缺点是由于尼龙丝较细容易撕裂，使用寿命短。硬毛型刷子的显著优点是尼龙丝耐磨性好，因而使用寿命长，大约是压缩型刷子的几倍，但是这种刷子不宜用于处理薄板基板，板薄不仅处理效果不理想，而且还会造成基板卷曲。在使用刷辊式刷洗机的过程中，为防止尼龙丝过热而熔化，应不断向板面喷淋碱液，以便冷却和润湿。

2-7　钢带电解清洗的工作原理是什么?

答: 电解力是利用电解作用将金属表面的污垢去除的作用力，根据去除污垢种类的不同，分为电解脱脂和电解研磨去锈。电解是在电流作用下，物质发生化学分解的过程，在电解过程中，金属表面的污垢也随着被去除。彩涂机组的电解清洗工艺就是基于这种传统的金属除污方法。

作为彩涂板基板的钢带表面常会沾有动物油脂或矿物油。用电解方法把这些油类污垢加以去除称为电解脱脂，电解脱脂使用的电解槽模型如图 2-1 所示，当电流通过含有某些电解质的水溶液时，在电解池的正极附近产生氧气，负极产生氢气。

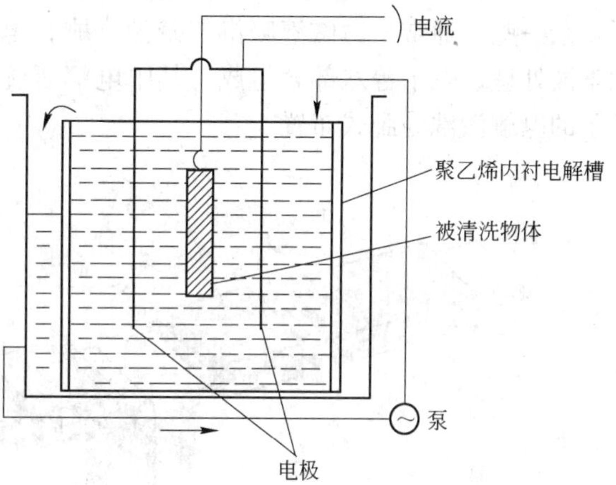

图 2-1　电解槽示意图

$$2H_2O = 2H_2\uparrow(\text{负极}) + O_2(\text{正极})\uparrow$$

当接负极或正极的钢带通过电解槽时，钢带成为电解池的正极或负极。在电解过程中，在钢带表面会有细小的氢气或氧气产生，这些细小的气泡有促进污垢从被清洗钢带表面剥离下来的作用。在电解脱脂时使用的是氢氧化钠、碳酸钠等的碱性水溶液，这些强碱电解质离子的存在，增加了水的导电能力，也对污垢的去除起了促进作用。因为碱液对脂类油性污垢有很强的分散的作用。但氢氧化钠等碱性物质的加入对矿物油之类污垢分散能力弱，所以要在溶液中加入偏硅酸钠和少量表面活性剂，以利矿物油污垢的分散去除。

当彩涂基板是锌或铝板时，由于耐碱性差，多用硅酸钠等弱碱作电解质，偏硅酸钠对有色金属的耐碱腐蚀性有明显的改善作用。当铝进行阳极电解脱脂时（即把需脱脂的金属铝与电解池电源正极相连，在电解过程中金属铝作为阳极），在阳极金属铝表面会析出无水硅胶的覆盖膜，保护铝不被碱腐蚀。当加入的表面活性剂有过度的起泡性能对脱脂有妨碍时，要使用低起泡的表面活性剂或昼养活表面活性剂用量。

电解脱脂的方法根据被脱脂基板作为电极的情况分为阴极脱脂和阳极脱脂。把被脱脂基板与电源负极相连称为阴极脱脂。由于电解过程中，在阴极产生的氢气是阳极产生的氧气的两倍，因此阴极产生的氢气对基板表面的污垢剥离效果更好。但如果处理过度，在清洗对象即钢带表面会形成粉状物质，此时要进行浸酸后处理才能去除这些物质。另当钢铁进行阴极电极脱脂时还会产生的氢气会且被吸收造成发脆的性质，这种现象称为氢脆。发生氢脆以各种高、低碳钢和金属锌最明显。而且脆性与吸收的氢气量成正比关系。因此钢铁基板通常不用阴极电解脱脂而多采用阳极脱脂。

如把钢铁基板与电源正极相连，由于阳极产生的氧气量较阴极氢气量少，所以要提高电流密度的方法产生更多的气体以利更好地脱脂。但产生的氧气有时会在清洗金属表面形成氧化膜，这对基板性质产生不利影响。因此要根据具体的清洗对象的特性而考虑使用阴极或阳极脱脂法，或者使用阴极、阳极并用的脱脂法。

2-8 彩涂机组含电解清洗的表面处理段采用何种工艺流程?

答： 如图 2-2 所示，加入电解清洗槽的表面处理比起仅有化学清洗与磨刷处理的工艺要复杂一些，通常是由碱液喷淋、碱液磨刷、电解脱脂、热水磨刷、热水漂洗、热吹风、化学液处理、烘干等八部分组成，其中电解清洗槽可以是卧式也可以是立式布置。图 2-3 所示的电解清洗为卧式布置。

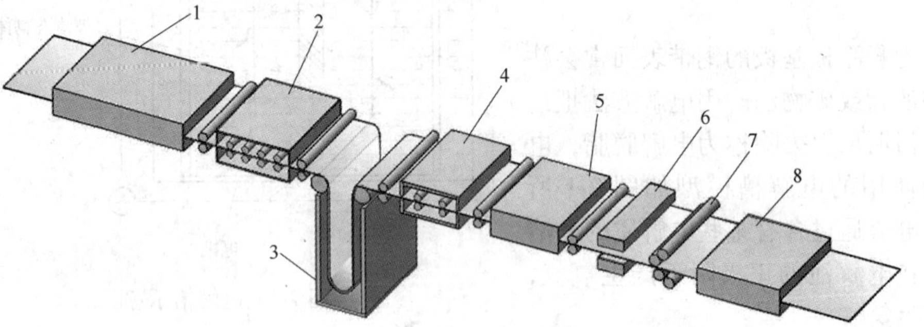

图 2-2 含电解清洗的表面处理工艺示意图

1—碱液喷淋；2—碱液刷洗；3—电解清洗；4—热水刷洗；5—冷水漂洗；6—热风吹干；7—化学涂层；8—化涂炉

图 2-3 卧式电解清洗实例

2-9 彩涂机组的脱脂处理段通常布置在什么位置?

答： 彩涂机组的脱脂可分为预脱脂和脱脂两个阶段，预脱脂处理的作用主要是防止活套辊子沾上钢带的油脂引起打滑、跑偏，通常设置在入口活套之前，活套前的预脱脂处理段可将基板表面的大颗粒杂质处理掉，避免将大颗粒杂质带入活套。

预脱脂工艺多用于大型的高速机组。常见的工艺方案见表 2-1。

表 2-1 预脱脂工艺方案

方 案	碱 洗	刷 洗	热水漂洗	冷水漂洗	热风或冷风干燥
1	1 级	无	1 级	无	有
2	2 级	无	2 级	无	有

正式的脱脂段则设置在入口活套之后，对钢带表面进行彻底的清洁处理，彻底去除基板表面的油脂和脏物，这样可以防止钢带在通过活套时被设备上滴落的油脂再次污染钢带表面。脱脂段常见的工艺方案见表 2-2。

表 2-2 不含电解清洗的脱脂工艺方案

方 案	预清洗	刷 洗	清 洗	热水清洗	冷水清洗
1	1 级（碱液）	1 级（碱液）	1 级（碱液）	2 级	
2	1 级（碱液）	1 级（碱液）	1 级（碱液）	1 级	1 级
3	1 级（清水）	1 级（碱液）	1 级（碱液）	2 级	2 级
4	1 级（碱液）	1 级（碱液）	1 级（碱液）	1 级	
5	2 级（碱液）	1 级（碱液）	1 级（碱液）	2 级	

表 2-2 中方案 2 为目前国内彩涂机组脱脂清洗工艺中用得较为普遍的布置形式。

2-10 彩涂机组在脱脂处理段常用哪几种方式?

答：根据油脂的成分和种类，钢板脱脂多采用化学处理方法。脱脂处理的化学溶液其主要成分是碱类，同时还有少量的润湿剂、表面活性剂等助剂成分，这可以明显地提高溶液的脱脂速度和脱脂效率。

彩涂线的脱脂处理几乎都是采用喷淋和刷洗的混合式，也有采用电解脱脂方法的，脱脂效果更佳。

比较常见的金属脱脂方法有：化学脱脂法、电化学脱脂法和超音波脱脂法。

A 化学脱脂法

(1) 有机溶剂脱脂法。用有机溶剂脱脂是一种普遍采用的方法，是利用有机溶剂对油的溶解能力的特点不定期到脱脂效果，此法除油效率较高，适合各种油污，一般不会腐蚀基板表面，但不能同时去除无机盐和碱性物质，除油不彻底，溶剂挥发后容易残留，有着火和中毒的危险。因此，所用溶剂要求溶解力强、毒性小、便于操作、挥发慢等性能，常用的清洗用溶剂主要有汽油（白油）、煤油、石油溶剂、松节油、甲苯、二甲苯和含氯溶剂等。

用有机溶剂脱脂法用于油污严重或易被碱液腐蚀的基板的初步除油。除油不彻底时，需要用化学或电化学方法进行补充除油。

(2) 乳化脱脂法。乳化脱脂法也叫表面活性剂洗涤法，对于不能发生皂化瓜的矿物油，需要利用表面活性剂（乳化剂）使油和水发生乳化瓜，形成稳定的乳浊液物质（乳化剂）来去除基板表面的油污。该法可在室温下进行，不像有机溶剂容易引起安全事故，是一种高效、低价的安全清洗方法。但难以除尽树脂化的油类和渗入微孔中的油脂，此外，表面活性剂易起泡沫。所以此法仅适用于清除非皂化性油脂。

乳化脱脂法的表面活性剂应具备如下几个特点：

1）耐碱性。脱脂剂中碱组分的主要成分是氢氧化钠，能适用于这种强碱性水溶液的表面活性剂有表1中的非离子型、阴离子型和两性离子型三种，因为碱液对阳离子型表面活性剂的亲水基有分解作用，所以一般不能采用。

2）耐氧化性。电解脱脂时，在作为阳板的钢板表面上发生 OH—氧化反应，在此区域内除了离子被氧化生成氧气之外，对其他化合物也会产生氧化分解作用放出氧气。所以选择的表面活性剂一定要具备良好的耐氧化性能。

3）低起泡性。在电解清洗过程中，不管是被脱脂的钢带作为阴极或是作为阳极，都会连续从其钢板表面逸出氢气和氧气，当大量气泡滞留在电极上时，有产生火花的危险，所以要使用低起泡产品。

（3）碱洗溶液脱脂法。主要借助碱的化学作用，清除金属表面的油脂和轻微锈蚀。适用于黑色金属和不溶于碱液的金属，如钢铁、铸铁、镍等。碱洗溶液有溶解、皂化和水分解能力，依靠对动植物油类的皂化作用而使之溶解去除。形成的皂液可将不易皂化的油脂“增溶”于水中而离开金属表面。此外，一些碱洗溶液还加入润湿剂和絮凝剂等物质。加有润湿剂的碱洗溶液，依靠基板金属表面的湿润和铺展能力将油脂（包括矿物油）排除并使之剥离金属基板表面，然后被表面活性剂分子在溶液中形成的胶束包围而不致再沉积到金属基板表面上，增强清洗效果。絮凝剂则可加速皂化后的油脂在废水处理系统中的絮凝以便容易处理。

碱洗溶液能溶解无机盐污物。对钢铁有钝化作用，不致使钢铁腐蚀，同时对有机物的损害也较小。加温至70℃左右时，清洗速度比其他方法要快，所以彩色涂层钢板机组所使用的脱脂液普遍采用碱洗溶液。

B　电化学脱脂法

前已述及，电化学脱脂法是利用前已述及的电解清洗原理，将设为阴极或阳极的基板经过通入直流电的碱性电解液的槽体，使油脂与基板分离。钢基板及其合金用阳极电解清洗，可避免发生氢脆，非钢基板（铝、锌、锡）用阴极电解清洗可避免溶解。清洗后可获得清洁有活性的表面。除油彻底，效果良好，并能除去基板表面的浮灰、浸蚀残渣等机械杂质。但设备较复杂，去除基板表面深坑的油污较难。

C　超音波脱脂法

超音波脱脂的作用，是以超过人类听觉声频率 16kHz 以上的波动在液体中传导，当音波在清洗液剂中传导时，由于声波是一种纵波，纵波推动介质的作用会使液体中压力变化而产生无数微小真空泡，称之为空洞现象（cavitation）。当气泡受压爆破时，会产生强大的冲击能，可将粘在基板表面的污垢打散，并增加清洗剂的洗净效果。由于超音波频率高波长短，穿透力强，因此对有隐蔽细缝的被清材料，可以达到完全洗净的惊人效果。这种脱脂方法可以大大节省人力及时间，降低人工成本。对基板表面在细缝、坑孔等死角之污垢完全清洗，解除一般清洗法无法克服的难题。可使用性质温和之溶剂，达成更加的洗净效果，免除危险性。但要求较高的设备成本。

2-11　彩涂线常用的脱脂处理工艺的优点是什么？

答：脱脂采用喷淋式压力喷射，能除去工件表面 90% 的油污，减轻脱脂槽液负担，从设备构造上使脱脂槽的液体能循环使用，槽中有过滤装置，使脱脂液保持清洁状态，只需定期补充脱脂剂，不需要经常更换槽液。

2-12　常用脱脂剂主要有哪几种？

答：彩钢板用的脱脂剂以碱性为主，由碱系、石油系基本体系组成，因此用碱性脱脂剂配成的溶液也叫碱液。主要用于钢铁，也可处理和锌、铝等合金材料。可迅速除去金属表面油污，形成适合化成处理状态。碱性脱脂剂的分类方法很多，常见的分类方法如下：

（1）按照应用类型分类。按照应用类型分类有：喷淋型脱脂剂、浸渍型脱脂剂、喷淋/浸渍型脱脂剂、手工脱脂用脱脂剂。

（2）按照产品型式分类。按照产品型式分类，可以是固体，也可以是液体。大多数脱脂剂是粉末状固体产品，但液体脱脂剂具有不扬尘、容易处理等显著优点。

（3）按照 pH 值分类。按照脱脂剂的 pH 值，它们可分成弱碱性和强碱性脱脂剂。

（4）按照所处理的金属分类。按照所处理的金属分类有：多金属脱脂剂、锌金属脱脂剂、铝金属脱脂剂。

2-13　如何检测准备使用的脱脂剂质量？

答：可以从以下几方面来考虑脱脂剂的质量：

（1）钢板表面的油污去除效果好坏。

（2）起泡性。对于喷淋生产线来说，脱脂剂的泡沫需要控制以免溢出，但适当的泡沫是正常。

（3）脱脂剂的使用寿命（使用时间长短）。

2-14　生产操作时脱脂液的用量如何配制？

答：商品化的脱脂剂其使用配比会根据不同的生产商而有差别，但目前国内使用的各种脱脂剂大部分配比在1% ~2%的范围，也有低于1%的。

2-15　生产过程中脱脂液的浓度如何保证？

答：通常以检测脱脂槽液的游离碱度和总碱度对脱脂剂的浓度作控制。检测方法如下：

（1）总碱度（T. AL.）。用移液管移取脱脂剂溶液于250mL锥形瓶内；滴3 ~4滴溴酚蓝指示剂；用0.05mol/L的硫酸滴定，直至溶液颜色由蓝色变为黄色。读取滴定前的读数及滴定后的读数，读数时视线应与滴管凹液面相切。两者读数之差（即消耗的酸的体积数（mL））为该样品的总碱度T. AL.。

（2）游离碱度（F. AL.）。用移液管移取溶液于250mL锥形瓶内；滴4 ~5滴酚酞指示剂；用0.05mol/L的硫酸滴定，直至溶液颜色由红色变为无色，读取滴定前的读数及滴定后的读数，读数时视线应与滴管凹液面相切，两者读数之差（即消耗的酸的体积数（mL））为该样品的游离碱度F. AL.。

碱洗剂在购进时，都会得到供货商提供的配制浓度（表2-3）参考值。这个参考值仅是根据国内基板出厂前常规的涂油量来制定。在彩色涂层钢板生产线的实际应用中，应根据不同的生产环境和不同的基板来源对碱洗液的浓度作适当的调整。

表 2-3　常用碱洗液配方

碱洗液成分	含量/$g \cdot L^{-1}$		
	钢　铁	铝 1	铝 2
氢氧化钠（NaOH）	50~80	8~12	
碳酸钠（Na_2CO_3）	20~40		40~50
磷酸钠（Na_2PO_4）	30~60	40~60	40~60
硅酸钠（Na_2SiO_3）	5~15	25~35	2~5
硼酸钠（Na_2BO_3）	4~7		

注：铝配方 1 的除油速度较快，但对基板表面有轻微腐蚀作用。铝配方 2 具有良好的乳化作用和湿润性能，有助于消除铝材表面蒙皮发花的痕迹。

从碱洗液的配方表中看出，合成碱洗液的几种元素中的氢氧化钠含量最高。也就是说，碱洗液的浓度高即氢氧化钠含量大。原则上，碱洗液的去污能力与其浓度有关，提高浓度，可使皂化反应加快，有利于提高脱脂速度。但有些基板却不宜盲目加大浓度，例如，清洗镀锌板或锌合金板时，如果浓度过高，基板表面会被氢氧化钠腐蚀，反而影响清洗效果。因此，对这类基板，应适当降低碱洗液浓度。对于冷轧板，浓度则可以提高一些，大致可在1%~2%的范围内。

另外，在通常的碱洗剂中，生产厂家还会配合加入少量表面活性剂的。清洗剂中加入0.1%~0.2%（质量分数）的表面活性剂时，不仅可使溶液表面张力大为降低，而且也会使碱洗液的清洗作用得以充分发挥，但是，各种表面活性剂的作用是不相同的。如使用4%（质量分数）的偏硅酸钠溶液的脱脂率为11.5%，而用3%（质量分数）的偏硅酸钠溶液分别加入1%（质量分数）的烷基苯磺酸钠、脂肪醇硫酸酯盐和烷基酚聚氧乙烯醚，结果脱脂率分别提高为35%、48%和99.6%。

实际生产过程中，为了保证基板的清洗效果，还应定期取样测定其游离碱度或总碱度。取样的频率按生产线速度而定，生产线速度越高，每班的取样次数应越多，如表 2-4 所示。

表 2-4　碱洗液碱度测定取样频率

生产线速度/$m \cdot min^{-1}$	取样频率	生产线速度/$m \cdot min^{-1}$	取样频率
30	4 小时 1 次	60	2 小时 1 次
40~50	3 小时 1 次	80 以上	1 小时 1 次

2-16　衡量基板表面脱脂程度的标准主要有哪些？

答：基板表面的脱脂效果可以用光学方法作出评价。任何有色污物可以用擦拭表面的方法来鉴别。用水冲洗表面后，如果是完全无油脂的表面，整个表面全部被水湿润。但是用湿润法来检查时，必须注意有些极少量的有机物质会削弱这种性质。

通常，脱脂和水洗后的多步化学表面处理不能消除这种不完全湿润的缺点，所以脱脂不完全会造成化学涂膜的明显不均匀的缺陷。

基板表面所涂的油脂如有突然变化也会导致不满意的脱脂结果。

这种改变是由于下列原因所造成的：

（1）需要脱脂的基板的供货商的改变；

（2）基板生产工艺的改变，特别改变了所使用的润滑油和防锈油；

（3）处理已储存了很久的基板。

如果在一较长的时期中脱脂效果仍不能令人满意，就必须将工艺参数作一定的调整使之最佳化，这些参数包括：

（1）处理时间；

（2）处理温度；

（3）槽浓度；

（4）喷压；

（5）脱脂剂种类。

通常，添加表面活性剂溶液（加入超强度脱脂剂添加剂）对改善脱脂效果是有效的。在使用喷淋脱脂时，检查一下喷嘴的喷角和喷嘴是否堵塞也是必须的。

2-17　什么叫化成处理，化学转化膜主要起什么作用？

答：化成处理是对已脱脂的金属表面进行化学处理，使其表面生成不溶性的化合物覆盖膜，这种经过化学处理或电化学处理生成的覆盖膜被称为化学转化膜，化学转化膜的作用是阻止大气和其他具有腐蚀性的气体对基板的侵蚀，同时提高基板与涂料层之间的黏附性、耐蚀性和面漆的耐久性、抗冲击性，改善基板的涂装性能。

2-18　形成化学转化膜层主要有哪几种方式，其特点和应用如何？

答：形成化学转化膜的方案有多种，根据膜层所含物质的不同，通常有以下几种工艺：

（1）轻质磷酸铁工艺（主要用于冷轧钢板的铁系磷化剂）；

（2）结晶质的磷酸锌工艺（主要用于镀锌板的锌系磷化剂）；

（3）复合氧化膜工艺（主要用于镀锌板的碱性氧化剂）；

（4）无漂洗（钝化）工艺（各种板材通用的化学涂层剂）。

工艺特性如表2-5所示。

表2-5　彩涂生产线预处理工艺特性

工　艺	设　备	操作条件	覆　膜	备　注
轻质磷酸铁	低碳钢	66~77℃；5s	磷酸铁和氧化铁晶体0.2~0.5g/m²	容易控制（有磷化渣沉淀）
磷酸锌	低碳钢或不锈钢，需要预活化，对于HDG必须刷涂	62~69℃；5s	磷酸锌晶体1.6~2.0g/m²	必须严格控制晶体尺寸（有磷化渣沉淀）
碱性氧化	低碳钢	45~77℃；5s	非晶体重金属氧化物 钴：10mg/m² 铬：15mg/m²	可以与除油工序联合
无漂洗工艺	滚涂、浸压、静电力、不锈钢或塑料衬	常　温	具有不同的特征0.15~3.0g/m²	对环境友善，除脱脂水洗外，无其他污水排放

2-19 各种基板对化学转化膜的种类是否有一定的搭配要求?

答: 有,搭配的范围见表2-6。

表 2-6 预处理的应用范围

预处理	CRS	Al	HDC	EZ	IZ	Zn/Al
磷酸铁	√		(√)	(√)	(√)	
磷酸锌			√	√	(√)	(√)
碱性氧化			√	√	(√)	(√)
无漂洗工艺	√	√	√	√	(√)	√

注:√——用于生产;(√)——可以使用,但尚未广泛采用。

2-20 化成处理过程中化学转化膜的质量会受哪些因素影响?

答: 化学液可以消除钢基板表面因碱液除油或酸洗除锈所造成的表面状态的不均匀性,使表面形成大量的极细的结晶中心,从而加快磷化反应的速度,有利于磷化膜的形成。但在化成处理中,有以下几种因素会影响化学膜的质量。

(1) 水质的影响。槽液所用水质中如所含水锈严重、钙镁离子含量较大,会影响化学液的稳定性,槽液配制时可预先添加软水剂以消除水质对化学液的影响。

(2) 使用时间。一般表调剂采用的是胶体钛盐,其存在胶体活性,当使用时间较长或所含杂质离子较多时胶体活性会丧失,此时胶体的稳定状态被破坏,槽液沉淀分层,呈絮状,此时必须更换槽液。

(3) 磷化液的酸比。总酸度与游离酸度的比值提高酸比可加快磷化反应速度,使磷化膜薄而细致,但酸比过高会使膜层过薄,易引起挂灰;酸比过低,磷化反应速度缓慢,磷化晶体粗大多孔,耐蚀性低,基板表面易生黄锈。一般来说磷化药液体系或配方不同其酸比大小要求也不同。

(4) 温度。槽液温度适当提高,成膜速度加快,但温度过高,会影响酸比的变化,进而影响槽液的稳定性,同时膜层晶核粗大,槽液出渣量增大。

(5) 沉渣量。随着磷化反应的不断进行,槽液内的沉渣量会逐渐增多,过量的沉渣会影响工件表面的界面反应,导致磷化膜发花、挂灰严重,甚至不成膜,因此槽液必须根据处理的工件量和使用时间适时进行倒槽,进行清渣除淤。

(6) 亚硝酸根。亚硝酸根可加快磷化反应速度,提高磷化膜的致密性和耐腐蚀性,含量过高时使膜层易出现白点或发彩现象;过低,成膜速度缓慢,磷化膜易生黄锈。

(7) 硫酸根。酸洗液浓度过高或水洗控制不好都易导致磷化槽液内硫酸根离子增高,过高的硫酸根离子会减慢磷化反应速度,使磷化膜晶粒粗大多孔,挂灰严重,磷化膜的耐蚀性降低。

(8) 亚铁离子。磷化溶液中含亚铁离子量过高时,会使常温磷化膜防腐能力下降;会使中温磷化膜晶粒粗大,表面浮白灰,防腐能力下降;会使高温磷化液沉渣量增大,溶液变浑浊,同时游离酸度升高。

(9) 钝化。封闭钝化的目的是封闭磷化膜孔隙,提高磷化膜耐蚀性,特别是提高漆膜的整体附着力和耐腐蚀性。目前一般采用含铬处理和无铬处理两种方式，然而有一些用碱性无机盐型钝化（大部分含磷酸盐，碳酸盐，亚硝酸盐，磷酸盐等），这些物质严重损害漆膜的长期附着力和耐蚀性。

2-21 彩涂机组通常采用何种涂敷工艺?

答：涂敷是指将涂料薄而均匀地涂布在被涂物表面上的工艺。随着工业生产的发展和技术的进步，新型涂料的出现和对涂层质量要求的提高，涂敷工艺取得了很大的发展，并已逐步向自动化、无污染和高效率化方向发展。

目前，无论是国内外的彩涂机组，其涂敷工艺主要是采用辊涂方式，辊涂式的好处是对涂料的适应性强，涂后钢板表面质量稳定，缺点是可能出现辊印。

从钢带和涂敷辊的相对运动方向来看辊涂分为顺涂和逆涂两种方式。

（1）顺涂法：是指钢带和涂敷辊的运动方向一致。其特点是：适用于低黏度涂料，一般用于薄膜型涂装。所获得的涂膜厚度为10～20μm。涂装速度一般不超过100m/min。超过100m/min，应用逆向辊涂。与逆向辊涂机比较，涂敷辊（橡胶辊）的磨耗小。

（2）逆涂法：指的是钢带和涂敷辊的运动方向不一致。其特点是：适用于高黏度涂料，一般用于厚膜型涂装。当然，在生产过程中，支撑辊、涂敷辊、提料辊及测量辊旋转方向的不同组合，对钢带漆膜厚度都会有不同的影响。

据资料介绍，卷材涂敷工艺除了采用辊涂式外，还可以采用淋涂式、粉涂式和粉末云技术等三种涂敷工艺。

（1）淋涂式。淋涂式也称为幕流式，其特点是涂料从容器底部的缝隙中或通过喷嘴从上方均匀流出到通过传动装置从下方通过基板，形成涂料幕，多余的涂料进入回收容器，再通过泵提送到高位槽循环使用。淋涂法的涂装质量与涂料的黏度、输送速度、窄缝宽度或喷嘴大小以及涂料所受压力等因素有关。

淋涂式涂装方法的优点为：涂料用量少，能得到比较厚而均匀的涂层，涂层可由双组分涂料配合施工，也可用光固化涂料配套。其缺点为：对溶剂挥发消耗量大、初期挥发快的涂料不适合，难以形成极薄的涂膜，因此只能用于平面涂装，不能涂装垂直面，且需要完善的安全防火设施。淋涂法使用于大批量生产的钢铁板材、胶合板、塑料板等板状、带状材料的涂装，这种方法不会出现辊印，产品多用于高档家电，但是涂布量随速度的变化波动大，工艺控制困难，尚未大规模应用于生产。

（2）粉涂式。粉涂式是使用高压静电把粉末涂料沉积附着到基板上实现涂装。这种方法生产的产品综合性能高，质量稳定，但控制难度大，因而未得到广泛应用。

与通常的粉末静电喷涂一样，根据卷材的宽度和线速来确定喷枪的数量和排布。如果以通常的燃气加热的方式，卷材的线速只能达到35m/min，如果再提高线速，粉末涂料在基板高速移动时被带走，其沉积效率只有40%～50%；而且喷枪排布密集，静电涂装涂膜的膜厚不易控制。也易出现其他涂膜缺陷，如麻点、橘皮等。现在人们研究的热点集中在以辐射固化的方式来代替燃气加热固化。

（3）粉末云技术。为了解决粉末静电涂层所存在的膜厚难控制和容易出现涂层缺陷的难题，专家们还发明了粉末云技术和电磁刷技术的涂敷工艺，有关这两种技术在《彩色涂层钢板技术及工艺装备》一书已有详细叙述。

另外，还有早期采用的刷涂法、浸涂法、空气喷涂法、特种行业使用的无空气喷涂法以及电泳涂效法等。但近20多年来我国新建彩涂线多采用辊涂法施工。

随着彩涂行业的发展，生产厂和涂料供应商根据不同的用途和需要，开发出许多特殊彩涂产品及生产工艺，主要有：印花、热贴膜、热压花、冷贴膜、冷压花及涂蜡保护等。

2-22 我国卷材涂料发展现状与趋势

答：卷材涂料在我国的发展大致经历了三个时期。第一时期多以油性类树脂、醇酸、酚醛类树脂为基料，以红丹以及其他含铅、铬类涂料为防锈组分；接下来是合成树脂时期，除上述一类基料外，还有环氧树脂、不饱和树脂、氧化橡胶、氯磺化聚乙烯、硅酸脂等，防腐涂料还有锌粉、铝粉、磷酸锌、偏硼酸钡、氧化铁红等无毒品种，开始出现了重防腐涂料；第三个阶段是近几年来，由于环境状况的继续下降和环境保护要求的加强，因此替代有污染的基料以及危害环境的有毒防锈涂料受到高度重视，已成为新型防腐涂料发展的主要方向。

我国卷材涂料的发展已有20年的历史，但快速发展不过最近五六年时间。卷材涂料是彩涂板生产线中不可缺少的施工原料之一，可以涂敷多种基板。卷材涂料早在20世纪30年代投入市场，二战之后，为恢复战争创伤，建筑业蓬勃发展，预涂卷材由于质轻、性优、价廉而获得广泛应用。

我国卷材涂料生产起源于20世纪80年代，当时原化工部组织力量自行研制。1987年上海振华造漆厂引进美国Parker公司的预处理技术及RelanceUniversal公司的系列卷材涂料。目前国内卷材涂料生产线已超过30条。我国目前已有70条卷材涂料生产线，近期仍将有32条生产线在建；由于生产厂家众多，未来三年将是国内卷材涂料行业的快速发展期。

随着彩板应用数量和范围迅速扩大，卷材涂料已进入快速发展期。今后彩板及其涂料的开发走势将趋向高性能型、环保和经济型、快速烘干固化型和自清洁型的品种。

高性能卷材涂料：冷压花彩钢板的出现很受市场欢迎，该钢板的生产要求彩涂线收卷前经冷压花辊在钢板上直接压型出花纹，这种产品对涂料加工性能要求高，而且价格要比PVDF低。其中，氟树脂涂料因其优良的耐候、耐化学品、耐盐雾性、低表面能等特性而受到关注，国内一些氟树脂涂料生产商已研发出在卷材涂料中应用的FEVE系列氟树脂涂料。这类氟树脂在卷材涂料中应用的性能，特别是涂层的超耐候性、耐沾污性以及施工性和经济性能等，被认为可为建筑钢结构、桥梁等应用领域的彩板提供更高性能的保护。高性能卷材涂料在冷压花彩钢板的应用也很受市场欢迎，要求彩涂线收卷前经冷压花辊在钢板上直接压型出花纹，这种产品对涂料加工性能要求高，而且价格要比PVDF低。

环保卷材涂料：目前大部分卷材涂料固体分在60%左右，为了减少VOC，需要开发高固体分（70%）以上、水性及UV粉末涂料。其中粉末涂料技术已在我国卷材涂料生产中开始应用，卷材粉末涂料这几年在我国发展的空间很大，随着人们环保意识的加强，以及成本降低的要求，卷材粉末涂料是发展的趋势。有人预言卷材涂料将迎来粉末涂装的时代。但由于种种原因，目前为止国内还没有一条真正意义的粉末卷材涂装线，人们关注的也不多。

快速烘干固化涂料体系：为提高生产效率，市场要求能达到运行速度 180m/min 以上，保证性能和外观的情况下，固化时间 18 ~ 20s。

随着国家经济建设的发展，管道用钢、集装箱板、建筑钢结构、桥梁、铁路、船舶等特种钢材需求的增长，将促进了室外用彩板的自洁型卷材涂料的技术进步和市场发展。这种涂料既具有有机涂料的良好着色性、防腐性和装饰性，又具有高强度和易加工性，是一种适用于彩板深加工的涂料产品。在外观方面，自洁性涂料具有优越的抗污染性，彩板表面经雨水冲洗能起到自清洁的作用，达到不沾灰尘、不留痕迹的效果，是建筑业的最佳选择。此前，自洁型卷材涂料一直由国际著名涂料厂拥有。

2-23 涂料是由哪些部分组成，其性能、特点如何？

答：涂料通常由成膜物质、颜料、填料、溶剂和助剂等五种物质组成，这五种组成物在涂料的应用中各自都起到非常重要的作用。

A 成膜物质的性能、特点

在涂料上成膜物质一般包括：油脂、天然树脂、酚醛树脂、沥青、醇酸树脂、氨基树脂、纤维素、过氯乙烯树脂、烯类树脂、丙烯酸类树脂、聚酯树脂、环氧树脂、聚氨酯树脂、元素有机化合物、橡胶、其他（无机高分子，二甲苯树脂等）。成膜物质一般分为两大类：第一类在成膜过程中组成结构不发生变化，即成膜物质与涂膜的组成结构相同，这类成膜物质称为非转化型成膜物质，它们具有热塑性，受热软化，冷却后又变硬等特点。另一类是指在成膜过程中组成结构发生变化，即成膜物质形成与原来组成结构完全不相同的涂膜，称为转化型成膜物质，这类成膜物质在热，氧或其他物质作用下能够聚合成与原来组成不同的不溶的网状高聚物。

成膜物质的功能是将颜、填料与树脂结合在一起，在基板上形成均一、致密的涂膜，固化后形成涂层，它是涂料的基础，决定了涂料对基板的附着力、涂层的物理、化学和力学性能。

B 着色颜料的性能、特点

颜料一般可分为两大类：着色颜料和体质颜料，体质颜料也叫填料，它们都不能单独成膜。它是涂料的主要成分，约占 70% ~ 80%。

着色颜料是一种不溶于水，不溶于油的固体粉末，其主要作用是呈现色彩，并有保护和装饰性能，着色颜料与连接料结合同时还可增强涂膜的物理化学性能，起到保护美化被涂物的作用。

着色颜料：赋予涂层遮盖力及增强力学和物理性能，主要起着色与遮盖作用；

着色颜色的主要指标是着色力和遮盖力，遮盖力是能够将被涂物面遮盖住时的最少用量遮盖好坏的能力，遮盖力取决于颜料与油料折光率之差，越大越好。

当某种着色颜料在基料中与其他颜料混合时，能呈现出其他颜料本身色彩未影响涂料颜色的能力称为着色力。

C 填料的性能、特点

填料即填充颜料（又称为体质颜料），它是一种没有遮盖力和着色力的粉状物质，主要有耐化学药品，耐候、耐磨性良好，呈中性，改进涂料流变性能、封闭性能、耐温性能、力学性能、施工性能，并可以大幅降低涂料的成本。同时还影响许多性能，包括光泽度、耐擦洗性、外墙的保色性等。

一些常用的填料包括：

（1）黏土：硅酸铝（也被称为高岭土和瓷土）主要用于内墙涂料，但也可用于某些外墙涂料。经过煅烧的黏土（加热去除水分并形成含有空气微粒的表面）比大多数填料能提供更高的遮盖力；分层的黏土可以增强耐沾污性。

（2）硅土和硅酸盐：提供耐擦洗性和耐磨损性。在外墙涂料中，很多硅土和硅酸盐展示出杰出的耐久性。

（3）硅藻土：这是一种由远古单细胞有机体化石构成的含水硅土，用于控制涂料和清漆的光泽度。

（4）碳酸钙：也称为石灰石，是一种内墙和外墙涂料通用的、低成本、低遮盖力的颜料。

（5）滑石粉：一种相对较软的多用途填料，适用于内墙和外墙涂料。

（6）氧化锌：一种有助于防霉、防腐和防污渍的活性颜料。主要用于底漆和外墙涂料。

D　溶剂的性能、特点

溶剂的主要作用是将成膜树脂溶解或分散成均一稳定的液体分散体系，降低涂料黏度，以使易于施工成薄膜，而当施工后又能从薄膜中挥发至大气中，从而使薄膜形成固态的涂膜。所以一般将溶剂组分习惯上称为挥发分。但是，现在在其个别的涂料中溶剂能参与漆膜的形成，把这种溶剂通称为反应性溶剂或活性稀释剂。它的重要指标有溶解力和挥发率。溶剂是挥发性的有机液体，只要两种涂料性质相似，两者溶剂可以通用。

溶剂一般分真溶剂、助溶剂、稀释剂等几类，如果这几类都能够适当配合，可使涂料达到溶解力、挥发速度、价格之间的最佳平衡。

（1）酮类作用：真溶剂，丙酮沸点低，挥发快，易吸水，易发白，但溶解力强，环已酮沸点高，不易挥发，可防白。

（2）酯类作用：真溶剂，对树脂溶解力强，对底材浸蚀性强。

（3）醇类作用：助溶剂，缓和对底材的浸蚀

（4）醚类作用：助溶剂，促进流平，减轻对底材的浸蚀

E　助剂的性能、特点及应用

有人说，助剂在涂料中的作用，就相当于维生素和微量元素对人体的作用一样。用量很少，作用很大，不可或缺，是主要用来转化涂料特性的物质。

为了调整和改进涂料和涂层的综合性能，在涂料配方和生产过程中主要使用润湿剂和分散剂，还有其他如防浮色剂、防流挂剂等。

常用的助剂有：

（1）对涂料生产过程发生作用的助剂，如消泡剂、润湿剂、分散剂、乳化剂等。

（2）对涂料储存过程发生作用的助剂，如防沉剂、稳定剂，防结皮剂等。

（3）对涂料施工过程起作用的助剂，如流平剂、消泡剂、催干剂、防流挂剂等。

（4）对涂膜性能产生作用的助剂，如增塑剂、消光剂、阻燃剂、防霉剂等。

2-24　涂料的成膜机理是什么?

答: 涂料成膜主要包括涂料附着和涂层干燥两方面。

A　涂料附着

钢带基板和涂料附着的第一步是涂料在基板表面的润湿，涂料润湿就可以取代钢带基板表面原来吸附的空气和水，同时溶剂在基板表面的挥发起到溶解或溶胀作用，如果涂料的成膜树脂与基板表面的溶解度参数选择适当，则会使得基板表面与涂膜之间形成一个互混层，这对涂料的良好附着十分重要。

B　涂层干燥

涂料的附着施工在彩涂板的涂层工艺中只是完成了涂料成膜的第一步，还要继续进行变成固态连续膜的过程，才能完成全部的涂料成膜过程。这个由“湿膜”变为“干膜”的过程通常称为“干燥”或“固化”。这个干燥和固化的过程是涂料成膜过程的核心。不同形态和组成的涂料有各自的成膜机理，成膜机理是由涂料所用的成膜物质的性质决定的。通常我们将涂料的成膜发生分为两大类：

（1）非转化型。一般指物理成膜方式，即主要依靠涂膜中的溶剂或其他分散介质的挥发，涂膜黏度逐渐增大而形成固体涂膜。例如：丙烯酸涂料、氯化橡胶涂料、乙烯涂料等。

（2）转化型。一般指成膜过程中发生了化学反应，及涂料主要依靠化学反应发生成膜。这种成膜就是涂料中的成膜物质在施工后聚合称为高聚物的涂膜的过程，可以说是一种特殊的高聚物合成方式，它完全遵循高分子合成反应机理。例如：醇酸涂料、环氧涂料、聚氨酯涂料、酚醛涂料等。但是，现代的涂料大多不是一种单一的方式成膜，而是依靠多种方式最终成膜的，卷材涂料就是典型的一种依靠多种方式最终成膜的。

2-25　卷材涂料在涂层施工中有何要点?

答: 用于卷材的涂料除了具有常规涂料的性能外，还要适应快速运转的彩涂板生产线上的涂装要求，所制成的彩涂板也必须要经得住从加工到制成品和使用过程中不存在漆膜病变问题。此外，彩涂板的三种涂层包括底漆和面漆以及背面漆等，对这些涂料的要求均各有不同。无论是施工的管理人员或是操作人员，都必须了解卷材涂料的特性及涂料与彩涂板基板之间的各种联结关系。

2-26　彩涂板底漆起什么作用，哪些涂料可以做底漆?

答: 底漆是施于基板表面的第一层涂料，作为面层涂料的基础。主要起抗腐蚀作用；另外还可以起填平、修补、封闭等作用。另底漆良好的附着力使墙面更趋平滑，令面漆更易涂敷，并可以减少面漆的使用量。彩涂板的底漆用得最多的品种是环氧底漆和聚酯底漆（聚酯-氨基底漆和聚酯-聚氨酯底漆），此外还有水溶性丙烯酸底漆，这些底漆除了以上提到的共同特点之外，还有其具体的特性。

（1）环氧底漆：与基板的附着力良好，耐水、耐碱、耐化学腐蚀的性能较好，但其柔韧性不及其他底漆。

（2）聚酯-氨基底漆：与基板的附着力好，柔韧性优，但对潮湿环境较敏感，耐化学腐蚀性不及环氧底漆。

（3）水溶性丙烯酸底漆：对基板的附着力良好，很好的柔韧性，含有机溶剂少，低温固化，但不宜在潮湿环境下贮存，预处理要求高。

（4）聚氨酯（聚酯-聚氨酯）底漆：耐化学腐蚀性、耐摩擦性、耐久性和柔韧性均好。

2-27 彩涂板底漆有哪些特性，怎样才能达到高速生产的要求？

答：目前，彩涂板最常用的环氧底漆所采用的是基于双酚A型的E-06或E-03的环氧树脂，它的配方与早期的不同主要差别在于其二氧化钛含量较低，并采用了更安全的溶剂，使用时效果较好，但其价格偏高。

随着技术的不断进步，彩涂板生产线速度不断增加，涂料的固化时间，即在固化炉内的停留时间有趋向减少的要求，因为生产线的速度取决于涂料的固化时间。如果利用加长炉体或热源的增加来使底漆的固化时间减少，会使彩涂机组的造价提高，经济上不划算。因此必须对底漆的反应速率加以改进，除此之外，还要考虑到退出固化炉后的漆膜嫩度问题。当底漆经过随后的导辊时，固化不足的涂层就会被扯去并落在辊子上，为了克服这一问题，就需要在环氧底漆涂料增加脲醛树脂。此对其柔韧性的降低并不显著，而用价格较贵的三聚氰胺—甲醛树脂代替脲醛树脂来与环氧结合就不太合算。

为了降低原材料成本，现在的底漆中二氧化钛的含量要比以前减少了。为了改善底漆在较高生产线速度下的施工性能，还要将其黏度降低，但这就增加了颜料沉结的问题，尤其是铬酸锶类。降低了不透明底漆中颜料在上层的分布就会产生昏暗颜色底漆层，致使亮色调调配更加困难。为克服这个问题，需要将防沉降剂加到配方里，这包括疏水性热解法二氧化硅，它不仅有助于防止沉降，而且还对环氧底漆的防锈性能有帮助。

当环氧底漆与聚偏氟二烯面漆一起使用时，必须对此面漆配以颜料。要特别加以小心，因为氟聚合物如在基料里含量为70%的话，则就会透过紫外线。因此这种涂料必须仔细配以颜料以便堵住紫外线的传递，否则会到达底漆而引起粉化，造成随后的层间附着力问题。现已为涂装聚偏氟二烯面漆配制成基于环氧和酚醛树脂的专用底漆，以便使底漆提高耐“酸雨”环境的性能。

对于彩涂板的基板，除热浸镀锌钢板外，还可以用一些替代基板，如锌-铝合金基板之类，对此要求在底漆配方里增加铬酸锶的用量以便维持良好的防腐蚀性，尤其在后加工中裸露的切割边四周上。

然而铬酸锶当今被认为对健康有潜在的危害性。尽管卷材涂料的辊涂方法消除了喷涂漆雾，但对必须进行加工含该金属的涂料制造依然有潜在的危害，而卷材涂装基板在其使用期满时的处置也是值得考虑的问题。作为铬酸盐的替代物，人们做了大量工作，从而开发了离子交换型二氧化硅，对此还需要现场试验以验证其实际效果。一种溶胶-凝胶涂料也已进入了人们的视线，这种20世纪70年代开发的产品现已在包括航空涂料底漆在内的许多领域里得到应用，它在航空涂料底漆里主要是替代铬酸盐颜料，这项技术也将用于卷材涂料底漆里。这种涂料与金属等广范围的底材均有很好的附着力，能形成非常致密而牢固的气密性涂膜，有较高的显微硬度、耐冲击性、柔韧性、耐腐蚀性和耐磨性等。它一般是由烷氧基有机硅或元素周期表中Ⅲ、Ⅳ、Ⅴ族中的一些元素的烷氧基化合物或其他副族元素的烷氧基化合物组成。无机盐类，含此组成部分的成膜物质溶于一些脂肪族醇类的溶剂中，在酸类催化剂作用下可水解聚合成透明胶体分散体，配以填料和助剂能固化成氧化物涂膜，并可采用包括辊涂在内的各种方法施工。

再回到环氧树脂底漆上，虽然它的耐腐蚀性和附着力很好，但柔韧性不足。由于聚酯底漆和聚氨酯底漆以柔韧性见长，所以某些有特定用途的彩涂板品种的底漆需要用到这类改性物涂料作底漆。例如像家用电器彩色钢板对柔韧性就要求很高，所以通常采用聚酯底漆涂底涂层。

现在，国内外的许多彩涂机组上都普遍在使用所谓"通用型底漆"。它经济有效，对基板有优良的附着力，且对各种不同类型的涂层有良好的层间附着力，并能适应加工成型的要求，而这种底漆是属于聚氨酯一类的。

2-28　彩涂板背面漆起什么作用，哪些涂料可以做底背面漆？

答：彩涂板对背面漆的要求不高，但是相对于底漆，它还是有一定的耐候性和柔韧性要求。背面漆涂在卷材的背面，主要起保护作用，同时提供外观性和一定的耐久性。要求漆膜有良好的防腐蚀性、抗划伤性、抗粘连性和加工性，但没有装饰性和户外耐久性方面的要求。

常用的背面漆有环氧型、醇酸型、聚酯型三种。前两种因为耐久性较差的原因，现已不大采用，目前，以氨基聚酯型为多。聚酯型背面漆的组成基本上与面漆相同。

目前大部分的彩涂板背面漆是直接涂在经过前处理的基板上，一般不涂底漆，也可以涂装 5μm 的底漆后再涂装背面漆。从施工和使用上划分，可将背漆分成三类。

（1）防蚀性能要求较高的，基板背面涂层结构为底漆加背漆。此时的背漆主要起遮挡保护作用，可与面漆用同一品种，但性能要求比面漆低，只要求抗划伤性、抗粘连性和加工性符合要求。从经济考虑一般可用氨基醇酸树脂类作为背漆的成膜树脂，如豆油改性短油度醇酸树脂和三聚氰胺树脂背漆。

（2）基板背面不涂底漆只涂一道背漆。此时它起着底漆和背漆的双重作用，除背漆的抗划伤性、抗粘连性和加工性外，还必须具有良好的防腐蚀性能。成膜物质一般可用环氧—氨基、环氧—聚酯和聚酯—聚氨酯等。为提高背漆的防腐蚀性，除着色颜料外，在涂料中还需加入防腐蚀颜料。

（3）当预涂金属卷材主要用来制备泡沫夹心板时，背漆除要求对底漆或基板有良好的附着力和力学性能外，还必须适应夹心板的制造工艺。例如对直接注料发泡工艺，要求背漆对发泡材料有好的黏附性；对泡沫芯板粘贴工艺，由要求背漆与所用黏合剂相匹配。成膜物一般可用环氧—聚酯或聚酯—聚氨酯。为保证对夹芯材料有足够的黏附性和生产中收卷后的防黏性，背漆中不能用降低漆膜表面张力的助剂和表面增滑剂，应该靠漆膜自身的硬度来防止收卷粘连。

2-29　彩涂板面漆起什么作用，哪些涂料可以做面漆？

答：在彩涂施工中，面漆具有产品性能最关键的作用。它不仅提供彩涂板的装饰性，还使彩涂板具有各种实用的功能。彩涂板涂有不同面漆可在不同的领域应用，例如建材用彩涂板、家电用彩涂板、汽车用彩涂板等。因此面漆在卷材涂料的研究是最为透彻的一类涂料。目前已经工业化生产的卷材面漆主要有以下种类。

A 聚酯类面漆

聚酯树脂按定义是指分子主链上含有酯键的高分子材料，包括三种类型：醇酸树脂、饱和聚酯和不饱和聚酯。卷材工业中应用的聚脂专指饱和聚酯。

聚酯树脂形成的漆膜具有优异的综合性能，并且性能的可调节范围很大，还能制成不同的应用形式，如溶剂型、水性、粉末、烘干或自干的涂料产品。在家电、汽车、金属家具、建材和罐头等行业得到大量使用。卷材用聚酯树脂主要是由芳香族二元酸、脂肪族二元酸和脂肪族多元醇经缩聚反应而成的含羟基聚酯树脂。

彩涂板用聚酯类面漆是以上述聚酯为基本原料制备的涂料。交联树脂主要采用丁醇醚化三聚氰胺甲醛树脂（氨基树脂）。氨基树脂固化聚酯面漆具有良好的柔韧性、硬度和耐久性，同时具有良好的加工性，人们利用这类树脂在漆膜中的不均一性技术以提高其性能。因此是目前应用最为普遍的卷材面漆。

B 聚氨酯类面漆

聚氨酯涂料以其优良的综合性能在不同领域得到广泛应用。1972 年，德国首先将封闭多异氰酸酯和含羟基聚酯组成的聚氨酯涂料作为预涂卷材面漆用于铝卷材。1997 年聚氨酯面漆已占预涂卷材面漆的 5%，到 1999 年在预涂卷材涂料用合成树脂中居第四位，主要用在涂装建材、家用电器及车辆用预涂金属卷材。聚氨酯面漆（特别是脂肪族和脂环族多异氰酸酯制成的聚氨酯面漆）比氨基聚酯面漆有更好的柔韧性、硬度和耐久性之间的平衡。聚氨酯面漆的另一特点是既可是烘烤型的，也可为常温自干型的。对同一配方的涂料来说，所用的多异氰酸组分被封闭后用于预涂卷材生产线，而未封闭的用于自干性双组分涂料，最后可得到结构和性能相同的漆膜，这对建材用预涂卷材在使用现场的修补工作十分有利。

C 聚丙烯酸酯类面漆

聚丙烯酸酯涂料是一类用途广泛的涂料。聚丙烯酸酯树脂的主链是碳—碳键，对光、热、酸、碱等均十分稳定，用它制成的涂料具有优异的户外耐久性和保光保色性，另外通过各种丙烯酸酯的共聚，可调节树脂的机械性能，因此综合性能比较全面。

目前用于彩涂板面漆的聚丙烯酸酯涂料主要有三种类型：溶剂型热固化聚丙烯酸酯涂料、水稀释聚丙烯酸酯涂料和辐射固化聚丙烯酸酯涂料。

溶剂型热固化聚丙烯酸酯涂料具有良好的抗沾污性、抗划伤性、高的光泽和硬度，以及优异的耐候性和耐化学性，这类涂料的不足之处在于很难得到硬度和韧性同时符合要求的产品。当硬度符合要求时，漆膜一般不能经受深度加工成型。目前这类涂料主要用作 PVC 塑溶胶面漆的配套底漆。

为了进一步提高聚丙烯酸酯涂料的户外耐久性，20 世纪 60 年代中期开发了有机硅改性聚丙烯酸酯涂料，试图以价格优势部分取代含氟涂料，用以制造外墙和屋面用预涂金属卷材，涂料中有机硅成分一般占成膜树脂的 30% 以上。实际应用中发现，有机硅的引入在提高耐候性的同时会使加工性有所下降，而且这一矛盾很难找到满意的平衡点，而且耐候性的提高与增加的成本相比也物非所值，因此目前这类涂料在彩涂板生产中已经较少使用。

D PVC 有机溶胶和塑性溶胶面漆

PVC 有机溶胶和塑性溶胶是将溶胶级的聚氯乙烯粉末分散在有机溶剂和增塑剂的混合

物中或只分散在增塑剂中的分散体，前者称作有机溶胶，后者称作塑性溶胶，再配以颜料和助剂就成为相应的涂料。溶胶类涂料是分散体，固体含量比溶剂型涂料要高很多。有机溶胶的固体含量为50%～70%，塑性溶胶可高达95%，能够一次涂出厚度达到200μm的漆膜。在北欧和英国大量用这种预涂板作为屋面板。另外，利用漆膜是热塑性的这一特点，可在漆膜上压花而具有更好的装饰效果，用作电器和仪表的外壳、箱包和车船的内部装饰板。

E　无氯分散体面漆

所谓无氯分散体涂料实际是不含氯的其他高聚物粉末，如聚酯、聚烯烃、聚丙烯酸酯等相对分子量高的树脂粉末在增塑剂中所成的塑溶胶。无氯有机溶胶则是由不含氯的高聚物粉末分散在树脂溶液中所成的溶液型分散型涂料。树脂溶液一般由羟端基聚酯或聚丙烯酸酯和封闭多异氰酸酯加溶剂组成。

这类涂料的力学性能可通过不同聚合单体的品种和比例来调节，因此往往综合性能良好。目前这类涂料已被预涂金属卷材工业所认可，正在逐步替代PVC有机溶胶，生产性能更好的产品。

F　含氟树脂类面漆

含氟树脂涂料是指用带有氟原子的聚合物作为成膜物质而制成的涂料。由于氟原子的引入，漆膜具有极好的耐候性、耐溶剂性、耐化学品性、耐磨损性和加工性以及抗沾污性。户外使用寿命可达15～20年，主要用于外墙、屋面、道路标志和公路护栏等要求高耐久性的场合。彩涂板用的含氟树脂可分为三类：聚含氟烯烃、含氟烯烃与其他烯烃的共聚物、含氟聚醚树脂。

G　粉末涂料类面漆

20世纪90年代初，出于环保和节省资源的目的，人们试图将不含溶剂的粉末涂料用在卷材生产线，1995年第一条使用粉末涂料的彩涂板生产线在美国投入工业化运转。由于涂布速度的限制和漆膜过厚，粉末涂料在预涂卷材生产线未得到预期的发展，1999年仅消耗7万t，不足粉末涂料总量的1/10。2001年欧洲60多条预涂卷材生产线中，用粉末涂料的不到10条。发展彩涂板生产线用的粉末涂料的关键在于从涂料配方、涂装设备、固化方式和设备等方面的改进和创新，来提高粉末涂料涂装的速度和降低漆膜厚度。现在这两方面都有了突破性进展。

目前用于彩涂板生产的粉末涂料主要有聚酯、聚氨酯和聚丙烯酸酯涂料等，环氧树脂粉末涂料由于耐候性较差，一般不直接用作预涂卷材面漆，但常用作聚酯树脂或聚丙烯酸酯树脂粉末涂料的固化剂。

2-30　最影响涂层工艺的几个要素是什么?

答：在基板表面洁净，化学处理膜质量优良的条件下，直接影响涂层工艺的几个要素是涂料选用、施工方案、现场管理和设备状态等。

（1）涂料选用。选用质量好、配套性能优良的涂料是获得优质涂层的基本条件。选用涂料时，一般从涂料的作业性能、涂膜性能、经济效果等多方面综合考虑。

（2）施工方案。施工方案是在涂料选定以后，制定一系列最能发挥涂料特性的涂敷方式。比如顺涂还是逆涂，涂头上各辊与生产线的速比，上机涂料的黏度，涂层的固化曲线等必需在涂层前设定好。甚至要在涂层过程中边检测边修改，直到涂膜达到预期的效果。

（3）现场管理。将环境状况调整到符合涂层施工的要求。比如环境温度、湿度、辊涂室对流气体的风速和洁净度等，操作工的配置、操作水平和熟练程度。

（4）设备状态。辊涂机的涂头、各辊之间的调整精度，涂敷辊、粘料辊的硬度和辊面磨削精度，涂料供液系统的输送情况，涂膜的各种检测仪器，固化炉的热风循环系统、温控器和各种仪表，涂后冷却系统等的功能是否正常等。

第三章　彩涂板生产操作

3-1　彩涂板生产操作要领包括哪几方面？

答：彩涂板生产操作要领主要包括开机前准备工作、生产过程中的操作技能和事故处理等三方面。其中开机前准备工作是指设备状态准备、施工工艺准备、岗位人员准备。生产过程中的操作技能是指操作工在生产线运行期间对机械、液压、气动、张力、钢带纠偏和热工设备等有关设备状态的控制技巧。事故处理指包括对生产线运行期间出现如停电、停水、停气、工艺原材料供应不上、断带等突发性事故的应变能力。

3-2　彩涂板生产线开机前，机组的设备应具备什么条件？

答：机组设备总体要求是均应处于良好状态，具体要求如下。

A　机械设备

（1）各润滑部位已加注规定型号的润滑油或润滑脂；

（2）辊轴转动正常，轴承工作时无异声；

（3）螺旋升降、摆动、滑移装置动作正常，铰链支点动作灵活；

（4）钢辊、胶辊辊面平滑，无划痕。用不起毛的无纺布蘸适量的稀释剂，仔细均匀地擦拭涂敷辊和沾料辊辊面。

（5）电机启动后无异常，齿轮箱无异声。

B　液压、气动系统

（1）液压站油液液位在油箱 2/3 处；

（2）各泵体处于良好的工作准备状态；

（3）各管道阀门闭合，电磁阀动作灵敏，管道通畅，有些备用油泵的管路上的手动阀要关闭；

（4）油泵电机已送电；

（5）在北方寒冷地区，液压系统启动前还必须对油箱的油液进行加热，以防油温过低导致油液黏度升高，使油泵无法打油而损坏泵体和电机；

（6）气缸动作准确，电磁阀、气动三联体功能正常，认真检查各汽管、汽阀是否泄漏。

C　热工系统

（1）排烟风机正常运行。

（2）炉体各区的补新风管道和排废气管道上的调节阀门已打开到设定位置；

(3) 焚烧炉燃烧机正常燃烧，风机正常送风，温度达到预设值；

(4) 化涂固化炉燃烧机正常燃烧，风机正常送风，温度达到预设值；

(5) 初涂固化炉燃烧机正常燃烧，风机正常送风，温度达到预设值；

(6) 精涂固化炉燃烧机正常燃烧，风机正常送风，温度达到预设值；

(7) 根据生产规格调节热风进口阀门的开口度。

D 电气系统

(1) 各设备传动电机冷却风机送电，并正常启动；

(2) 各设备传动电机送电，并正常启动；

(3) 各控制台设备送电，检查手动与自动状态的切换功能；

(4) 各监控设备送电，并正常启动；

(5) 各设备运行正常，张力控制系统正常。

E 公共辅助系统

(1) 液化气已经送达，并且压力达到预设值；

(2) 压缩空气已经送达，并且压力达到预设值；

(3) 脱盐水已经送达，并且压力达到预设值；

(4) 蒸汽已经送达，并且压力达到预设值。(送蒸汽时，要注意检查蒸汽疏水阀必须为打开状态，并且送蒸汽前要对蒸汽管道进行暖管。)

F 生产现场

(1) 启动车间排风系统并清除无关杂物，安全员检查车间内所有防火设施，以保证防火系统在紧急状态下能正常工作。

(2) 启动辊涂室的换气系统，并在涂层工作完成后继续运行20min左右，以清除辊涂室内的涂料雾粒和避免溶剂气体聚集。

(3) 针对施工现场的特点，为保证施工现场的管理有序有力，生产管理人员应在现场办公，材料库、实验室等应进行封闭管理，现场管理人员、施工人员凭证进出。车间入口设置门卫，强化施工现场管理，所有非施工人员进场要得到有关部门许可，并有专人带领。

(4) 机组各段虽然独立封闭施工，但要与其他段建立联系渠道，确保施工正常运转。

(5) 操作工进场后，做到着装整齐统一，精神集中，绝对消除脏、乱、散、游现象。

3-3 彩涂板生产线开始生产前，施工工艺需要具备哪些条件？

答：施工工艺主要包括：生产工艺学、生产原材料、全线控制系统的工艺设定值确定等，具体要求如下。

A 生产工艺单

生产工艺单是彩涂机组生产前由工艺员或负责生产的调度管理人员根据彩涂产品的品质要求而预先制定的工艺方案，是用以控制机组的运行模式，生产工艺单的常规模板见本书第九章的表9-3。工艺方案制定后，生产线上各段的操作工则按工艺单上的要求去准备包括基板、脱脂剂、化学液、涂料等生产原材料，并调整好线上有关控制部位如脱脂温度、脱脂液浓度，涂敷辊间隙，固化炉温度等工艺设定值。

彩涂生产线生产除了必须有科学的操作方法，严格的设备维护外还应该有严谨的工艺管理，只有这样才能迅速地正确处理生产中各种常见问题，以达到高质量的产品水平。而且各工艺段的操作人员要达到高度统一协调，方能生产出优质的彩涂板。可以说一条自动生产线的产品优劣状况如何，可充分体现出这条生产线的工艺单上所制定的综合指标及其在生产过程中的控制水平。

B 生产原材料

（1）基板。按工艺单要求到原料仓库调运待涂的钢卷基板，按产品要求核对基板的厚度、宽度及其允许偏差。并按国家标准或本企业产品标准检查钢卷的板型和表面缺陷情况，原板表面缺陷一般指折痕、凹坑、波浪边等；如果基板是热镀锌板，成为其表面缺陷现象的有黑斑、白锈、镀锌层不均匀、锌疤、夹渣、划伤和擦伤、铬酸污垢等；如果基板是电镀锌板，成为其表面缺陷现象的有针孔、麻点、毛刺、鼓泡、脱皮、斑点、阴阳面、局部无镀层等。这些缺陷均延续影响到彩涂板。因此彩涂板生产前，都须对原板进行检验，把好基板质量关。

另外基板上机前除了牌号、材质要核准外，还要了解一整天的生产顺序，如果一个班内要生产不同宽度的钢卷，那么排产时操作工应该先上宽带卷，后上窄带卷，以免涂层时涂敷辊将被窄卷损伤部位转印给宽带。

（2）清洗段原材料。清洗段即脱脂化成段原材料主要是脱脂剂、化学液两种，开机前应按有关标准预先目测或实验室仪器测定其合格性。化学液测定项目有：颜色、颗粒、铬含量（通常控制为 $30 \sim 35 mg/m^2$），均匀度和是否出现沉淀；脱脂剂测定项目有：颜色、溶解度、除油能力、除锈能力等。

（3）涂层段原材料。涂层段原材料主要是涂料、稀释剂两种，通过目测和按有关标准预先测定其合格性。

涂料的目测的检验项目主要有：结皮、胶凝、分层、涂料颗粒细度和外观颜色等，实验室测定项目主要有：黏度、细度、固体含量、密度等。

稀释剂的检验项目主要有：颜色、外观和透明度、酸值、胶凝数和白化性等 5 种。

C 全线控制系统的工艺设定值

按照工艺单要求设定全线与工艺执行有关的设备的控制值。例如：

（1）出入口段、工艺段之间的张力控制值；

（2）脱脂段的温度、浓度和喷洗流量、压力；

（3）化成段化学辊涂机各辊之间的间隙，化学液的浓度、温度；

（4）涂层段辊涂机各辊之间的间隙，涂料的黏度、温度；

（5）固化段炉子的热风循环量，炉子各段温度；

（6）风冷水淬段的水温、水压和流量。

3-4 彩涂板生产线开始生产前，岗位人员应具备何种状态?

答：操作工是生产劳动的主体，是企业最大的财富，生产过程中的任何事情都是由操作工来传达和处理。所以搞好彩涂板生产的管理的核心就是要分配好操作人员的岗位，充分发挥他们的智慧，做到人尽其才，才能生产出优秀的产品。

彩涂板生产前应对进场的施工人员进行岗前施工管理教育，所有特殊工种人员必须持证上岗。

安排岗位时应优化组合施工人员，避免施工现场出现人员闲置、窝工或少工、断工现象，使整个彩涂施工有序有节进行。

另要强调各岗位人员在上岗时，已经非常熟悉彩涂生产线的工艺流程，能够熟练操作和维护本岗位的设备，有一定突发事故的应变和处理能力。除此之外，还要有良好的团队精神，入口段与工艺段之间、出口段与工艺段之间应能够配合默契，各段内不同岗位的操作人员也要相互合作，将生产线生产在过程中的“失张”、“断带”和“故障紧急停车”等意外停机的事故率尽量降至最低。

3-5 彩涂板生产线如何配备岗位人员，他们各负什么职责?

答：彩涂机组与其他冶金生产线一样，通常被划分为三个施工区，即入口段、工艺段和出口段。因此，在配备操作人员时，也很自然地按这三个功能段来分配。负责操作彩涂机组的生产人员应按不同的段（见图 3-1）承担着不同的工作。

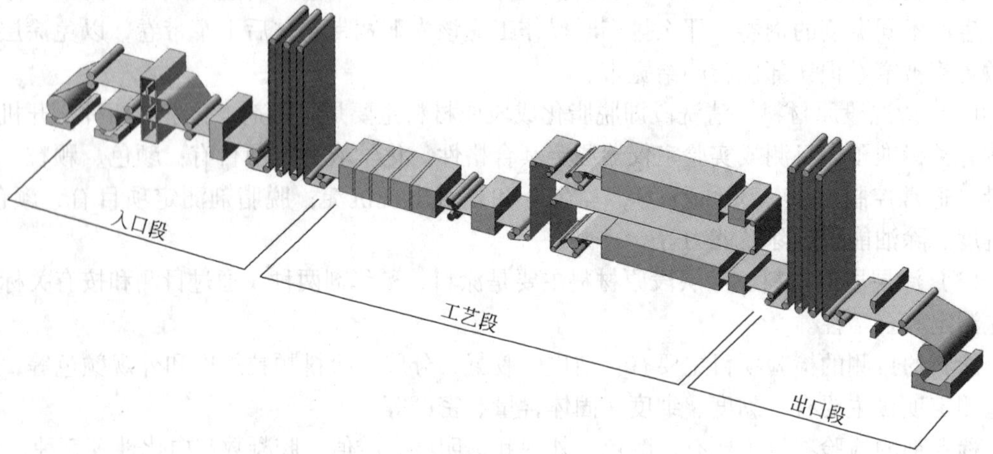

图 3-1 彩涂机组分段示意图

A 入口段

操作范围：开卷机至入口活套

工艺描述：钢带在入口段完成拆包、上卷和开卷、切头、与上一卷缝合等一切涂层前的准备工作。

现场管理标准：

运送基板原料至开卷前，并按上卷顺序摆放，将当日要涂的钢卷拆包。目测检查原材料外观、板型、卷径。班前：将入口段的所有辊面油污、杂物清理干净，开机必用工具备齐。班后：将钢卷的包装纸、开卷机地坑的捆带、入口剪机废料箱内的片头片尾及其他杂物必须清理干净，操作台及周围的环境卫生打扫干净。

生产操作流程：

将钢卷吊送上入口小车，移动小车将钢卷送到开卷机卷筒前，经目测高度对中后再将钢卷套入卷筒，手动进行钢卷中心线对中、定位，卷筒涨紧钢卷。小车托架下降并驶离钢卷。小车复位并等待下一钢卷。

开卷机压辊压下，开卷机启动，卷筒旋转，钢带头通过摆动式穿带台被送至夹送辊，由夹送辊送往剪切机切头后，进入缝合机与前一卷钢带的尾部（钢带尾部在停机时已切掉废边）缝合连接，多数机械缝合机的一次缝合时间约为5～8s，对较薄规格的钢带，为保证可靠，需进行二次缝合，必要时还要在缝合缝内插入铁皮条，以增加强度，避免在生产过程中因张力异常而引起“断带”现象。

缝合后的钢带经压毛刺机碾压缝合缝，然后进入1号张力装置，此时，压毛刺机压辊抬起，入口段钢带升速，钢带以高于工艺段的速度或以入口段最高速度运行，使钢带充满入口活套。

当前一卷钢带走完，机组需要换卷时，入口段需要自动减速，然后停车，剪后留下一定长度的钢带，进行换卷操作。此时，工艺段仍按正常速度运行。换卷后入口段再启动时，入口活套内存储的钢带已空，入口段需要加速充套。当入口活套充满时，入口段与工艺段的钢带保持同步运行。

B 工艺段

（1）清洗化涂区。

操作范围：脱脂清洗槽、刷洗机、化学辊涂机、烘干炉。

工艺描述：钢带从入口活套出来即进入清洗化涂区，在该区内，钢带依次经过预清洗槽、碱刷洗（刷洗机）、碱喷淋、热水喷淋、冷水喷淋、化学涂层、热风干燥炉等多个处理工序的设备。钢带正反两面均经过接触式和非接触式的碱液清洗。为防止上一工序的污水流入下一工序，各处理工序的出口处均有挤干辊；

现场管理标准：

班前：脱脂槽配液升温，检测浓度；刷洗机刷辊开合口调定；化学辊涂机上下涂头的涂敷辊与沾料辊之间，上下涂头与钢带之间的开合间隙调定，各辊速度按生产工艺设定好，配制化涂液；化涂炉洗炉、升温。班后：清理脱脂槽污垢及周围的杂物，包括脱脂剂的包装袋、化学液容器等，各种工具按指定地点存放，环境卫生打扫干净。

生产操作流程：

当钢带的缝合接头接近刷洗机刷辊时，刷辊通过气缸能快速打开。调整化学辊涂机上下涂头的开合间距，当钢带的缝合接头接近化学辊涂机的涂敷辊时，该涂头能快速打开并在接头过去后能快速合上，合上后化涂机的上下涂头在钢带正反两面按同向或反向被均匀地涂上一层化学液湿涂层，湿涂层的厚度可以通过调整涂头辊子的转动方向、速度和压力来实现。涂头内涂敷辊与粘料辊之间，涂头与钢带之间的间隙或压力由人工通过手轮进行调整，湿涂层经过热风炉的脱水烘干后形成干膜层。

（2）涂层区。

操作范围：初涂涂层室、精涂涂层室。

工艺描述：

钢带从化涂炉出来即进入初涂室，当钢带的缝合接头接近初涂机的涂敷辊时，该涂头能快速打开并在接头过去后能快速合上，合上后初涂机的上下涂头在钢带正、反两面按同向或反向被均匀地涂上一层涂料湿涂层，也称为底漆，湿涂层的厚度可以通过调整涂头辊子的转动方向、速度和压力来实现。底涂层经固化后进入精涂室，精涂机和初涂机一样在钢带的正、反两面涂上面漆和背面漆。

现场管理标准：班前：面漆涂料、背面漆涂料吊运到精涂涂层室，底漆涂料吊运到初涂涂层室，了解当天生产的产品颜色或涂料种类的要求，按涂料的使用顺序编排好漆筒的位置次序。初、精涂机上下涂头的涂敷辊与沾料辊之间，上下涂头与钢带之间的开合间隙调定，各辊速度按生产工艺设定好，配制上机涂料并通过供液系统压入涂头的漆盘。班后：清洗辊涂机，将用剩的涂料和稀释剂运用涂料仓贮存，清理涂层室内地板污垢及周围的杂物，包括洗辊用的抹布、盛涂料用的容器等，各种工具按指定地点存放，环境卫生打扫干净。

生产操作流程：

在生产线运行初期，由人工通过手轮对涂头内涂敷辊与沾料辊之间和涂头与钢带之间的间隙及压力进行调整，直到湿涂层厚度达到生产的工艺要求。湿涂层的厚度应及时检测，湿涂层入炉前通常需经过约 5 ~ 6m 的流平段，涂层操作工应在流平段目测检查涂层的外观情况，及时发现因辊涂机或环境因素引起的漏涂、气泡和表面污染等湿涂层缺陷。

钢带经初涂固化炉的烘干和涂后冷却，沿一段辊道进入精涂机，精涂机的操作流程与初涂机一样（见图 3-1），只是在钢带正反两面的底涂层上再分别涂上面漆和背面漆。

(3) 固化区。

操作范围：初涂固化炉、精涂固化炉、废气焚烧炉。

工艺描述：钢带从辊涂机出来，经过一段流平区即进入固化炉，钢带湿涂层在热风炉的脱水烘干后形成一定厚度的干膜。

现场管理标准：班前：将固化炉膛的浮污物清除，启动循环风机及排气风机进行空气洗炉，清理可燃气体浓度报警装置，核准爆炸浓度下限的设定值。确认可燃气体浓度报警器与固化炉加热装置的系统连锁有效，分别按初、精涂固化工艺的加热曲线分段升温。焚烧炉洗炉并升温至设定值。班后：在加热器停止工作后，循环风机及排气风机仍然持续工作一段时间，让炉子冷却并清除炉内废气，打扫炉区周围卫生。

生产操作流程：

固化炉：炉内的温控曲线与钢带厚度、涂料的种类、涂层厚度及机组速度等工艺条件有直接关系，虽然可以根据经验来制定其预设值，但最终应根据对干膜性能的测试来校正其准确值，因此，在生产过程中，应定期在涂层固化并冷却到常温后做在线的 MEK 和铅笔硬度的测试，随时调整炉温曲线。

焚烧炉：生产过程中，随时检查焚烧情况，即通过炉温和炉压来判断焚烧效果，并利用烟囱前的阀门来调节。另要通过废气输送风管闸板的开合控制好固化炉与焚烧炉之间的压力平衡点。

关于炉区的操作原理和安全事项在本书第五章有详细叙述。

(4) 涂后冷却区。

操作范围：初涂水冷风干装置、精涂水冷风干装置。

工艺描述：

钢带经固化出炉后即进入涂后冷却区，该区由喷水冷却和风刀吹干两部分设备组成，钢带在此装置经冷却至常温，结束涂层工艺。

现场管理标准：

班前：检查喷嘴的喷淋效果，必要时更换风干装置入口的过滤层，定期检查水质。

班后：清理水冷装置出入口溢出的残留液，打扫涂后冷却区周围卫生。

生产操作流程：

启动供水、供气系统，通过气缸调定挤干辊的开合间距，生产线运行期间，随时检查钢带经过该区后其正、反表面的干燥效果，以便及时调整喷水流量、雾化效果和水压、风压等参数值。

C 出口段

操作范围：出口活套至卷取机。

工艺描述：

钢带从涂后冷却区出来随即进入出口段的出口活套，机组正常运行时，出口活套不存储钢带，但当换卷操作或出口段因故障停车时，为保证工艺段的正常运转，由出口活套临时存储钢带；当出口段再启动时，卷取机以最大速度运行，直到出口活套内的钢带放空，出口段再与工艺段同步运行。

钢带从出口活套出来后，经出口剪、喷蜡或可剥离膜等涂后处理，最后经夹送辊被送入卷取机，由助卷器助卷成彩涂卷下线。

现场管理标准：

及时清理出口段周围杂物及钢带的切头切尾、缝合缝。涂后处理操作清出来的包装物应按规定的地点摆放整齐，以便运离现场。清理好操作台及周围、卷取机地坑的杂物，工具按规定存放好。

生产操作流程：

当钢带需要分卷或换卷时，按下操作台“换卷”按钮，出口张力装置压辊压下，出口段降速并停止，出口活套仍按生产线正常速度运行充套。用出口剪切机切去缝合缝，下一卷钢带头部通过助卷器重新绕到卷取机的卷筒上，卷取机启动加速。

3-6 彩涂生产线怎样才能正常地运行起来？

答：彩涂生产线与其他冶金连续生产线一样，必须在一定的张力作用下，即张力装置对钢带施加了力量才能正常运行起来，实现钢卷从开卷、工艺处理到收卷的三个过程。而机组的张力是通过分布在生产线上开卷、张力装置和多组张力辊建立起来的，图 3-2 所示的是某二涂二烘彩涂生产线的张力辊分布图，从图中看到该彩涂生产线是由分布在机组上的 1 号、2 号、3 号、4 号、5 号等五组张力辊拖动起来。

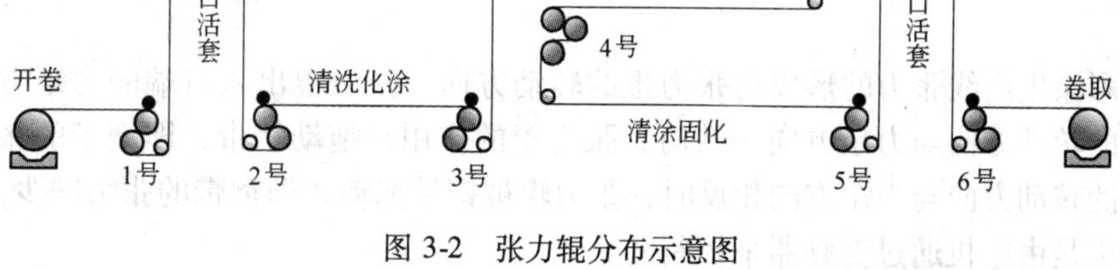

图 3-2 张力辊分布示意图

3-7 彩涂生产线张力辊组应怎样分布才使线上各功能区内的张力保持恒定？

答：由于彩涂生产线上的各个功能区所需求张力的大小有所不同，因此张力辊组通常是置于每个功能区域的入口和出口位置，这样安排有两种好处：一是可以使生产线在运行过程中每个区内的张力保持恒定并可单独控制调节；二是可以使生产线上各个功能区被分隔开来，形成相对独立的区间，相邻两区的张力不会相互影响。例如：

生产线的入口段与入口活套之间通常是由1号张力辊组作为分隔点（见图3-2），在生产线运行期间，当上一卷钢带走完，需要上新卷时，入口段要进行小车送卷、开卷机开卷、切带头、与上一卷的带尾接缝、去毛刺等一系列的操作，而这些操作都要占用一段时间，且不能影响生产线工艺段运行的连续性，此时，1号张力辊通过缓冲辊将上一卷的带尾夹紧，让入口段相对独立开来，而入口活套则通过放套将原来所贮存的钢带量按工艺段的速度释放，使工艺段保持正常运行。入口活套与工艺段之间是以2号张力辊组作为分隔点，因为入口活套在每一卷的始末都要实施充套和放套功能的操作，且活套内的张力的大小与工艺段的张力要求不同。因此，入口活套同样不能够影响工艺段的运行。

工艺段内的几个功能区域也需要用张力辊组分隔，例如：钢带清洗化涂区因为要经过碱液的压力喷淋、刷洗机刷辊的磨刷处理和挤干辊的挤压，接触面较多，所受的摩擦力较大，在这个区域的张力值要求大一些。因此，此区与涂层区通常会用3号张力辊组分隔；另外，固化炉内的钢带要求平稳，张力波动要小，且钢带的悬垂度需要通过张力辊组随时调整，因此，初涂固化区与清涂固化区通常要用4号张力辊分隔；工艺段与出口活套之间要用5号张力辊组来分隔。

同样，出口段要承担彩涂卷的下线、前后两卷接缝的分切的，有些还要进行涂后保护膜等功能操作，出口活套此时也要进行充套和放套操作，因此，出口活套与出口段之间不能相互影响，像入口段那样，要用6号张力辊分隔。

另外，张力辊组除了对生产线各功能区起分隔和施加力量拖动钢带作用之外，某些位置的张力辊还起到生产线速度基准辊的作用。从图3-2上所示，1号张力辊和6号张力辊是生产线的入口和出口段的速度基准辊，而4号张力辊则是生产线工艺段的速度基准辊，即4号张力辊的速度就是生产线速度。在生产过程中，不管速度基准辊的张力如何，都必须保持给定的转速，通过对这三个速度基准辊的直接控制，可使生产线保持在平稳的速度下运行，其如2号、3号和5号张力辊，以及开卷机和卷取机都是负责配合其对应的速度基准辊将钢带绷紧，属于间接张力控制。

总的来说，彩涂生产线的工艺越复杂即操作功能越多，则张力的分隔区就越多，张力控制就会越复杂。

3-8 怎样理解生产线张力的大小和方向，彩涂生产线初始张力的大小是怎样给定的？

答：彩涂生产线张力的形成与张力辊的转动方向、张力辊出入口端的力矩方向有关。当张力辊的转动方向与力矩方向一致时，张力辊的作用是拖动钢带，即钢带的张力增加。当张力辊的转动方向与力矩方向相反时，张力辊被钢带拖动，即钢带的张力减少。张力的增加和减少是由电机通过变频器来控制的。

彩涂生产线调试时，机组的各区间张力设定通常由理论公式计算出，也可以根据实际经验值或同类生产线已在使用的张力值来预设，表 3-1 就是某二涂二烘彩涂线的张力表，但每一条生产线都有不同的控制系统和不同的环境因素，所以选用时应在实际操作中根据运行情况来调整，最终得出合适本机组的张力表。

表 3-1　张力表

钢带规格		开卷机		入口活套		清洗段及化涂段	
厚度/mm	宽度/mm	单位张力 U.T/MPa	总张力 T.T/kN	单位张力 U.T/MPa	总张力 T.T/kN	单位张力 U.T/MPa	总张力 T.T/kN
1.2	1250	6	9	10	15	18	27
1	1250	8	10	10	12.5	20	25
0.75	1250	8	7.5	10	9.38	20	18.75
0.5	1250	9	5.63	15	9.38	20	12.50
0.3	1250	10	3.75	18	6.75	20	7.50

钢带规格		初涂机及固化炉		精涂机及固化炉		出口活套		张力卷取机	
厚度/mm	宽度/mm	单位张力 U.T/MPa	总张力 T.T/kN	单位张力 U.T/MPa	总张力 T.T/kN	单位张力 U.T/MPa	总张力 T.T/kN	单位张力 U.T/MPa	总张力 T.T/kN
1.2	1250	23	34.50	30	45	10	15	16	27
1	1250	23	28.75	30	37.50	10	12.50	22	27.50
0.75	1250	23	21.56	30	28.13	13	12.19	23	21.56
0.5	1250	23	14.38	30	18.75	15	9.38	25	15.63
0.3	1250	23	8.63	30	11.25	17	6.38	28	10.50

3-9　机组启动时入口段操作要注意哪些问题？

答：机组启动时入口段操作要注意以下问题：

（1）检查入口段设备周围及危险区域是否有人员，人员未撤离前不得启动机组；

（2）各辊组辊面是否有异物，有则要进行清理，机组运行时严禁清理辊面的异物；

（3）各辊组上钢带所处的位置是否在辊身中位，否则要进行人工纠正；

（4）检查各入口段各参数设定是否正确；

（5）再次确认机组钢带是否为系统输入的钢带。

3-10　运卷小车承载钢卷后无法上升是什么原因，应如何解决？

答：可能有如下原因，应采取相应办法解决。

（1）电气原因。1）电磁阀线圈烧坏，更换电磁阀线圈；2）线路被磨损折断，更换新线；3）操作按键接线端子松动，固定接线端子。

（2）机械原因。机械卡死，机械转动部位加油润滑，或打磨平整加油润滑。

（3）液压原因。1）油泵坏无法上油，更换油泵；2）电磁阀阀芯卡死或堵塞，换新电磁阀或对电磁阀进行清洗；3）调压阀调节的系统压力过小，增大系统压力；4）无液压油，加液压油并使液位保持在油箱2/3处较合适；5）液压系统卸荷阀损坏或承重超过系统最大压力，更换卸荷阀，钢卷小车不要载重超过设计重量的钢卷。

（4）运卷小车承载钢卷后无法上升时，要马上判别是什么原因造成的，一般情况下要判断是否为电气或机械原因。判别的方法，是将小车液压站的箱盖打开，操作键盘看电磁阀上的指示灯是否变化，如果没有则是电气故障。如果电磁阀指示灯有变化则是机械原因，再将操作箱上的按键复位，手动电磁阀看小车管道是否有进油（有进油管道会振动），如果没有则为液压故障（一般多为电磁阀堵塞），管道有进油而钢卷不能上升则可能是机械卡死或液压压力小不能承重及卸荷阀坏等原因。

3-11　开卷机上卷以后卷筒张不紧有可能是哪几种原因，应如何解决？

答：（1）钢卷内径过大。镀锌钢卷一般控制在 ϕ508mm 左右，卷径过大有可能卷芯被拉出过，或在镀锌卷取机卷筒直径调节过大。往钢卷内径与卷筒之间四周均匀加塞足够厚度的橡皮。

（2）钢卷内圈松动。将卷筒缩回，运卷小车托住钢卷，正向点动卷筒收紧钢卷。

（3）卷筒液压缸位移调节过小。调节卷筒液压缸位移行程。

3-12　夹送辊无法将钢带向前送或打滑是什么原因，应如何解决？

答：（1）夹送辊打滑，一般彩涂用的镀锌钢带是经过涂油处理，夹送辊在使用一段时间后会打滑，用布将辊面的油污擦拭干净。

（2）夹送辊打滑，夹送辊辊面光滑打滑，辊子换下来进行车磨。

（3）夹送辊的压力调节过小或辊缝过大，调节夹送辊气缸压力或调节夹送辊辊缝。

3-13　钢带通过剪机时剪不断或切口粗糙，毛刺过大，什么原因？

答：（1）剪切机的刀唇间隙过大。调整刀唇间隙，在调整时要分五个均匀的点进行试剪切，刀唇间隙也不要调得太小。否则会啃刀。

（2）刀唇磨损大，刀唇磨损大则更换刀唇。更换时最好上下刀唇同时更换。

3-14　钢带在生产线加张时因撕裂导致断带，有可能是哪几种原因？

答：（1）缝合缝断带：1）缝合缝在缝接时缝歪斜，加张时使缝合缝各点受力不均匀，其中一点应力集中则造成钢带撕裂断带；2）缝合缝道数少，没有起到缝合作用。另缝合缝道数少，会使每个缝合点受到的张力较大而导致撕裂断带。因此，缝合缝道数至少为2道；3）缝合缝的位置距带头、尾太小或太大，缝合缝距带头、尾距离一般在50mm左右，太小（直接在带头、尾上）缝合缝就没有作用，太大在缝合缝加张反点时会挂住导板造成缝合缝撕裂断带。

（2）生产线张力参数设定过大，（此张力设置要特别大才可能出现）在钢带有小缺口处撕裂而断带。

（3）生产线某部位的钢带有堆积，在加张时挂在钢结构上或导板上而导致撕裂断带，在生产线加张前钢带要基本点直，不要有堆积。

3-15　钢带缝合后是否一定要在缝合口穿入加强钢条，有什么好处?

答：一定要穿入加强钢条，虽然厚的钢带缝合后的抗拉强度足可以在一定张力下运行，但是无论厚、薄的钢带穿加强钢条都可以加强缝合缝的强度，防止钢带运行时断带发生，而且彩涂生产线是连续运行性机组不能停机，不穿加强钢条一旦发生断带，则损失巨大，所以最好要穿加强钢条。

3-16　钢带进入活套就出现跑偏是什么原因，应如何解决?

答：（1）钢带有大的瓢曲或镰刀弯，此类钢卷不得上彩涂机组。

（2）钢卷在开卷机处不对中，点动开卷机机座横移，使之对中，必要时，可停机将钢卷重新对中。

（3）机组张力设定太小，调整张力。

（4）自动纠偏辊或辊组移位处于不正常状态，停机维修纠偏辊或调整辊组位置。

3-17　清洗段操作要注意哪些问题，操作工如何安排为合适?

答：（1）原料卷在上卷前，需确定其规格，并查看其表面清洁情况，由此指导清洗工艺。

（2）每隔一小时，要检查清洗槽各槽体的回流情况、溢流情况及钢带表面的清洁度，特别是热水漂洗槽溢流情况，热水槽清水的清洁度将直接影响钢带表面的清洁度。

（3）经常性、少量对碱槽进行补碱操作，以保持其浓度在工艺要求范围内。

（4）操作工应跟踪每个缝合缝至工艺段，返回时对各槽体进行检查较为合适。

3-18　机组运行期间，用何种方法可以快速简便地在线检查钢带表面的清洗效果?

答：最快速简便的方法是用滤纸或纸巾在钢带表面上进行擦拭，看纸巾表面是否清洁，用纸巾还可以看出清洗后的钢带是否还有残油存在。其他有关钢带表面的清洗测试方法在本书第四章有详细介绍。

3-19　清洗段出口处如果发现钢带表面清洁度差时，有可能是哪几种原因，应如何处理?

答：（1）可能速度太快，首先降速生产，保证钢带清洗干净，然后提高清洗槽的碱点度数，使之满足生产工艺的要求。

（2）清洗槽的碱点度数过低，也应降速生产，使之能够使钢带清洗干净，然后提高清洗槽的碱点度数，使之满足生产工艺的要求。

（3）清洗槽碱洗喷嘴堵塞或液泵没有出液，处理堵塞的喷嘴或泵体。

（4）清洗槽热水漂洗槽水过脏，首先降速生产，使之能够使钢带清洗干净，加强漂洗槽清水溢流。

3-20　脱脂槽液的温度和浓度是否越高越好?

答：一般来讲温度对脱脂效果有明显的影响，随着脱脂液温度的提高，脱脂效果更好，但温度过高（≥80~90℃）会大大加速表面活性剂的分析速度，析出上浮，造成药剂无谓消耗，脱脂效果显著下降。脱脂槽液的浓度，要按使用说明书配制，不是浓度越高越好，浓度过高，会引起表面活性剂的盐析作用，浮于液面或沉于槽底，脱脂效果反而变坏。

3-21 脱脂后为何应充分水洗，如何保证水洗质量？

答： 钢带脱脂后表面可能附有 SiO_3^-、Cl^-、SO_4^{2-}、CO_3^{2-}、OH^-、H^+ 及表面活性剂，污染表调、磷化槽液，容易影响后面的化成处理，而水有分解以上活性剂的能力。所以脱脂后要充分水洗，彩涂线脱脂段的后两部分通常是热水清洗和冷水清洗。水洗质量的保证应做到以下几点：

（1）水洗槽 pH 值为 7~9，水洗槽液循环搅拌。

（2）喷淋钢带的上下面时一定要均匀和充分，否则易使钢带表面泛黄、泛绿。

（3）水洗后钢带尽可能少在空气中停留，尽快进入化成工序。

3-22 脱脂段操作工在生产过程中应注重哪几方面的设定值？

答： 脱脂质量的好坏主要取决于脱脂温度、脱脂时间、喷嘴的喷射压力、脱脂剂质量、水洗质量和脱脂工作量等。

3-23 脱脂（包括除锈）段操作工应注意哪些安全事项？

答：（1）眼睛、皮肤、衣服等避免接触碱洗溶液，并要戴防护衣及眼罩。

（2）防止长时间吸入有毒气体，须供应适当的通风。

（3）在操作区域严禁烟火及有火光或研磨之作业。

（4）调制重碱性溶液时，要慢慢地加入冷水，避免产生剧烈反应，必须先在冷水中溶解而后再加热。

（5）酸性材料调制时，不能将水加入酸中必须慢慢地将酸加入水中。

（6）存放酸性溶剂的容器，必须用防酸材料制成，防止损坏地板及附近设备，必须遵守药品使用的说明。

（7）不能无限度地提高溶液浓度，清洗时间可以减少但有一定限度，超过此限度反而不利。

（8）不能无限度地提高温度。

3-24 化涂机操作要注意哪些问题？

答：（1）经常性地检查化涂机料盘回流情况，保持供液及回流畅通。

（2）随时监控入化涂段的钢带质量情况，发现有边伤、严重浪边及其他可能伤及涂辊的缺陷要及时打开涂辊，以保证涂辊不受伤害。

（3）随时检查化涂和烘干效果，发现问题要立即分析处理。

（4）应经常性检查涂机涂敷质量情况，发现问题要立即处理。

（5）应经常性、少量对化涂液进行补充，以保证其浓度和液位。

3-25 如何设定化涂机各辊的辊速?

答:(1)粘料辊速度为工艺段机组速度的30%~50%;

(2)涂敷辊速度为工艺段机组速度的90%~130%;

(3)生产过程中若采用顺涂生产时比例可适当调大些,逆涂生产时比例可适当调小些。

3-26 如何测定化涂机各辊之间的平行度?

答:(1)使用塞尺进行测定,用1mm的塞尺对辊面各处的辊缝进行测量,根据塞尺的松紧进行判断各辊之间的平等度,但由于涂敷辊有弹性此法不准确,操作经验要求高。

(2)将粘料辊浸入水中,缓慢调整丝杆,看涂敷辊从粘料辊上带过的水是否均匀。

(3)用专用压力计检测各点的压力值是否一致。

(4)检测涂敷层的厚度。

3-27 开机前应如何预算和配制化学液的用量?

答:若 C_1 为化涂液工作目标浓度;V_1 为化涂液槽桶工作目标液位体积;C_2 为化涂液原液浓度;V_2 为需加入化涂液原液体积;C_3 为化涂液当前工作液浓度;V_3 为化涂液当前工作液体积。则:

$$V_2 = (C_1V_1 - C_3V_3)/C_2$$

若初次配液时,C_3 和 V_3 均为0,则上式简化为:

$$V_2 = (C_1V_1)/C_2$$

3-28 生产过程中化学液的浓度如何保证?

答:(1)定时对化涂液桶槽添加少量的化涂原液和脱盐水,并检测其浓度是否在工艺要求范围之内。

(2)进入化涂机的钢带温度不得高于45℃,否则,会影响涂膜质量,甚至会使化涂液料盘的水分蒸发加快,导致浓度升高。

(3)进入化涂机的钢带要烘干,否则,会影响涂膜质量,甚至影响化涂液的浓度。

3-29 化学转化膜层的厚度如何测量?

答:(1)原理:用 H_2SO_4 将镀层上的化涂膜溶解出来,用原子吸收光谱仪测定铬的含量。

(2)仪器:原子吸收光谱。

(3)试剂:

1)$H_2SO_4(V_1+1)$。

2)铬的标准溶液:

①称取0.2828g恒重 $K_2Cr_2O_7$ 溶于200mL去离子水中,倒入1000mL容量瓶,加入1:1 HNO_3 3mL用去离子水稀释至刻度(此时Cr浓度0.1mg/mL);

②吸取 Cr(0.1mg/mL)50mL 于 500mL 容量瓶中，用去离子水稀释至刻度，定容 Cr(10μg/mL)；

③吸取 Cr(0.1mg/mL)100mL 于 500mL 容量瓶中，用去离子水稀释至刻度，定容，Cr(20μg/mL)。

(4) 试样：从生产线取得经化涂处理的彩基板 $200cm^2(4\times50cm^2)$ 为试样。

(5) 检测步骤：1) 将镀锌板试样的放入 500mL 烧杯中加入 100mL 蒸馏水和 30mL $H_2SO_4(1+1)$ 加热至 50℃使镀层完全溶解。

2) 试样取出用以量蒸馏水洗涤，洗涤液集中至烧杯加热浓缩将烧杯中的溶液移入 100mL 容量瓶中，用水稀释至刻度摇匀。

3) 波长刻度转至 357.9nm，乙炔压力 0.05MPa，空气压力 0.2MPa，以蒸馏水为空白液用 Cr(5μg/mL)、Cr(10μg/mL) 为参比液进行测定。

计算公式： Cr 附着量$(mg/m^2)=(A_1/A_2\times C_{标}\times V)/S=(A_1/A_2)/0.04$

式中 A_1——试液吸光值；

A_2——取与试液相近的标准吸光值；

$C_{标}$——标液的浓度，μg/mL；

V——试液的体积，mL；

S——样板面积，m^2。

3-30 化学转化膜厚度和烘干温度如何设置?

答：化学转化膜的湿膜厚度一般控制在 2～3μm，烘干板温控制在 80～110℃。但在实际生产过程中要用滤纸擦拭烘干后的板面，察看化涂膜是否脱落为准，否则要对板温进行适当调整。

3-31 涂料辊涂机操作要注意哪些问题?

答：(1) 经常性地检查辊涂机料盘回流情况，保持供液及回流畅通；

(2) 随时监控进入辊涂机的钢带质量情况，发现有边伤、严重浪边及其他可能伤及涂辊的缺陷都要及时打开涂头，以保证辊面不受伤害；

(3) 随时检查化涂和烘干效果，发现问题要立即分析处理；

(4) 应经常性检查辊涂机涂敷质量情况，发现问题要立即处理；

(5) 定时检查料桶的涂料液位，防止发生干涂事故。

3-32 如何设定辊涂机的各辊速度?

答：(1) 粘料辊速度为工艺段机组速度的 30%～50%；

(2) 涂敷辊速度为工艺段机组速度的 110%～150%；

(3) 生产过程中若采用顺涂生产时比例可适当调大些，逆涂生产时比例可适当调小些。

3-33 如何测定辊涂机各辊之间的平行度?

答：(1) 使用塞尺进行测定，用 1mm 的塞尺对辊缝进行测量，根据塞尺的松紧进行判断各辊面之间的平等度，由于涂敷辊有弹性此法不准确；

（2）将粘料辊浸入水中，缓慢调整丝杆，看涂敷辊从粘料辊上带过的水是否均匀；

（3）用专用压力计检测各点的压力值是否一致；

（4）检测涂敷层的厚度。

3-34　如何估算稀释剂的用量？

答：涂料由于其包装黏度、施工黏度及固体含量不同，加入的稀释剂的用量也不同，稀释剂的用量一般控制在涂料用量的5%～8%。

实际操作时，可以一边慢慢加入稀释剂用量，一边利用涂4号杯测量涂料黏度，直到涂料黏度在控制范围内为止，这时便可测算稀释剂的用量。

3-35　稀释剂的用量与涂料的黏度有何关系？

答：稀释剂是指那些不能溶解树脂，只可在一定比例范围之内加入涂料中来调节涂料的黏度或涂料中溶剂的挥发速度的液体。在一定范围内涂料的黏度随着稀释剂的用量的增加而降低，也就是说稀释剂的用量与涂料的黏度成反比，稀释剂的加入量越大，涂料黏度越小，反之越大。

3-36　如果生产过程遇到故障性的突然停机，如何保证涂料的黏度？

答：如果生产过程遇到故障性的突然停机，应要继续搅拌桶内涂料，如果停机时间较长，料盘内涂料也应回流到桶内参与搅拌，以保证涂料的黏度均匀。

3-37　上机前的涂料搅拌时间应为多少才合适？

答：上机前的涂料搅拌时间应至少为30min。

3-38　如何防止涂料供应系统在生产过程中发生管路堵塞？

答：在进料管的进口或出口安装100～200目/m^2的不锈钢过滤网，而且要经常清洗或更换。

3-39　涂层施工中操作工碰到最常见的涂层缺陷有哪几种，其原因是什么，有何解决办法？

答：（1）色差：

1）涂料本身存在较大色差。应立即更换涂料品种；

2）膜厚控制不当引起涂层色差。要及时调整膜厚，消除色差；

3）PMT控制不当引起涂层色差。要及时调整炉温，应尽可能地按照涂料厂家提供的PMT调整范围调整控制；

4）烘烤时间与炉内空气速度控制不当也会引起涂层色差。要及时调整生产工艺速度和调整炉内空气进、出流量平衡。

（2）硬块或麻点：

1）基板粗糙或基板缺陷引起的，这时只有更换基板；

2）涂装前，涂料受到污染影响涂层表面，这时要及时更换涂料或过滤涂料；

3）涂装时，涂机室内空气脏污染涂层表面，这时要及时净化涂机室内空气；
4）炉内酸气太重引起涂料硬化，这时要及时调整炉温；
5）炉内空气脏，涂层表面受到污染引起的麻点，这时需要停机清洗炉内空气；
6）冷却水太脏，在冷却过程中污染涂层表面，这时要及时更换干净冷却水。
（3）高速涂层时出现点状式的“失膜”：
1）PMT 控制不当引起涂层“失膜”，这时要及时调整炉温；
2）辊速比不匹配，这时要及时调整辊速比；
3）涂敷辊存在缺陷，这时要及时更换完好涂装辊；
4）涂料黏度不当引起涂层“失膜”，这时要及时调整涂料黏度。
（4）高速或低速涂层时出现线状“失膜”：
1）辊速比不匹配，这时要及时调整辊速比；
2）涂敷辊存在缺陷，这时要及时更换完好涂敷辊。
（5）钢带两边缘涂层厚度不一样：
原因是涂敷辊与粘料辊之间辊缝两端不均匀，这时只有停机调整两端辊缝平衡。
（6）湿涂层表面发现横向条纹即“抬头纹”：
1）基板镀锌层横向条纹带来引起的；
2）辊速比不匹配引起的，这时要及时调整辊速比。

3-40 辊涂机涂敷辊转动方向设置成“顺涂”或“逆涂”有什么区别，应根据什么需要来选择，他们各有何种优缺点？

答：在逆向辊涂时，涂敷辊上的湿膜几乎全部能转涂到钢带上，而在顺涂时，当钢带走速与涂敷辊转速相同时，则几乎只有一半涂料转涂到钢带上，因此相比之下，逆涂可得到厚度较大的涂膜，更有利于涂层膜厚的控制。

3-41 涂头的组合一般为两辊式，但有些机组是采用三辊式的，他们有什么区别，各有哪些优缺点？

答：在二辊涂敷过程中，粘料辊入涂料盘中吸附着涂料，直接转移到涂敷辊上，通过粘料辊与涂敷辊的挤压，使涂料变平，然后涂敷辊将涂料涂到钢带上；在三辊涂敷时，粘料辊从漆盘吸附上涂料后，通过逆向慢速转动的计量辊的作用使粘料辊上的涂料整平后，再转移到涂敷辊上，最后涂到逆向转动的钢带上，这种辊涂方式特别适于涂料黏度大涂膜厚的涂料，因为这时可通过计量辊的作用使涂料整平并控制厚度。在涂敷黏度大流平性不好的涂料（如塑料溶胶）时，采用逆涂三辊方式可得到平整的涂层面。

3-42 涂头内各辊的转速是否有规定速比，他们一般是如何分配的，两辊式与三辊式速比有什么不同？

答：涂头内各辊的转速比一般要根据涂敷辊径大小来调整，涂敷辊径越小，辊速比越大。

两辊的辊速比分配如图 3-3 所示，三辊的辊速比分配如图 3-4 所示。

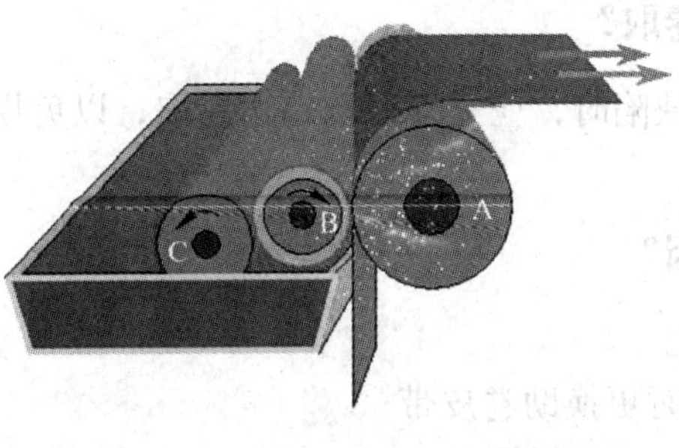

图 3-3　两辊逆向涂辊速比

A 为 100%；B 为 130% ~150%；C 为 40% ~55%

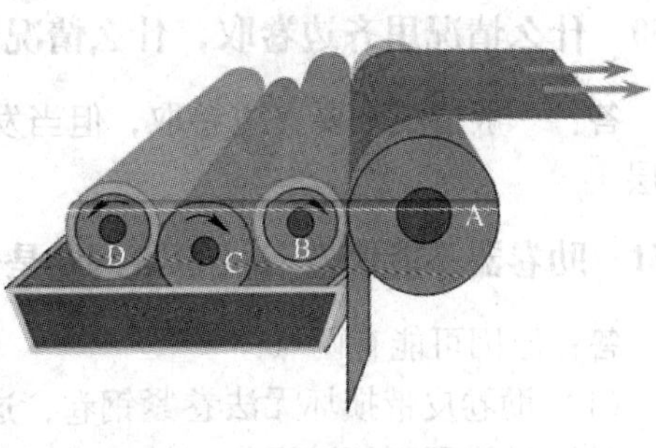

图 3-4　三辊逆向涂辊速比

A 为 100%；B 为 110% ~150%；C 为 150%；D 为 10% ~30%

3-43　不同的涂层厚度对各辊的速比有什么要求?

答: 涂层厚度与辊速比成正比，涂层厚度要求越大，辊速比越大；反之，越小。

3-44　涂层作业完成后，涂敷辊清洗后为什么还要继续空转一段时间才能停下来?

答: 涂层作业完成后，涂敷辊清洗后继续空转一段时间是为了渗进涂敷辊内的稀释剂可以充分挥发干净，也有利于保护涂敷辊表面质量和圆柱度，延长其使用寿命。

3-45　辊涂作业是否需要考虑季节和天气的影响?

答: 辊涂作业一般不受季节和天气的限制，但在冬天作业时，由于白天和晚上的温差较大，炉内空气散温能力不同，炉内温度多少会有些变化。故在冬天辊涂作业时，晚上炉温一般要比白天调整得高些。

3-46　钢带涂层后为什么要进行水淬雾化冷却和热风干燥两个工序?

答: 钢带涂层后进行水淬雾化冷却和热风干燥是涂层表面进一步固化成膜的过程，同时也是为了防止涂层表面和胶辊表面受损伤。

3-47　如果水淬雾化冷却段喷出的水不能形成雾状是什么原因，如何解决?

答: 原因可能有两点：

(1) 喷嘴堵塞，这时要及时疏通喷嘴；

(2) 空气阀门未开或空气管道堵塞，这时要及时疏通空气管道和阀门。

3-48　水冷风干出口处钢带的温度应降至多少为合适?

答: 钢带的温度应降至 50℃以下较为合适。

3-49　出口段操作要注意哪些问题?

答: (1) 根据钢带规格和钢带质量，正确设定出口活套张力和卷取张力；

(2) 生产过程中，必须连续监控卷取质量，当发现边厚缺陷时，立即采取错边卷取；

(3) 出口段生产工接到工艺段的任何质量通报，应根据工艺段通报的缺陷类别及长度，提前做好出口段的应急处理准备。

3-50　什么情况用齐边卷取，什么情况用错边卷取？

答：一般情况下要齐边卷取，但当发现边厚缺陷时，应立即采取错边卷取，以免损伤涂层。

3-51　助卷器不能使卷取机卷紧钢卷是什么原因？

答：原因可能有两点：

（1）助卷皮带损坏无法卷紧钢卷，这时要及时更换助卷皮带；

（2）助卷器下摆臂限位不够，这时要及时调整下摆臂限位。

3-52　卸卷时，有时会出现卷筒缩不回去的现象，是什么原因，应如何解决？

答：原因可能有两点：

（1）液压系统出现问题，如油脏引起管路堵塞或液压设备故障等；

（2）电气系统出现问题，如电磁阀故障或限位器故障。

3-53　彩涂生产线如何防止钢带跑偏？

答：彩涂机组运行时钢带跑偏是最常见的故障，钢带跑偏轻则造成各辊的辊面磨损，涂层板两边出现混色现象；重则由于钢带与机架剧烈摩擦引起钢带两边的张力不均匀或磨损变形，严重时还需要停机处理，因而，正确地处理好钢带的跑偏问题，是关系到整个生产系统的正常运转。

其实，较常见的钢带跑偏原因综合起来只有一种，就是钢带在一定的速度下同时受到一种横向的分力，这种横向的力是怎样产生的呢？如图 3-5 所示，假设钢带经过的某一根转向辊在安装时没有与机组运行的中心线垂直，钢带向前运行时给此转向辊一个向前的牵引力 F_q，这个牵引力分解为使转向辊转动的分力 F_z 和一个横向分力 F_c，这个横向分力使转向辊轴向窜动，由于转向辊支架的固定是无法轴向窜动的，它必然就会对钢带产生一个

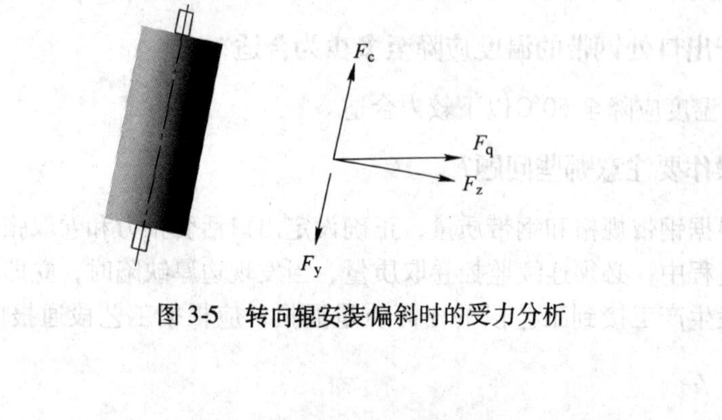

图 3-5　转向辊安装偏斜时的受力分析

反作用力 F_y'，它使钢带向另一侧移动，从而导致了跑偏。

搞清楚转向辊安装偏斜时的受力情况，就不难理解钢带跑偏的原因了，调整的方法也就明白了，最好的方法就是在制造时转向辊的两侧安装孔都加工成长孔，以便进行调整。具体调整方法见图 3-6，调整时，钢带偏向哪一侧，转向辊的哪一侧就要朝机组钢带前进方向前移，或另外一侧后移。

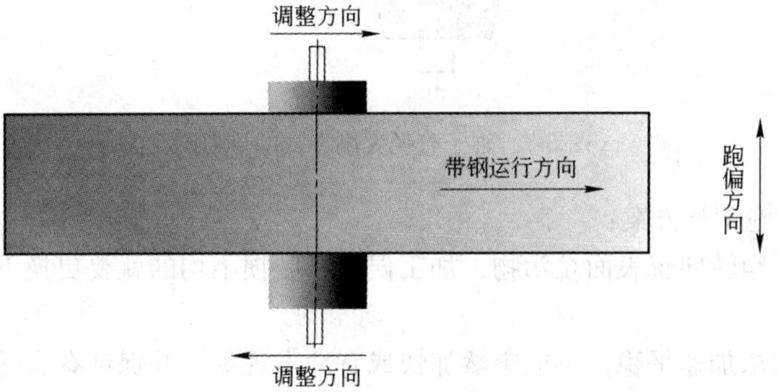

图 3-6　转向辊调整方法

除了属于辊子或机架因安装问题所引起的横向力的情况外，还有以下几种跑偏现象都是由于钢带受到外来的横向力而引起，但最终都可通过受力的分析找出原因和处理方法。

A　跑偏现象

（1）钢带板形不好，两端的厚度不均，造成钢带两端的张力不均匀，钢带始终往张紧力大的一边跑偏，针对这种情况，可以通过调整传动辊或改善辊子两边的张紧力来消除，对调整不过来的就必须对钢带接头重接。

（2）机组中心线歪斜。机架歪斜包括机架中心线歪斜和机架两边高低倾斜，这两种情况都会造成严重跑偏，并且很难调整。这属于机组的安装质量问题，安装质量对钢带跑偏的影响最大，由安装误差引起的钢带跑偏最难处理。

（3）张力装置的缓冲压辊压力不均匀，造成钢带两边运行阻力不一致，引起跑偏，这种情况的处理相对较容易，只要重新检测和调整好机组所有缓冲辊和压辊的压力即可。

（4）运行中振动引起的跑偏。机组在运行时的机械振动是不可避免的，在钢带运行速度越快时，振动越大，造成的钢带跑偏也越严重。在生产线运行期间，所有与钢带接触的辊子的径向跳动引起的振动都有可能引起钢带的跑偏。

（5）钢带张力过大或过小，应重新计算并调整机组各段的张力值。

（6）转向辊的轴承被卡死引起辊子不转动，钢带与辊面的摩擦力增大。

（7）钢带板形差，有太大的镰刀弯或浪边。

（8）辊子外表面加工误差，呈锥形、粘有脏物或磨损不均造成直径大小不一，钢带会向直径较大的一侧跑偏。其受力情况如图 3-7 所示，钢带的牵引力 F_q 产生一个向直径大侧的移动分力 F_y，在分力 F_y 的作用下，钢带产生偏移。

B　钢带跑偏处理方法

针对钢带跑偏的原因，要采用相应的对策来进行调整，对安装误差引起的跑偏，首先要消除安装误差，对机架歪斜严重的必须重新安装，在确保安装无误差的前提下才能针对

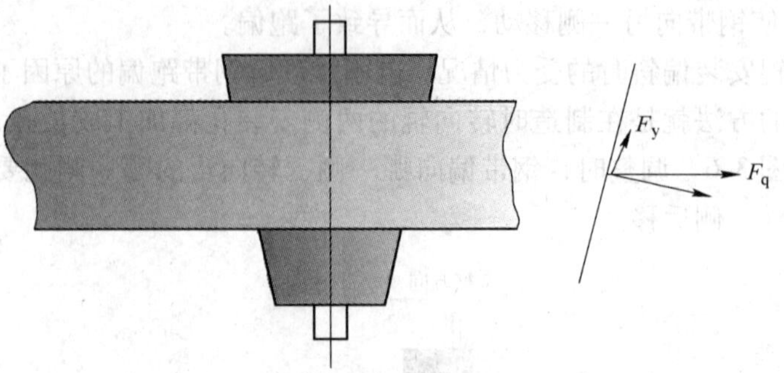

图 3-7　辊子直径大小不一的受力图

运行中的跑偏实施调整方案：

（1）清理干净转向辊表面粘污物，加工误差和磨损不均的就要更换下来重新加工包胶处理。

（2）机组要求加速平稳，不能突然加快或有冲击现象，并保证有合适的张力。

（3）加装纠偏辊。该方法可防止各种原因引起的特别是因钢带长距离没有设置纠偏辊而引起的跑偏，但会增加成本。

（4）张力调整。张力辊的调整是机组跑偏调整的一个非常重要的环节。

（5）紧固辊子的机架，防止加张和加速时引起振动。

总之，对于钢带的跑偏现象，只要我们加强日常巡检，及时清除引起钢带跑偏的各种因素，掌握规律，就能找出相应的解决办法。

几种纠偏辊的工作原理和形式在本书第七章有详细介绍。

3-54　彩涂板生产过程中如何防止液压系统故障?

答：液压系统故障是指在生产过程中，液压站所起的作用没有达到彩涂板生产工艺的要求。系统故障主要表现为压力控制失效、速度控制失效和动作控制失效等三种。

A　压力控制失效

（1）系统无压力。生产线运行过程中，系统压力突然下降至零且不能调节。这种故障的原因有可能为：溢流阀阻尼被堵住；溢流阀的密封面上有异物；溢流阀主阀芯在开启位置上卡死；卸荷换向阀的电磁铁烧坏，电线断或电信号未发出等等。

（2）系统压力不高。该情况一般由内泄漏引起，故障原因可以是液压泵磨损，形成间隙；溢流阀主阀芯与配合面磨损，使溢流阀的控制压力下降；液压缸或液压马达的执行件磨损或密封件损坏；系统内有关的阀、阀板存在缝隙，形成泄漏。以上几种故障原因都会导致系统调不起压力，最终使系统压力下降。

（3）系统压力高且不能调节。引起此种情况通常是溢流阀失灵。当主阀芯在关闭位置上被卡死，或锈结卡住时，必然会出现系统压力上升且不能调节的现象。当溢流阀的先导控制油路被堵死时，控制压力剧增，系统压力也会突然升高。

（4）系统压力不稳定。主要原因是溢流阀磨损此起内泄漏；溢流阀内混入异物；液压油混有空气，在系统压力较高时气泡破裂；导轨安装及润滑不良，引起负载不均；液压泵内零件磨损；柱塞式液压马达产生脱空与碰撞等，以上几种原因都会引起系统压力波动或压力值不稳定。

（5）卸荷失控。所谓卸荷失控就是在液压系统利用溢流阀卸荷时系统压力不为零的现象。主要原因为溢流阀主阀芯不能完全打开；当换向阀卡死，不能充分打开时或换向阀复位弹簧折断等也会使系统压力不能正常卸荷。

如果是属于M型中位的换向阀，换向阀装反、换向阀复位弹簧折断引起阀芯不回到中位等情况，系统不会卸荷。另外比例压力阀在未得到控制信号时自动卸荷，如果比例电磁铁得到意外的电信号，系统压力自然不卸荷。

B 速度控制失效

速度控制失效可以说是由爬行、速度慢、速度不稳定和速度不可调等因素造成的。

（1）爬行。液压缸在低速情况下产生时断时续的运动现象叫爬行。爬行现象有许多因素引起的，例如：系统中混入了空气，空气的具有可压缩性使液压油也具有可压缩性，导致油液的刚度降低，引起如油缸等的执行件产生爬行现象。另外，爬行现象还可以由其他原因引起，例如：压力调得过低；系统内压力和流量有过大的波动；执行件磨损严重引起的泄漏；电路失常等几种原因都会使执行元件运动不均，最终导致系统速度产生爬行现象。

（2）其他现象。1）速度慢。液压泵、换向阀和其他执行件磨损；溢流阀调节压力过低；截流阀或调速阀未能充分打开；系统的负载过大等都会引起系统的速度降低。2）速度不能调节。流量控制阀卡死；手动调速阀损坏都很自然地引起速度不可调节的现象。另外，电液比例调速阀如果电信号本身不能调节的话也会使系统的速度无法可调。3）速度不稳定。环境温度的变化引起泄漏量的变化，致使油液的流量也跟随着产生变化，最终导致执行件的速度不稳定。

C 动作控制失效

动作失控主要表现在液压执行件不按预设的程序或机组工艺要求完成起始和结束动作，甚至会出现意外的动作或动作不平稳。

（1）执行件不能起始动作。引起这种现象的主要是因为液压系统的换向阀不能正常开启，具体原因有以下几种：换向阀阀芯卡死或其顶杆弯曲；换向阀电磁铁烧坏或电线松脱；控制继电器失灵；串联在回路中的截流阀、调速阀卡死；液压动力没有从卸载状态转入工作状态；负载部分有异常，无法将其推动等，都会使动作无法正常启动。

（2）执行件不能结束动作。引起这种现象主要是因为液压系统的换向阀不能正常关闭，具体原因有以下几种：换向阀卡死或弹簧折断，致使阀芯不能复位；执行开关和继电器的故障致使换向阀的电信号未能及时消失等，都会使动作无法正常启动结束。

（3）意外动作。意外动作主要是由换向阀和电信号故障引起。换向阀故障引起的有：换向阀的阀芯装反，如两位换向阀的开闭位置颠倒了；换向阀内部磨损严重等。电信号故障引起的是电磁铁得到了错误的电信号，引起误动作等。

3-55 怎样进行生产线液压系统泄漏的诊断和防治？

答：液压系统泄漏问题在彩涂机组中是一种很普遍的现象，泄漏严重时还会引起系统中的执行件动作失效。因此，泄漏也属于液压系统故障的一种形式。

A 泄漏的分类

（1）外泄漏。外泄漏是指由液压站与执行元件之间的管道、管接头或系统的吸油口的泄漏，通常可以归纳为能看得见的泄漏。外泄漏通常会在生产线运行期间出现如下几种现象：液压油中有空气气泡；液压系统动作不稳定，有爬行现象；液压系统过热；油箱压力增高；泵噪声增大。

（2）内泄漏。内泄漏是指液压元件内部的泄漏，轻微的内泄漏是不容易察觉到的，但随着时间的推移和内泄漏油量的增加，液压系统会出现过热的现象，元件的动作会失效。判断某一元件是否出现内泄漏的方法比较简单，是以元件空载和满载时各执行动作一次，对比一下两个工作时间，如果满载时的执行时间比空载时的执行时间长很多，则可以认为该元件有内泄漏。

B 泄漏的原因

（1）工作压力。液压系统的工作压力调得越高，系统泄漏的可能性就越大。因此，在生产过程中，系统压力不能长时间超过系统设计时根据计算所定的压力最佳值。

（2）工作温度。系统在工作过程中，所损失的能量大部分变为热能，一部分通过液压元件本身、管道和油箱的表面散发到大气中，其余的就传递给液压油，使油温升高。油温升高会带来一系列的问题：一是会使油液的黏度降低，使系统泄漏的可能性增加，还会造成密封元件加快老化、提前失效，或引起更严重的泄漏。

（3）油液的清洁度。油液如果不清洁，比如内含有铁屑、涂料、灰尘和脏物等杂质，都会使液压元件的滑动表面磨损，最终引起内泄漏。平时我们遇到的如阀芯卡阻、小孔堵塞、密封件损坏等都属于油液清洁度的原因。

C 防泄漏方法

生产过程中，首先要严格控制工作压力和控制工作温度。工作压力应按设计范围内调节，工作温度应在55~65℃的范围内调节，最大不能超过70℃，必要时应加装油液的冷却装置。另外要保证液压油的清洁度，并选用合适的密封装置，避免因密封材料和密封形式不合理而造成介质泄漏。

在日常维护中，要定期化验液压油，确保油质符合标准。生产时，维修人员和操作工都要随时检查液压管道和液压执行元件的泄漏情况，及时维护，减少损失。

3-56 彩涂板生产出来后，怎样储存、运输和装卸才合适？

答： 彩涂板的储存、运输和装卸也属于彩涂板生产的一个工序，而且也是影响彩涂层质量的一个重要环节，过去有些企业由于没有重视储存、运输特别是装卸的工作，出现了压印、划伤、腐蚀等多种涂层缺陷，使整个彩涂板生产过程前功尽弃，还引起了退货、赔偿等不必要的商业纠纷。

要避免以上谈到的彩涂板缺陷，彩涂板下线后的储存场地必须是室内的，且要干燥通风，有防潮、防雨设施。地面平坦、无硬物并有足够的承重能力。彩涂卷排列不能太密集，储存仓应有足够的吊运空间和优良的装吊设备。板式包装和卷状立式包装的彩涂板应有木垫和木架托底。

产品出厂时，装卸吊具与产品间应加橡皮垫以防止发生碰伤，运输车辆车厢的车底板应打扫干净，并垫有橡皮垫，车厢四周也要有防护设施。立式包装的彩涂板的装卸和运输应保持立式，不能随便改变放置方式。

第四章　彩涂板质量控制

4-1　彩涂板涂层质量控制应包括哪些检查环节和内容？

答：彩涂板涂层质量的控制通常分三个阶段进行。即涂层前控制、涂层施工过程和涂层后根据涂层的失效程度控制。其中涂层前和涂层施工过程中的控制非常重要，可以说是起到决定性的作用，而涂层后的质量控制实际上是对前两个阶段的反馈，是属于一种质量缺陷成因的查找手段。因此，操作工在整个涂层施工过程中，要严格按照工艺规程和操作规程进行。

涂层前控制主要有如下几个检查环节：

（1）检查钢带表面处理前是否经过表面缺陷和板形方面的测试和分析。

（2）检查钢带表面的脱脂清洗效果。

（3）检查钢带表面化学液膜厚是否按照国家或行业规定标准。

（4）检查钢带表面是否符合涂层基板在表面温、湿度方面的要求。

（5）涂料和稀释剂的型号、规格，上机前的黏度。

（6）涂层室的环境温度。

涂层施工过程控制主要有如下几个检查环节：

（1）底、面漆涂料的湿膜厚度。

（2）湿膜是否存在漏涂或不连续等缺失现象。

（3）涂头上各辊子与生产线的速比是否符合工艺要求。

（4）固化炉各段的烘干温度。

涂层后的控制主要有如下几种检查环节：

（1）检查涂层表面状态，包括是否有表面缺陷、光泽和颜色等。

（2）按照国家或行业标准检查干膜总厚度是否达到设计要求。

（3）检查涂层对基板的附着力和涂层间的附着力。

（4）按涂层的质量标准检查涂层的其他性能。

4-2　对负责涂层质量控制的化验室有什么要求？

答：（1）化验员应做好化验室的清洁卫生工作，严禁无关人员进入化验室。

（2）化验用工具、仪器、量具、卡具应按类进行设置、摆放，不应随意放置或丢失，同时不许挪作他用，以防损坏。

（3）化验室的精密仪器如色差仪、人工老化机、光泽计等要建档保管，做到防震、防尘、防腐蚀，并定时校验。

（4）所有的化学药品都必须用规定的器具盛放，并注明品名、浓度、规格、型号，且应摆设在固定的地方，特别是溶剂、涂料、酒精等危险品要专柜管理，严防丢失、误用或挪作他用等，以确保安全。

（5）化验员配制涂料或其他含溶剂的化验物品时，必须按照相应的操作程序进行规范操作，杜绝违规产生的意外事故。

（6）化验员在化验或检测物品过程中，不应离开化验室，直至数据得出，结论制定为止。

（7）化验员应对化验数据和结论负责，并如实、准确填写报告单。

（8）对实验器皿要合理的存放，常用常洗，保持干净、干爽。

（9）工作期间化验室必须保持通风，化验员应按要求做好自身安全防护，防止出现安全事故。

4-3　彩涂板涂层质量控制的检验设备主要有哪几种?

答：彩涂板生产线上常用的检测设备都必须满足国家标准所要求的检查实验。因此，不同的彩涂板厂家其实验设备是相同的，都是如下所列的最常用的几种：

（1）温度计——空气温度计和表面温度计；

（2）湿度计；

（3）表面轮廓仪或比较仪；

（4）涂料黏度计；

（5）测厚仪——湿膜厚度仪和干膜厚度仪；

（6）涂层光泽、颜色检测设备；

（7）附着力实验仪；

（8）T弯试验仪；

（9）冲击试验仪；

（10）各种硬度的铅笔；

（11）其他常用的溶液滴定器具。

4-4　彩涂板质量检验的标准主要有哪些?

答：彩涂板的质量检测主要是对涂层前处理和涂层性能的检测，涂层的前处理检测包括脱脂程度和化学转化膜两个方面。涂层的检测包括涂层的力学性能（如附着力、柔韧性、冲击强度、硬度、光泽等）和具有保护功能的特殊性能（如耐候性、耐酸碱性和耐油性）两个方面。其中力学性能是涂层质量检测中必须检测的基本常规性能，而具有保护功能的特殊性能则可根据不同使用要求选择性地进行检测。国家关于以上两种性能的检验都有相关的检测标准。

A　涂层前处理性能检测标准

（1）GB/T 11376—1997《金属的磷酸盐转化膜》；

（2）GB/T 17460—1998《化学转化膜　铝及铝合金上漂洗和不漂洗铬酸盐转化膜》；

（3）GB/T 9792—1988《金属材料上的转化膜单位面积上下膜层质量的测定重量法》；

（4）GB/T 13312—1991《钢铁件涂装前除油程度检验方法（验油试纸法）》；
（5）GB 8923—1988《涂装前钢材表面锈蚀等级和除锈等级》；
（6）GB/T 12612—1990《多功能钢铁表面处理液通用技术条件》；
（7）GB/T 13288—1991《涂装前钢材表面粗糙度等级的评定（比较样块法）》

B　卷材涂料和稀释剂性能检测的标准

（1）GB 3186—82（1988）涂料产品的取样；
（2）GB/T 1723—93 涂料黏度测定法；
（3）GB 1724—89（79）涂料细度测定法；
（4）GB 1725—89（79）涂料固体含量测定法；
（5）GB 6750—86 色漆和清漆密度的定法；
（6）GB 6753.3—86 涂料储存稳定性试验方法；
（7）GB/T 1721 清漆、清油及稀释剂外观和透明度测定法；
（8）GB/T 1722—1992 清漆、清油及稀释剂颜色测定法；
（9）GB/T 1751 稀释剂、防潮剂白化性测定法；
（10）GB/T 1751 稀释剂、防潮剂水分测定法。

C　涂层漆膜性能检测标准

（1）GB/T 13448—2006《彩色涂层钢板及钢带试验方法》；
（2）GB 1720—89（79）《漆膜附着力测定法》；
（3）GB/T 1731—93《漆膜柔韧性测定法》；
（4）GB/T 1730—93《漆膜耐冲击测定法》；
（5）GB/T 1730—93《漆膜硬度测定法摆杆阻尼试验》；
（6）GB 5210—85《涂层附着力的测定法　拉开法》；
（7）GB/T 6739—1996《涂层硬度铅笔测定法》；
（8）GB 1743—89（79）《漆膜光泽测定法》；
（9）GB 1743—89（79）《漆膜耐磨性测定法》；
（10）GB 1769—89（79）《漆膜磨光性测定法》；
（11）GB 6742—86《漆膜弯曲试验（圆柱轴）》；
（12）GB 1865—89（80）《漆膜老化（人工加速）测定法》；
（13）GB/T 1771—91《漆膜耐中性盐雾性能的测定》。

4-5　彩涂板质量控制通常包括哪几个环节?

答：彩涂板质量控制实际上是4-1问所述涂层质量控制的延伸，涂层控制是专指钢带上机后在生产过程中工艺段内各工序的质量控制。而彩涂板的质量控制是包括原材料、上机后从入口段到出口段的全过程和彩涂板产品包装等整个生产流程的质量控制，控制范围和方法比涂层控制更全面、更复杂。

4-6　涂层原材料常见的质量控制项目有哪些?

答：涂层原材料主要是指脱脂剂、化学液、卷材涂料等三种物品。

脱脂剂的质量控制主要是指：清洗能力、消泡性能、乳化性能、漂洗性能、对金属的腐蚀性能。

化学液的质量控制主要是指：外观、膜重或膜厚和耐蚀性等三项指标。

彩涂板涂料的质量控制主要是指涂料进仓后如何通过目测方式来评定涂料的状态；在储存过程中如何采取有关措施防止涂料产生病态和在上机前利用实验室各种仪器对涂料产品性能进行如黏度、细度、固体含量、颜色和密度等几方面的检测。

4-7 怎样评定脱脂剂的性能？

答：可以通过以下几项指标来评定性能。

（1）清洗能力（重量法）。脱脂剂的清洗能力是清洗剂的重要性能，目前检验脱脂剂的清洗能力的方法有多种，包括定性的检测有验油试纸法 GB/T 13312—91，钢带试件涂装前除油程度检验方法（验油试纸法），脱脂棉擦拭法，水膜法等。定量检测法包括重量法，荧光法，其中重量法是最方便和最简单的方法。

（2）消泡性能。消泡性能试验主要是为了检查水基脱脂剂溶液的泡沫消除能力。试液按 30g/L 或说明书规定配制，并预热至（30±2）℃，将试液倒入比色量筒中使液面距离塞下端面 70mm，盖塞，在(30±2)℃下恒温 10min 取出，立即上下摇动 1min，摇动距离为 0.33m，频率约为 100 次/min。摇动完毕后，打开筒塞，在（30±2）℃温度下静置 10min 后观察泡沫高度。

（3）乳化性能。乳化性能测定采用比色量筒装 50mL 脱脂剂及规定数量的 4 号拉延油，温度在 55℃，以均匀的速度上下摇晃 30 次，距离为 400mm，记录下工作液的状态有无分层现象。

（4）漂洗性能。漂洗性能试验主要用于检查覆盖在钢带基板表面上的清洗剂残留物被水洗去的性能。将在清洗剂中清洗后的试片取出呈 45°角放置到晾干为止，将晾干的试片全浸在蒸馏水中摆洗 10 次立即取出用热风机吹干试片。检查试片表面有无清洗剂的残留物，再在试片上滴一滴无水乙醇，乙醇自然挥发后再检查试片上有无白色残留物。

（5）对金属的腐蚀性能。对金属的腐蚀性能试验是将试片全浸在一定温度的水基脱脂剂水溶液中，以试片失重和表面颜色的变化评定清洗剂对金属的腐蚀性能。

此外对脱脂剂的性能检测还有硬水稳定性能，高低温稳定性和单片和叠片防锈性能。

4-8 怎样评定化学液的性能？

答：评定化学液的性能应参照国标 GB 6807—86《钢铁件涂漆前磷化处理技术条件》和 GB 11376—89《金属的磷酸盐转化膜》的规定进行。即包括化学转化膜的外观、厚度或膜重、处理以后的耐蚀性等三大共性指标。根据特殊用途有时还要检测转化膜与涂料膜层之间的配套性、转化膜的硬度、摩擦系数、抗擦伤性等指标。关于转化膜的三共性指标，可参照如下标准及方法。

（1）外观。采用目测法，相关标准 GB 11376—89《金属的磷酸盐转化膜》和 GB 6807—86《钢铁工件涂漆前磷化处理技术条件》。

（2）厚度或膜重。膜厚度测量采用 GB 6462《金属的氧化覆盖层横断面厚度显微镜测量法》，也可采用测厚仪，按照 GB 4956《磁性金属基体上非磁性覆盖层厚度测量磁性方法》或 GB 4957《非磁性金属基体上非导电覆盖层测量涡流方法》。膜重测量采用重量法，可依照 GB 6807《钢铁工件涂漆前磷化处理技术条件》或 GB 9792《金属材料上的转化膜单位面积上膜层质量的测定》。

（3）耐蚀性。检测磷化膜本身的耐蚀性可采用硫酸铜点滴法，氯化钠盐水浸泡法和盐雾试验法。点滴法和盐水浸泡法可依照 GB 6807—86《钢铁件涂漆前磷化处理技术条件》，磷化膜经过后处理如涂油、涂蜡、涂漆后一般进行盐雾试验检验。盐雾试验可依照 GB 1771—79《漆膜耐盐雾测定法》或 GB 6458《金属覆盖层中性盐雾性试验》。

4-9　如何通过目测方式来评定涂料的状态?

答：观察涂料是否结皮、胶凝、分层、沉淀和细度等情况，有条件的单位，最好按照国家标准 GB 6753. 3—86 测定涂料的储存稳定性。

（1）结皮。涂料开筒后，经常会发现在最上层有一层结皮，这是由于醇酸类涂料氧化固化形成的。观察结皮的程度，如有结皮，则沿容器内壁分离除去。结皮层已无法使用，下层涂料可继续使用，使用时搅拌均匀。除去结皮的涂料要尽快用完，否则放置一段时间后又会有结皮产生，甚至报废。

（2）胶凝。当涂料出现胶凝现象，可搅拌或加入溶剂搅拌，使用时过滤。若不能分散成正常状态，则涂料报废。

（3）分层。涂料在贮存一段时间后，涂料会出现分层现象，涂料颗粒下沉，在上层四分之一以上形成一层水质溶液，在选择时我们可以看到这层液体呈无色或微黄色，较清晰干净，无漂浮物或很少，这说明涂料质量很好。若水质溶液呈混浊状，呈现出涂料颜色或内部漂浮物数量很多，甚至布满溶液表面，说明涂料质量不佳或贮存保质期已过，不宜使用。

（4）涂料颗粒细度。我们可用一杯清水来检验，取少量涂料放入水中，轻轻搅动后，若杯中水仍清澈见底，涂料颗粒在清水中相对独立，没有黏合现象，且颗粒大小较均匀，说明涂料质量很好。如果一经搅动，杯中水立即变混浊，且颗粒大小分化，说明涂料质量不过关，不用为佳。再者可用木棍插进筒中将涂料拌匀，再用木棍挑起来，优质涂料往下流时会成扇面形，用手指摸，正品涂料应该手感光滑、细腻。

（5）外观颜色。彩涂生产线使用的涂料是含有颜色的胶粒体，正常的外观要求是颜色一致，不产生浮色，不允许颜色有深有浅。检查涂料颜色，通常是用肉眼观察，也可与生产厂提供的标准色板进行比较，应符合指定的色差范围。

4-10　卷材涂料性能检测前怎样取样?

答：涂料性能的检测结果与取样是否正确有很大关系。国家标准 GB 3186—82 规定了具体的取样方法，具体要求如下：

（1）从每批产品中随机取样，取样数为同一生产厂家的总包装桶数的 3%（批量不足 100 桶者，不得少于 3 桶；批量不足 4 桶者，不得少于 30%）。

（2）取样时，将桶盖打开，对桶内流体状涂料产品进行目测观察，记录表面状态，如是否有结皮、沉淀、分层等现象。

（3）将桶内涂料搅拌均匀，每桶取样不得少于0.5kg，将所取的试样分成两份，一份（约0.4kg）密封储存备查，另一份立即进行检测。若检验结果不符合标准的规定值，则整批产品被认定为不合格。

（4）取样管用后清洗干净。样品不要装满容器，要留有5%的空间，盖严。样品应放置在清洁干燥且密封性好的金属罐或玻璃瓶内，贴上标签，注明取样日期等有关细节，并存放在阴凉干燥的地方。

4-11 怎样通过实验来评定涂料性能指标?

答：涂料性能指标主要指黏度、细度、固体含量和密度等。

A 黏度

涂料黏度即液体流动时所产生的摩擦力，也叫内摩擦力。黏度过低：因流动性大，造成不均匀膜厚；黏度过高：流动性差，易造成涂层表面不光滑。

卷材涂料的施工主要采用快速辊涂方式，所以为保证漆膜厚度及流平性，使涂膜表面平整光滑，对黏度的控制很重要。卷材涂料的黏度指标（涂-4杯黏度计进行测定）一般在80～120s之间，检验方法及标准等采用国标GB/T 1723—93涂料黏度测定法。目前国外已经生产出多种在线黏度计，其中英国的Hydramotion公司研制的在线黏度计比较方便和直观（见图4-1），可直接安装在涂料搅拌筒内，随时可以读出上机涂料的黏度值。

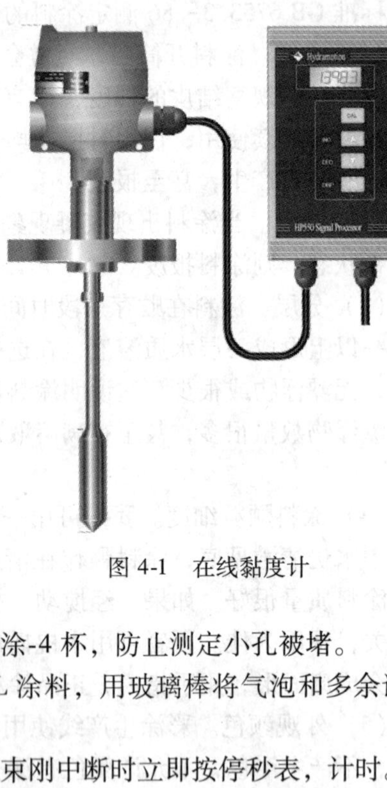

图 4-1 在线黏度计

测量时需要注意以下几点：

（1）测定温度应在21～25℃之间。因为温度过高测定的黏度比较小，温度过低，黏度比较大，不是标准值。

（2）每次测完后要选用所测涂料相应的溶剂清洁涂-4杯，防止测定小孔被堵。

（3）先用手指或器具堵严小孔漏嘴，倒满100mL涂料，用玻璃棒将气泡和多余试样倒入凹槽，防止测样不到或超过100mL。

（4）迅速移开手指时，同时启动秒表，待试样流束刚中断时立即按停秒表，计时。

（5）涂料黏度太高需要调整时，应加入适宜的稀释剂，但稀释剂用量一般不超过涂料总质量的5%。

B 细度

细度是测定涂料内颜料、体质颜料等颗粒的大小和分散的均匀程度，单位以微米（μm）表示。卷材涂料的背面漆和面漆对细度的要求均很高，一般控制在15～25μm，而底漆的细度则可以粗一些，一般控制在20～40μm。通常来说，细度小，能使涂层平整均匀，对外观和装饰性能均起到美化作用，且有良好的力学性能等。

细度的测定主要采用量程为50μm的刮板细度计（见图4-2），检验方法及标准等效采用国标 GB 1724—89（79）涂料细度测定法。刮板细度计的构造为一磨光的平板，由工具合金钢制成。板上有一沟槽，在槽边有刻度线，分为 0～50μm、0～100μm、0～150μm 等几种规格。另配有一把刮刀。双刃均磨光。

测量时需要注意以下几点：

（1）根据不同涂料类型选用不同量程范围的细度计，可先用范围大的细度计粗测。

（2）在测板上端滴入涂料样品 1～2g 左右，不要过多或过少。

（3）双手握住刮刀，使刮刀与磨光平板表面垂直接触，以适宜的速度由沟槽的深部向浅部拉过（一般用 3s 时间），使试样充满沟槽而平板上不留余料。

（4）在阳光下迅速读数（不应超过 5s），使视线与沟槽表面成 15°～30°角，以出现三个以上颗粒均匀显露处读数为准，读数法示例见图 4-3。

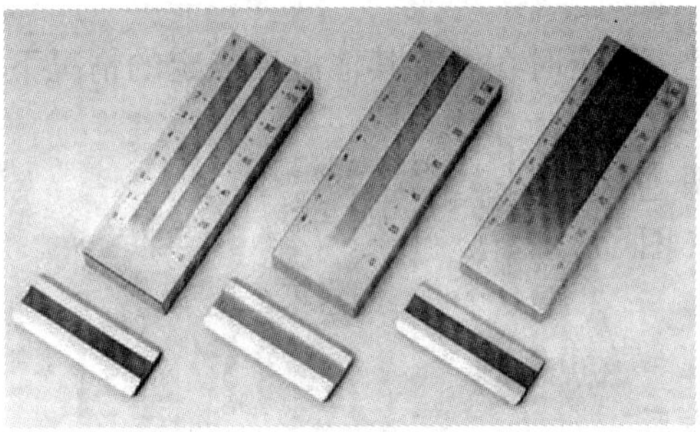

图 4-2　细度计

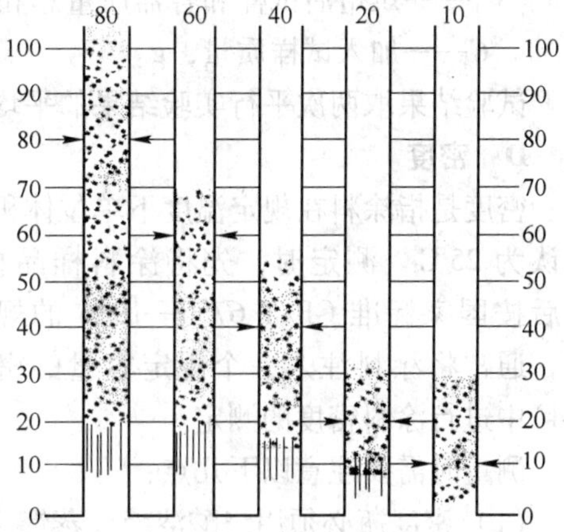

图 4-3　细度读数法示例

C　固体含量

固体含量是涂料生产中正常的质量控制项目之一，也称涂料的固体分。它的含量高低对形成的涂膜质量和涂料使用价值有非常直接的影响。固体含量也称不挥发成分的含量，指涂料在一定温度下加热焙烘后剩余的质量与试样质量的比值，以百分数表示。固体分越高，在涂层时成膜厚度就越厚，可节省大量的稀释剂，从而节省涂层施工的成本。

卷材涂料中的聚酯背面漆和聚酯面漆，固体含量指标一般控制在（55±5)%，高固体分聚酯面漆则为（75±5)%。固体含量的测定最常用的方法是烘箱法，检验方法标准采用国标 GB 1725—89。所需材料是培养皿、烘干用的红外灯或烘炉、天平。测定方法为：将涂料称量后在一定温度下放入烘炉保温，干燥后称量。剩余物质量与试样质量的比值，即为固体分，以百分数表示。

测量时需要注意以下几点：

（1）称量用平底器皿需先恒重，不能有溶剂和水分。

（2）涂料均匀流平分布在器皿底部，不能过多或过少，一般称取 2g 左右，黏度较低的取样 4g 左右。

（3）烘箱法测定时，可采用比红外灯法较低的温度，对因温度高而易分解的产品以采用烘箱法为宜。

（4）在规定温度下烘干后，取出，在室温中冷却，干燥要实干，称量一次；再次放入烘箱半小时后，再称量时，前后质量基本无变化（质量差不大于0.01g为止），即恒重。

（5）烘箱中温度分布均匀，并可同时进行较多数量的平行实验，有条件时一般采用烘箱加热。为提高用烘箱法测定的精确度，可在样品中加入结晶的对苯二酚，以防止试样表面的结皮及基体的氧化。

（6）固体含量（X）按下式计算：

$$X = \frac{W_1 - W}{G} \times 100\%$$

式中　W——容器质量，g；

W_1——烘焙后试样和容器质量总和，g；

G——加入试样质量，g。

试验结果取两次平行实验结果的平均值，两次平行实验结果的相对误差不大于3%。

D　密度

密度是指涂料在规定温度下单位体积的质量。测定时在没有其他温度规定的情况下应默认为25℃。测定时，先将涂料样品搅拌均匀，然后按国家标准GB/T 6750—1986的规定步骤进行，通常将涂料注入一个规定容量的密度瓶（图4-4）中进行涂料密度的测定。

图4-4　密度瓶

测量时需要注意以下几点：

（1）密度瓶必须用铬酸溶液、蒸馏水和蒸发后不留下残余物的溶剂依次清洗玻璃密度瓶，并使其充分干燥。

（2）将密度瓶放置到室温，并将它称重。假若要求很高的精确度，则应连续清洗、干燥和称量密度瓶。直到两次相继的称量间之差不超过0.5mg。在低于试验温度（(23±2)℃，如精确度要求更高，则为(23±0.5)℃）不超过1℃的温度下，在密度瓶中注满蒸馏水。

（3）按下式计算密度瓶的容积V（单位以mL表示）：

$$V = \frac{m_1 - m_0}{\rho} \tag{4-1}$$

式中　m_0——空密度瓶的质量，g；

m_1——密度瓶及水的质量，g；

ρ——水在23℃或其他商定的温度下的密度，g/mL。

（4）用涂料代替蒸馏水，重复上述第（1）、（2）点的操作步骤。用沾有适合溶剂的吸收材料擦掉密度瓶外部的涂料余物，并用干净的吸收材料擦拭，使之完全干燥。

（5）按下式计算产品在试验温度下的密度ρ_t（单位以g/mL表示）：

$$\rho_t = \frac{m_2 - m_0}{V} \tag{4-2}$$

式中　m_0——空密度瓶的质量，g；

m_2——密度瓶和产品的质量，g；

V——在试验温度下按第（1）点和第（2）点规定所测得的密度瓶的体积，mL。

4-12　涂层前处理常见的质量控制项目有哪些?

答: 钢带涂层前的质量控制主要是整个表面处理过程中的控制，也就是脱脂段及化成段的控制，表面处理（脱脂及化成）的工作质量决定着涂装质量的好坏，并直接影响涂层的柔韧性能、耐冲击性能等物理指标，也决定了彩涂板产品的涂层附着性。因此，涂层前的质量控制是保证整个涂层工艺的第一步，也是保证彩涂板产品质量的基础。

（1）脱脂段。脱脂段主要控制碱度、温度、喷淋压力、喷嘴喷射情况、刷洗辊的摩擦效果和去离子水的电导率等。

（2）化成段。化成段主要控制化学辊涂机的辊子压力、化学液的浓度、化学涂层的湿膜厚度和膜层的外观颜色、烘干炉的烘干温度和热风循环量等。

化学液膜层的检查方法：膜层外观应为结晶致密、连续均匀的浅灰到深灰色膜。允许出现下述缺陷：轻微的水迹，铬酸盐痕迹，轻微挂灰现象。膜层如果出现泛黄生锈，膜层疏松或露底局部无膜，严重挂灰等现象均为不允许缺陷。

4-13　如何测定基板脱脂后的清洁度?

答: 清洁度的测定可以有实验室仪器测定法和生产现场简便测定法两种。仪器测定法有电子显微镜法、激光散射法、表面分析仪器法等几种，这些测定法主要应用在基板洁净度和涂层力学性能要求特别高的情况下，但这些方法受到许多客观限制。目前大部分停留在实验室研究的范围。在彩涂板生产应用中，基板清洁度的测定主要还是采用如下介绍的几种现场测定法进行。

（1）擦拭法。用干净、洁白、不起毛的布（如纱布）、棉花、滤纸对钢带表面进行擦拭，然后观察布、棉花、滤纸上附着污垢的程度来判断钢带表面的清洁程度。本法虽简单但不够精确。

（2）水滴法。是接触角评价洁净度的一种应用。在一定的条件下，滴在表面上的水滴（一定体积）的直径越大，接触角越小，洁净度越高。即把表面上形成的水滴直径大小和形状作为比较洁净度的依据。

（3）浸润法。干净的金属表面是亲水的，因此，可以完全被水润湿，当钢带表面沾有脏物或油块时，会出现不被水浸润的“失水区”。但由于金属氧化膜也是亲水的，因此浸润法不能检测出氧化膜能否被清除的效果。

（4）呼气法。向脱脂并烘干后的钢带试样表面呼气，如果是清洁的表面，则表面会形成均匀连续的雾水状，清洁度高时雾斑是均匀的，而有油污的地方则没有雾水出现，当表面十分平滑干净时，雾斑会在很短的时间内消失。

（5）断水法。将清洗后的试样浸入水中，使试样与水面成垂直，然后移出水面，从倾斜45°角方向观察离开水面后的试样表面是否有挂水珠或无水的区域，如果有，钢带表面有污物存在，如果试样表面形成的水膜能均匀地占满全部表面，则说明清洁度高。

（6）滴液测试法。参照 GB/T 13312—19 的规定，用标准 G 型极性溶液滴 2 滴（约 0.1mL）在被测的试件表面上，立即用玻璃棒涂成 20mm×40mm 的覆盖面积，将特制的 A 型验油试纸紧贴在溶液膜上，1min 后观察变色情况。若 A 型验油试纸显色均匀、连续完整，即为清洁度高，反之不合格。

表 4-1 是研究金属清洗专家对一些金属清洁度判断方法的总结概括，彩涂基板的清洁度判断可以参考应用。

表 4-1　金属材料清洁度的判断方法

判断方法	要　点	污染物名称	能够判断的程度
肉眼判断法	用肉眼、放大镜、管内检查器等进行检查	油脂、锈斑	微量污垢不易判断
布擦拭法	用干净不起毛的布擦拭，根据脏的程度作出判断	油　脂	微量污垢不易判断
水滴法	用水弄湿试件，如果水膜均匀漫开无中断现象，即可认为洁净	油　脂	如有氧化膜和表面活性剂存在时，会造成判断错误
染料涂布法	用染料溶液弄湿试件，按滴水法那样作出判断	油　脂	如有氧化膜和表面活性剂存在时，会造成判断错误
喷雾试验法	往试件喷注水或染料溶液，用上述方法判断	油　脂	如有氧化膜和表面活性剂存在时，会造成判断错误
荧光染色法	事先在试件上涂上荧光染料，经脱脂后照射紫外线，通过荧光判断残留油脂	油　脂	平面试件检查容易
同位素法	在试件表面先涂上混入 ^{14}C、^{35}S 等同位素的油脂，清洗后用盖革计数管测定，并与空白试件对照	油　脂	灵敏度极高，可以判断 $2\times10^{-7}g/cm^2$ 的油脂
点滴试验	用注射器从一定高度往试件表面滴下一定量的水，水滴直径越大则越洁净，需进行预备试验	油　脂	能判断用 0.01% 的油脂处理过的试件
接触角测定法	从 5mm 高度滴下 0.01mL 的水在试样表面，测定水与试样表面的接触角，按预备试验定量	油　脂	仅能用于试样上。可辨别 $0.01\sim0.005mg/100cm^2$ 的油脂
称量法	首先洗净在一定条件下附着油脂的试样，根据减少的质量来确定油脂脱除率	油　脂	适用于比较清洗剂的效力
电镀法	对脱脂试样作光泽性电镀，根据电镀光泽的好坏判断	油　脂	仅可用于试样

4-14　涂层前表面处理缺陷形成的原因有哪几方面？

答：涂层前表面处理缺陷形成原因主要涉及溶液、设备、基板和操作工艺几个方面。

A　溶液

脱脂剂、化学液等溶液的处理效果、稳定性、管理难易、使用成本等，是人们普遍关心的，但是在处理过程中，还须检验技术参数是否正确，涂层前处理溶液是否与钢带表面状况相适应，相互之间的配套性是否恰当等方面。

另外，脱脂槽溶液浓度控制方法为控制槽液的游离碱度，根据总碱度与游离碱度的比值确定槽液的老化程度，当总碱度与游离碱度的比值超过一定限度时，槽液就应该废弃。这个值的确定与处理钢带的材质、金属表面的固体杂质种类、处理温度等有关，总碱度与游离度的测定间隔时间有一定要求，否则会出现脱脂缺陷。另外，脱脂剂温度偏低、含油量太高、脱脂液泡沫多等因素同样有可能引起脱脂缺陷。

B　设备

影响表面处理的设备因素主要反映在脱脂槽的喷洗系统。清洗液喷洗系统影响基板清洗效果有如下几点：

（1）喷射距离及喷射角度。脱脂槽内的喷嘴与钢带之间的距离、喷嘴与钢带之间的喷射角度等都是喷射液流对污垢产生作用力大小的决定因素。

图 4-5 中 a 是喷射流体的水平方向运动速度开始降低之前的位置，在这个位置与洗涤对象表面发生作用，清洗液展开的面积是大，但此时清洗液的有效动能造成的清洗效果已不好。图 4-5 中 b 的位置是喷嘴离洗涤对象很近时的情况，此时流体的冲击力大，但清洗液展开的面积过小，总的清洗效果不好。而在 a、b 位置之间有一个冲击力保持相对较大，而清洗液的展开面积也保持相对较大的位置 c 存在，在这个位置上放置清洗对象，能取得较好的清洗效果。而图中 d 是喷嘴以斜方向喷射到清洗对象表面的最佳位置。斜向喷射比垂直喷射使污垢受到的解离作用更大，见图 4-6。

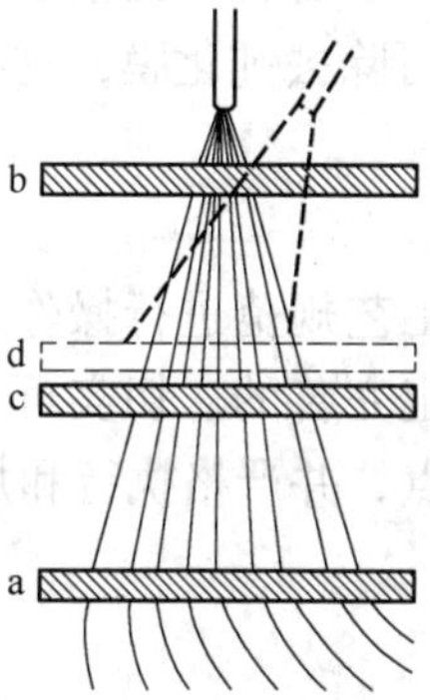

图 4-5　喷射距离、喷射角与清洗力的关系

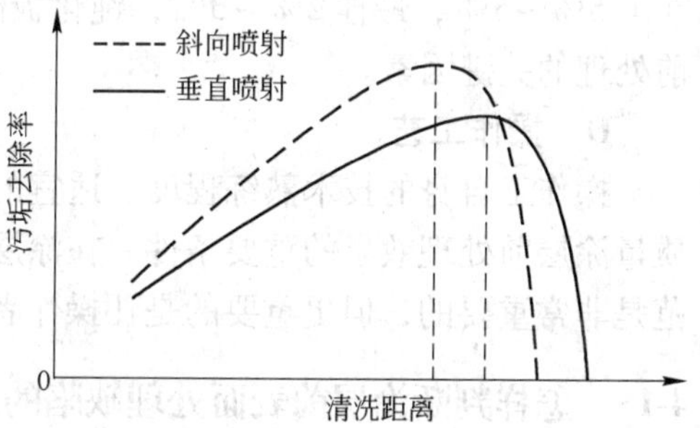

图 4-6　斜向喷射与垂直喷射的比较

由图 4-6 可以看出，斜向喷射与垂直喷射相比，斜向喷射取得最佳清洗效果的距离要近一些；去污效果也比垂直喷射更好一些。

（2）喷嘴形状。常用于喷洗系统的喷嘴有不同的形状，从图 4-7 中所示有圆锥状、扇状、棒状、放射状等 4 种，不同的形状适用于不同的清洗场合，其中扇形的喷嘴最适合清洗平面状的表面，彩涂板机组也大多使用这种扇形喷嘴。

（3）槽体材料。脱脂清洗设备均为碳钢材料，没有作任何防腐处理，箱体槽盖容易出现锈蚀。在反复的循环中，锈渣变为粉末，设备自身污染了槽内的水质。

C　基板

基板引起的缺陷主要有以下两个方面：

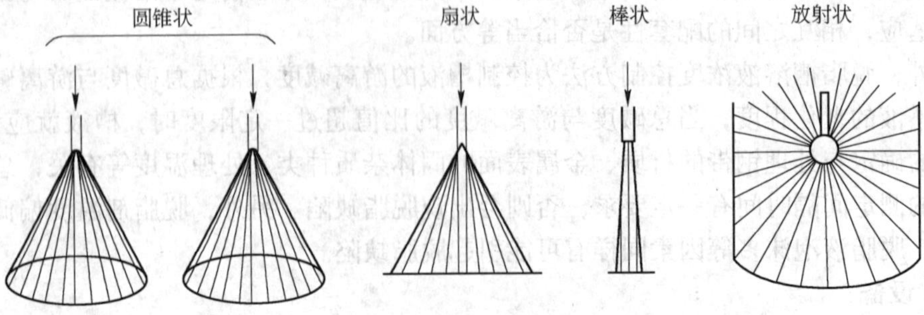

图 4-7 各种形状的喷嘴

(1) 钢带的表面质量引起的缺陷。以镀锌板为例，镀锌原板表面缺陷，如折痕、凹坑、波浪边等均延续影响到镀锌板和彩涂板，成为其表面缺陷。例如在循环中因为原板的锌疤及沉渣使水质变坏，堵塞喷头；堵塞回水管道；污水外泄在机组上；造成生产环境的污染，影响了基板的刷洗质量。因此，彩涂板生产前，检验人员有必要分清基板的表面缺陷哪些是原板引起的，哪些是镀锌工艺施工过程中出现的，以便进行检验和分析。

镀锌工艺施工过程中所引起的表面缺陷通常有：黑斑、白锈、镀锌层不均匀、锌疤(镀锌层堆积)、夹渣、铬酸污垢、划伤和擦伤等。

(2) 钢带与脱脂剂不相配引起的缺陷。钢带自身的材质决定其对涂层前处理溶液的型号有无特殊要求。如镀锌钢板的涂层前处理，就不能用强碱性脱脂剂进行脱脂处理，必须用弱碱性或中性脱脂剂，另外镀锌板有钝化板与涂油板之分，涂油板的脱脂浓度一般控制在1.5% ~5%，最佳2% ~3%，钝化板浓度控制在1.5%即可除去钝化膜，这些都是影响前处理的关键因素。

D 操作工艺

操作工自身的技术熟练程度、适宜的工艺规范和严格按工艺规范进行操作，是获得高质量涂层前处理效果的重要条件。在涂层前处理过程中，制定完善的、切实可行的工艺规范是非常重要的，但更重要的是让操作者真正掌握要点、难点，并严格执行和加强管理。

4-15 怎样判断涂层前表面处理缺陷的成因?

答：当表面化学涂层出现缺陷问题时，首先要区分是脱脂段问题还是化成段的问题，这一点对于判断缺陷的产生原因极为重要。

其判断方法可采取涂层前化学液不变，而将脱脂段的操作工艺或溶液参数作修改，如果效果不明显就反过来先将化成段的操作工艺或化学液作适当修改，这样就容易辨别问题的所在，弄清产生缺陷的工序和大致范围。如果证明缺陷出现在脱脂段或化成段，那么就设法改正产生缺陷的工序。

4-16 涂层前表面处理脱脂段缺陷的检查步骤?

答：(1) 分别检查各脱脂槽液体的工艺参数是否在工艺规程范围内，并对脱脂液的指标进行检测。

(2) 检查脱脂液体的温度和压力。必要时，可用温度计手工进行检测，以消除测温仪表可能带来的误差。

（3）检查操作人员的操作是否符合工艺规程。

（4）检查钢带材质是否与脱脂剂相匹配。

（5）检查脱脂槽配液用的水质和漂洗槽内的水质是否达到工艺要求。

（6）检查工艺过程、各工序的喷嘴压力、喷嘴是否堵塞和是否调准、水洗槽的水温。

（7）检查温度计的记录是否准确，热电偶和温控器的功能是否达到使用要求。

（8）检查是否坚持了工艺条件和设备维修制度。

（9）检查钢带行进速度是否正常，有无变化。

（10）检查脱脂槽液体的检测浓度。

（11）检查钢带材质是否改变。

4-17　涂层前表面处理化成段缺陷及原因？

答： 首先检查化学转化膜铬含量是否控制在 30 ~ 34mg/m^{2}之间。另由于化成处理段的缺陷主要是出现完全缺膜、局部缺膜、膜质泛黄和挂灰等几种现象，因此检查时还应该有针对性地进行，检查的取样方法：生产过程中在卷头、卷尾留少量不覆盖有机涂料的化涂板作为检查用取样，并定期送至化涂液厂家检测化涂层铬含量，还可采用 X 射线荧光、衍射、等离子、原子吸收或化学分析法方法测定铬含量。除此之外还可以根据以下所述的表面的膜质情况找出缺陷的成因。

A　完全缺膜原因

（1）磷化液成分比例失调，磷酸二氢盐含量低或游离酸太高；

（2）脱脂不净；

（3）化成过程中的环境温度低，时间短；

（4）含杂质多，如 SO_4^{2-} 多；

（5）钢带表面有硬化层。

B　钢带表面挂灰原因

（1）化学液料盘中沉淀太多，施工时沉淀被搅起，附在钢带上；

（2）化学液中氧化剂过量；

（3）化学液温度高。

C　化学转化膜泛黄原因

（1）酸比失调；

（2）化成时环境温度低，时间短；

（3）表面有过蚀现象；

（4）氧化剂量少；

（5）Fe^{2+} 含量过高；

（6）Cl^- 含量多；

（7）液中含杂质砷。

D　局部缺膜原因

（1）钢带脱脂不净；

（2）钢带表面上聚集氢气；

（3）硝酸根不足；

（4）温度太低。

4-18 怎样通过实验来评定化学转化膜的质量？

答： 通过实验来评定化学转化膜质量的方法主要有：

（1）显微镜法。显微镜法是通过以金相显微镜或电子显微镜将化学转化膜放大到100～1000倍，观察其结晶形状、尺寸大小及排列等微观结构情况。结晶形状以柱状晶为好，结晶尺寸小些为好，一般控制在几十微米以下，排列越均匀，孔隙率越小越好。

（2）厚度（或重量）测定法。将试样浸在75℃，质量分数按国标规定的铬酸溶液中10～15min以去除化学膜，然后除去膜层前后的重量差而求得膜重。

（3）腐蚀性能测定法。腐蚀性能测定法最常用的是按国家标准GB 6807—86所规定的进行，可采用3%氯化钠水溶液于15～25℃浸渍，或用硫酸铜溶液点滴，硫酸铜点滴液配方如下：$CuSO_4 \cdot 5H_2O$ 41g/L，NaCl 35g/L，HCl 13mL/L。也可以在涂层后通过盐雾试验进行考核、耐温热试验或循环周期试验等。

（4）抗冲击试验法。常常是进行涂装后一起测定，当用49N/cm载荷对涂装后的磷化板进行冲击试验时，当冲击后的样板的反面冲击点不产生放射性裂纹时，即可确定该化学转化膜的质量较好。

（5）二次附着力测定法。化学转化膜涂装后测定的附着力为一次附着力。在一定条件下进行耐温水实验后测定的附着力称为二次附着力。一般是在耐水试验后的样板上用划格法作附着力的测定，以胶带剥离后观察涂膜脱落等级，一般均为平行比较实验。

（6）膜层孔隙率测定法。取14%的NaCl和3%的铁氰化钾溶液，表面活性剂的质量分数为0.1%的蒸馏水溶液，保存在褐色瓶中24h，用滤纸过滤。使用时将滤纸切成长、宽均为2.5cm的纸片，用塑料镊子将纸片浸入上述溶液中，提出滴净多余试液，将它覆盖在待测的化学膜表面，经过一段时间（1min）后将试纸拿掉，观察膜层表面，有蓝色斑点处表示有孔隙部分。

（7）化学膜的耐碱性。化学膜在0.1mol/L的氢氧化钠碱液中浸渍、温度25℃，比较5min前后的质量差，可以得到化学膜在碱液中的溶解量。

（8）化学转化膜的耐酸性。比较化学转化膜在pH值为2的酸液中的溶解量，来评价化学转化膜的耐酸性。

（9）化学转化膜P比。P比最初定义为P/(P+H)，其中P为磷酸二锌铁，H为磷酸锌，因此P比的高低表示化学转化膜中磷酸二锌铁所占比率的高低。P比高的化学转化膜，其结晶水不易失水，也不易复水，其耐蚀性比低P比的化学转化膜好。

4-19 涂层施工过程中有哪些常见的质量控制项目和检查方法？

答： 涂层施工过程中最影响质量的因素主要有施工环境、涂层的涂覆工艺和涂层的固化工艺等三方面，因此，要达到高质量的涂层效果，就必须从以上三方面进行检查和控制。

（1）施工环境主要包括辊涂室的温度和湿度，还有就是室内的通风循环条件。

（2）涂层工艺主要包括上机涂料的黏度、涂层的层数、涂层的厚度和涂敷时辊涂机涂头上各辊与生产线的速比以及辊面质量等多种因素。

（3）固化工艺主要包括热风循环量，热风温度，固化温度的曲线设置等因素。

4-20　涂层施工过程中缺陷的成因有哪几方面？

答： 涂层施工过程中的缺陷成因除了可以按前已述及的涂层前处理缺陷的几个方面分析外，还应从环境、溶液、设备、基板和操作工艺去分析。

A　环境

涂层施工过程中的环境因素通常是指两个方面，一是环境温度的影响，二是涂层室和固化炉的空气清洁度。如果环境温度过低，上机涂料的流动性和流平性都会比平时差，黏度也会升高，为了使黏度值达到施工要求，操作工会增加稀释剂，当稀释剂过量时，在涂料的总固体保持不变情况下使涂层的单位质量（体积）成膜物质减少了，稀释剂在固化过程中因完全挥发而造成稀释剂浪费，生产成本增加；同时，在同等涂机工艺参数下操作，将导致涂层实际膜厚偏低，并容易产生气泡。若涂料及环境温度过高，稀释剂蒸发加快，同等工艺条件下涂层实际膜厚偏厚容易造成橘皮等现象；因此在操作过程中必须注意对涂层室、涂料搅拌间进行恒温控制，以保证涂料黏度的稳定。另外，必须保证涂料搅拌室、涂层室环境的洁净，否则灰尘、杂质容易被带入涂料造成涂层出现缩孔、颗粒、脱漆等表面质量缺陷。

B　溶液

涂层施工过程中所涉及到的溶液就是指将要覆盖在基板上的有机涂料，目前用于有机涂层的涂料品种非常多，每一种涂料都有其自身的特性，因此涂料在配制过程中的技术参数如黏度等是否正确，涂层用的上机涂料是否与钢带表面状况相适应，相互之间的配套性是否恰当等方面都会影响到涂层的质量。

另外，用于配制上机涂料的稀释剂也在涂层质量中也起非常重要的作用，如果在配制上机涂料时用了配置不当的稀释剂，也会产生涂层缺陷。

C　设备

涂层施工过程中最影响涂层质量的设备主要是负责覆盖涂层的辊涂机、涂料的供液系统和固化炉三部分。如涂敷辊与钢带之间的间隙太大或太小，都会引起涂层厚度与工艺要求不符的现象；辊子与基板之间的速比如果不符合第三章所叙述的要求，则会引起涂层的密度问题；如果是涂敷辊与基板之间的平行度或涂敷辊与粘料辊之间的平行度不达到工艺要求，则会引起钢带两边涂层厚度不均的缺陷，另外涂料供液系统是否正常、涂料液体的循环是否畅顺等因素都有可能引起涂层施工过程中的质量缺陷。

除了辊涂机以外，涂层的质量缺陷还与固化炉有很大的关系。通常在固化炉的结构、加热形式，热风循环形式在设计制造过程中定格以后，涂层的质量就与热风循环、废气的排放量、炉体各段的热风温度设置等有关。

D　基板

与涂层前缺陷形成的原因一样，原板表面缺陷，如折痕、凹坑、波浪边等均延续影响到镀锌板和彩涂板施工过程中的各个阶段。

另外，基板的平面度，基板两边的厚度是否一致等等这些都是影响与涂层施工过程有关的质量因素。

E 操作工艺

彩色涂层钢板的产品质量不仅由基板和涂层前处理的质量来决定，还取决于涂层施工过程中的生产工艺及操作控制技术，操作控制技术对彩涂板产品的物理性能、表面质量影响较大，例如，涂料在上机前必须将黏度控制至规定上机黏度值，并充分搅拌均匀，在生产过程中还必须不断进行搅拌以保证其均匀性，遇到意外停机或是在生产过程中因维修引起的长时间停机时，该如何保证已上机涂料的黏度值，这就要求操作工自身要有较高的技术熟练程度，操作时是否有严格执行涂层的工艺规程和操作规程进行，特别是在涂层施工过程中当出现异常情况时操作工是否有随机应变的能力等，都会影响到涂层的质量。

4-21 涂层施工过程中有哪些常见的缺陷排除方法?

答: 涂层施工过程中的质量缺陷主要有以下所列十几种等。它们通常可以用目测发现。

A 流挂

彩涂生产线的流挂现象一般出现在立式辊涂工艺上，通过立式辊涂机后钢带的前后端两个面的涂层出现垂流即涂层整片下坠或条状向下移动，形成漆膜厚薄不均，轻者如串珠泪痕，严重者如挂幕下垂。

产生原因:

(1) 涂层过厚且涂料黏度过低，涂料由于自重的作用向下流淌;

(2) 稀释剂挥发缓慢，空气不流通，辊涂室内空气中溶剂含量过高或环境温度过低;

(3) 基板板型差，表面凹凸不平;

(4) 涂层前表面处理不当或钢带进入辊涂机前表面受油、水污染，使附着力不佳。

排除方法:

(1) 选配适当稀释剂，将上机涂料黏度提高;

(2) 涂层切勿过厚，涂料上机前最好能检测一下涂料的防流挂性能;

(3) 加大辊涂室内的换气量，保持辊涂室内环境温度在10℃以上，温度过低时，可采用涂料保温或换用挥发快的稀释剂;

(4) 选好基板，做好基板的预处理工作，防止油水的附着，保证涂层的附着力。

B 白化现象

涂层固化后涂膜显白雾状、发浑，严重的失光，膜上出现微孔和丝纹，无预期光泽，涂层机械性能下降。但有时在固化过程中会恢复为本来面貌，这是由于空气中的水汽在湿涂层表面凝露。

产生原因:

(1) 用错涂料;

(2) 辊涂室空气中温度过低，湿度过高(80%以上);

(3) 稀释剂蒸发过快，超过溶剂被水稀释的比率，或者在固化过程中由于溶剂的挥发带走涂层表面热量，使涂层表面空气温度降至“零点”以下，此时空气中的水分凝结渗入内或涂料、稀释剂中含水，固化过程中待水分最后蒸发，空隙就被空气取代成为一层有孔无光的涂层;

（4）涂料生产过程中的溶剂和颜料、填料含水，或在涂料上机前的搅拌中不慎入水；

（5）过度稀释，漆膜太薄，树脂无法有效黏结颜料和填料；

（6）基板表面太冷或附有水雾，成膜不佳。

排除方法：

（1）选用合适的涂料；

（2）遵循施工规范，切勿过度稀释；

（3）涂层的施工湿度应控制在80%以上，辊涂室的环境温度应高于露点温度3℃以上，辊涂室施工环境最好在15～25℃，使钢带表面不至于太冷；

（4）使用的稀释剂和压缩空气应检查是否纯净，确认其固化无水分，检查涂料的供液系统，确保气动泵不泄漏；

（5）确保基板表面温度应高于环境温度。

C　开裂、剥落

涂膜隆起成泡或破裂成皮。开裂、起泡、脱落的缺陷通常在彩涂卷重新开卷时或在客户使用过程中发现。

开裂现象通常是在彩涂板的使用过程中发现可目测的裂纹或裂缝，裂纹从小到大，最终导致膜层被完全破坏。脱落现象通常是涂层从钢带表面成片状掉下，伴有局部或全部剥落的现象。

根据剥落程度可分：直径约5mm以下很薄的小片局部脱落称为鳞片剥落，呈直径在5mm以上比较大片的局部剥落称为皮壳剥落，比皮壳剥落更大的脱落（或撕下）称脱皮剥落，上涂层与底涂层之间脱落称为层间剥落。

产生原因：

（1）涂层前处理不当，基板有蜡、油、水等，向外扩散时其压力把漆膜鼓起，特别是透气性差的产品，影响了层间的附着力；

（2）底涂层未干就覆盖面涂层，致使底面两层间的附着力变差，或完全丧失了附着力；

（3）涂层前表面处理后至涂层施工的间歇时间过长；

（4）涂层内部存有针孔、漏涂以及气泡等缺陷，使涂膜要承受应力，特别在急冷过程、涂膜疲劳过程等应力存在时，容易发生膜层开裂；

（5）涂层不适当，底涂层或面涂层过厚；

（6）涂料选择不当或底面层涂料不匹配，引起层间附着力不良，涂料的力学性能不好，柔韧性不佳，使膜层在受温度剧变或压缩外力时产生开裂。

排除方法：

（1）涂层前基板确保无蜡、油、水等杂物并且表面没裂缝；

（2）确保底涂层完全固化后再涂面涂层；

（3）应选择配套性良好的底面层涂料品种，以提高涂层间的附着力，施工时应按工艺要求严格控制底面涂层的厚度；

（4）严格控制上机涂料的质量，避免涂料施工时产生“针孔”、“气泡”等缺陷；

（5）彩涂卷在下线后切忌立即使用于温度变化急剧的场合。

D　橘皮现象

涂层烘干后不能形成平滑的干漆膜面，而呈橘子皮状外观的凹凸现象。

产生原因：

（1）涂料的稀释剂蒸发过快，涂层施工的环境温度过高或过低；

（2）涂层过厚或过薄，或底层没有彻底固化；

（3）涂料本身的流平性差，涂料的黏度大；

（4）辊涂室内换气的风速太大或气温太高；

（5）固化炉的温度曲线没有设置好，使湿涂层入炉后过早进入高温区；

（6）底面涂料品种不匹配。

排除方法：

（1）选用基板与涂层之间、底涂层与面涂层之间匹配的涂料品种；

（2）使用适当的稀释剂，降低上机涂料的施工黏度；

（3）一次涂层不宜过厚，底涂层完全固化后再面涂；

（4）降低辊涂室内的换气风速；

（5）湿涂层最好经过一段空气流平时间段后才进入固化炉，炉温设置应从低温至高温逐步上升，切忌骤然升温。

E 光泽不良

彩涂板的光泽不良有两种情况，一是涂层固化后没有达到应有的光泽度或色泽不均一，或在涂层固化几小时后，有些是在二、三个星期后产生光泽下降即出现倒光的现象。二是涂层固化后颜色比预期或色板要深暗。

产生原因：

（1）涂料配方的原因。涂料中颜料、填料和溶剂量过多，细度不够或有尘屑混入；

（2）基板表面过于粗糙或有油污、水分、蜡质等物，涂层没有完全固化；

（3）涂料上机前搅拌不充分，涂料的固体分沉在桶底，使施工时上半桶的颜料少；

（4）涂料加入稀释剂过量，冲淡了有光涂料的作用；

（5）面涂层过薄，施工时辊涂室环境温度过高或过低；

（6）固化炉温度设定得太高，炉内热风循环量不充分，涂层被烘得过火，使颜色有老化造成光泽下降的现象。

排除方法：

（1）检测上机涂料的细度是否达到工艺要求；

（2）涂料在上机前要充分搅拌均匀并过滤，稀释剂不能加入过多；

（3）控制辊涂室的湿度，防止水分混入涂层；

（4）检查稀释剂与涂料是否匹配，确保面涂层的湿膜厚度，不能太薄；

（5）固化炉各段的炉温设置要合理，避免过高或过低。

F 气泡

在涂层表面产生气泡状的肿起和孔的现象，即在漆膜内部存在气泡，涂层因失去附着力而离开基底（基板或底涂层）而鼓起。使膜层呈现似圆形的凸起变形。

如果气泡是由溶剂蒸发产生的泡称溶剂泡，例如因搅拌涂料时生成的气泡。在涂装成膜过程中未消失产生的泡称为气泡。

气泡和针孔成因基本相同，只是气泡处于涂层内部，而针孔等在表面出现而已。

产生原因：

（1）湿涂层过厚，涂料的黏度高，如果固化炉温度设置不当，涂层固化温度骤然升高使热量传入涂层内部，这时稀释剂迅速蒸发而造成涂膜起泡；

（2）搅拌涂料过分急剧，被涂钢带表面上残留有水分，或底涂层没有彻底固化，使涂层固化后，内部的溶剂或水分受热膨胀而使涂层鼓起，形成气泡；

（3）基板表面有凹坑或孔眼，涂层在固化过程中，留存在凹坑和孔眼内的空气受热膨胀后鼓成气泡；

排除方法：

（1）用铅笔硬度方法确认底涂层已经干透；

（2）调整固化炉各段的温度，使涂层在固化过程中温度呈曲线形上升，让溶剂能正常挥发，避免急剧加温的现象；

（3）使用合适的稀释剂，并适当调整涂料的施工黏度至合适，一般说来涂料的黏度越低就越不易产生气泡；

（4）避免在潮湿的气候环境下施工。

G 缩孔

涂层不均匀或干膜不平整，像在油纸上写墨字那样呈不附着现象。涂膜表面通常形成小的碗状凹坑，膜面局部露出基板或底漆颜色，缩孔通常呈圆形且孔的边沿较圆滑并隆起，多为0.1～2mm直径的圆形状，甚至有的在圆孔内有颗粒出现，称为鱼眼。

产生原因：

（1）涂料对钢带或底涂层表面的浸润性不良、流动性和展平性差；

（2）加入稀释剂过量，稀释剂的挥发速度过快，涂料来不及流平；

（3）基板表面或底涂层表面过于光滑，使面涂层不能均匀地附着；

（4）钢带表面被水、油、灰尘、肥皂及其他不纯物污染，或涂装前未充分除净；

（5）涂料与钢带的温差大，烘炉换气不充分，炉内升温过快；

（6）上机涂料内含有空气、油、水等异物；

（7）操作工在施工过程中用被污染的擦布和手套擦拭过基板、底漆表面或湿涂层；

（8）辊涂室空气不清洁，有尘埃和喷溅物。

排除方法：

（1）选择与基板或底涂层表面浸润性强的涂料，并控制好稀释剂的用量；

（2）避免用裸手、脏手套和有污染的擦布擦拭被涂钢带表面，确保被涂面上没有油、水和其他脏物附着；

（3）施工温度不宜过高，涂料的温度尽可能与钢带表面温度接近；

（4）供液系统的压缩空气中严禁混入油和水；

（5）保证辊涂室内的空气清洁，控制换气的风量，防止灰尘、碎屑混入涂料，上机涂料必须经过严格过滤。

H 颗粒

在固化的涂层表面上产生突起物，呈颗粒状分布在整个或局部表面上，通常大的称为疙瘩，小的称为“痱子”，并伴有微细的针尖状的颗粒分布，涂层无光泽，手感或肉眼均可以感觉到。

产生原因：

(1) 涂料生产时，颜填料研磨不细，未能达到规定的细度要求，涂料在储存过程中，产生凝胶而未经过滤处理就上机，涂料结皮经摇动碎裂成碎片混入涂料中；涂料变质（基料析出、返粗、颜料凝聚等）；

(2) 稀释剂与上机涂料不匹配；

(3) 涂层过薄，环境空气不清洁，辊涂室内有灰尘、涂料没有经过充分搅拌及过滤、被涂钢带表面在进入辊涂机前已经粘有灰尘或脏物。

排除方法：

(1) 控制好上机涂料的细度，涂料必须经过长时间的搅拌，上机前经过严格的过滤；

(2) 采用与涂料相容性好的稀释剂，以防止涂料中的树脂等不溶析出；

(3) 清理被涂钢带表面的杂物、灰尘至干净，保持辊涂室内空气干净，不含灰尘。

I 针孔

涂层表面固化后出现类似用针刺成的细孔，或像皮革毛孔那样，较大的称为麻点，是由于湿膜涂层中混入了空气泡和产生的其他气泡破裂，且在涂膜固化前不能通过流平去掉而造成的。该小孔由基板于膜层表面，形成腐蚀通道。

产生原因：

(1) 施工环境湿度过高，钢带表面上残留有水、油或其他不纯物，清除得不干净；

(2) 上机涂料的黏度过高，涂料本身紧密度不好和遮盖力较差；

(3) 涂料生产时本身夹带了空气和水分，或储存温度过低；

(4) 涂料长时间被激烈搅拌，在涂料中混入空气，生成无数气泡；

(5) 辊涂机涂敷辊速度过快，涂层过厚，溶剂被包裹在涂层中难以挥发；

(6) 涂层在溶剂挥发初期的固化温度过高，由于溶剂挥发过快，使膜层本身来不及补足空当，形成一系列小穴，即针孔。

排除方法：

(1) 涂料进仓后应在适当的温度下储存，防止低温引起析出、结皮、凝胶等弊病产生，在使用前需经过滤，除去杂质和碎屑；

(2) 涂料黏度要调配适当，上机涂料搅拌时间避免过长；

(2) 确保辊涂室的相对湿度不大于85%，确保钢带表面干净无油、水和被污染；

(3) 按工艺要求控制好辊涂速度，一次涂层不能太厚，湿膜厚度最好不超过40μm；

(4) 固化炉的温度应从入口至出口方向由低温至高温设置，让溶剂能充分挥发。

J 条纹

涂膜不平，固化后的涂层表面呈条纹状，条纹根据其方向的不同分为横纹或竖纹，横纹通常是有规律的，常称“抬头纹”，竖纹有些是规则的，有些是不规则的。

产生原因：

(1) 横纹成因：涂敷辊或粘料辊在加工时圆柱度没有达到加工精度要求，辊面呈椭圆形，辊面磨削精度低或辊面胶硬度高；辊涂机的涂头振动，彩涂生产线涂层段区间的张力不稳定，张力辊有振动等，也会使涂层产生振纹。另外，涂料黏度大，未合理稀释。也有可能是施工环境温度过高，固化太快。

(2) 竖纹成因：辊涂室环境差，循环空气过滤不清，使扬起的脏物颗粒掉进了涂敷辊与钢带之间，涂层便被划出竖纹，另外，涂敷辊面被利器划伤，辊面胶皮老化脱落等都会引起涂层竖纹。

排除方法：

（1）确保涂层段区间张力恒定，不跳动。张力辊不振动。

（2）辊涂机各辊辊面情况良好，加工精度达到使用要求，涂敷辊不跳动。

（3）辊涂室干净清结，对流空气经严格过滤。

（4）涂层施工过程中要经常在线检查涂敷辊和粘料辊的辊面情况，如果发现被划伤脱落或出现伤痕时应立即停机更换。

（5）发现在辊面无划伤的情况下涂层仍出现竖纹时，判断为涂敷辊与被涂钢带之间夹有杂质颗粒，应用快速开合涂头的方式去除。

（6）根据施工环境情况，调整涂料黏度，避免高温施工。

K　漏涂

涂层固化后表面出现大于针孔或麻点的缺膜现象。

产生原因：

（1）基板板形差，表面有较大的凹凸坑；

（2）涂敷辊表面有橡胶块脱落，脱落凹痕处没法将粘料辊传送过来的涂料转印到钢带上；

（3）涂敷辊或钢带表面粘有油迹、异物或大颗尘粒，使涂料无法附着；

（4）化涂液在使用过程中不可避免地混入一些杂质，这些杂质成为晶核将加快化涂液中晶体的形成，晶粒在化涂机辊面上停留使化涂膜出现空隙，导致涂层上出现细小的点状脱落。

排除方法：

（1）控制基板板形，拒绝平面度太差的钢带上机；

（2）施工时避免涂敷辊与钢带之间的压力过大，防止辊面橡胶脱落或损伤；

（3）定期清洁和检查涂敷辊表面，确保橡胶层的质量；

（4）注意辊涂室的环境卫生，保持清洁的空气对流，禁止辊涂室内有杂物存放；

（5）严格过滤化涂液。

L　咬底

面涂层会出现自动膨胀、移位、收缩、发皱、鼓起，甚至使底涂层失去附着力，出现底层被咬起脱离的现象。易出现咬起底层的涂料有：硝基涂料、环氧涂料、聚氨酯等含有强溶剂的涂料。

产生原因：

（1）底层与面层不配套，如硝基底漆，聚酯面层；

（2）底层未干就涂面层涂料；

（3）底层过厚；

排除方法：

（1）底层与面层涂料注意配套使用；

（2）同一类型的涂料，底层实干后再涂面层涂料；

（3）底层不宜过厚，一次涂层不超过40μm。

M　表面污迹

彩涂板生产线在实际施工时，经常会看到涂层表面在固化后粘有污迹或杂质，污迹的形态各异，颜色也不尽相同，这些污迹有些可以用布料抹掉，有些则不能，属于永久性的涂层表面缺陷。

产生原因：涂层表面污迹的产生有两种来源，查找时应以涂层的固化温度为分界，如果钢带基板在涂层后至固化炉内涂层开始固化的临界温度之间受到污染，那么污染物在固化后是不能清除的，或清除后涂层表面会受到破坏，如果污染源处于涂层的固化温度段之后，则污染物可以清除，涂层基本不被破坏。

排除方法：辊涂机与固化炉的环境卫生非常重要，特别是辊涂室的换气系统，应定期检查，经常清洗空气过滤网。固化炉要坚持涂层施工前的“洗炉”规程，以便将炉内残余污物扬起抽走。另外固化炉热风循环系统应充分，使炉体内的各个角落的温度得到平衡，否则在涂层施工时炉体内热风不到的地方很容易因温度低而使溶剂凝固成液滴并掉到钢带上，产生涂层污迹。

4-22 怎样通过缺陷的级数进行涂层评级？

答：按 GB/T 1765—89 的标准制备 3 件试样，做好原始记录，留 1 件作为对比样板，2 件进行试验，试验结果分别进行单项和综合评级。

A 单项评级

(1) 失光。按 GB/T 1743—89 标准测定涂膜老化后的光泽，并与原始光泽比较，以失光百分率表示失光程度，等级见表 4-2。

表 4-2 失光评级

等级	失光百分率/%	等级	失光百分率/%
0	<5	3	51~80
1	6~20	4	>80
2	21~50		

(2) 变色。按 GB/T 9761—88 标准比色和按 GB 250—64 标准确定试样颜色相对于原始样板颜色的变色程度，等级见表 4-3。

表 4-3 变色评级

等级	变色程度按 GB 250—64 标准的级别	等级	变色程度按 GB 250—64 标准的级别
0	5	3	2
1	4	4	1
2	3		

(3) 粉化。用手指在试样表面往复擦 2 次（擦痕长 5~7cm），按表 4-4 评级。

表 4-4 粉化评级

等级	粉化状况
0	无粉化
1	用力擦拭试样表面，手指沾上少量颜料粒子
2	用力擦拭试样表面，手指沾有较多颜料粒子
3	用力较轻，手指沾有较多颜料粒子
4	轻轻一擦，整个手指沾满大量颜料粒子或出现露底

（4）裂纹。裂纹按表4-5评级。

表4-5　裂纹评级

等　级	裂　纹　状　况
0	无裂纹
1	目测隐约可见，但在4倍放大镜下明显可见；目测可见微小裂纹面积仅10%以下
2	可见微小裂纹面积在11%以上；较深裂纹在11%以下
3	较深裂纹在11%以上；深达底层的裂纹10%以下
4	深达底层的裂纹在11%以上

（5）起泡。起泡按表4-6评级。

表4-6　起泡状况评级

等　级	起泡状况	等　级	起泡状况
0	无气泡	3	气泡密布
1	稀疏几个气泡	4	气泡稠密分布
2	气泡中密分布		

（6）生锈。生锈按表4-7评级。

表4-7　生锈程度评级

等　级	生锈状况		等　级	生锈状况	
	锈点小于1mm/个	锈点大于1mm/个		锈点小于1mm/个	锈点大于1mm/个
0	无锈点	无锈点	3	16～19	10～11
1	≤10	≤5	4	≥20	≥12
2	11～15	6～9			

（7）长霉。长霉按表4-8评级。

表4-8　长霉程度评级

等　级	长　霉　状　况
0	无霉点
1	长霉斑点直径在1mm左右，分布稀疏
2	长霉斑点直径在2mm左右，或蔓延生长在2mm范围，分布稀疏
3	长霉斑点直径在1mm左右的密布表面，直径在2mm左右的中密分布
4	长霉斑点直径在5mm以上或表面稠密布满霉点和霉丝

（8）斑点。斑点按表4-9评级。

表4-9　斑点评级

等　级	斑点生长状况	等　级	斑点生长状况
0	无斑点	3	表面中密斑点，直接影响外观
1	表面几个斑点，对外观影响不大	4	表面稠密斑点，严重影响外观
2	表面稀疏斑点，有碍外观		

（9）脱落。按脱落面积大小评级，见表4-10。

表 4-10 脱落评级

等 级	脱落面积/%	等 级	脱落面积/%
0	无脱落	3	1.1～3
1	≤0.5	4	≥3.1
2	0.6～1		

（10）沾污。沾污按表4-11评级。

表 4-11 沾污程度评级

等 级	沾污程度对外观影响	等 级	沾污程度对外观影响
0	无沾污	3	中度沾污，直接影响外观
1	极轻度沾污，对外观影响不大	4	严重沾污，严重影响外观
2	轻度沾污，有碍外观		

注：单项等级评定时，不计试样周边及板孔周围5mm以内，或外来因素引起的破坏现象。

B 综合评定评级

（1）保护性涂层。此类涂层的综合评级见表4-12。

表 4-12 保护性涂层的综合评级

等 级	单项等级						
	变色	粉化	裂纹	起泡	生锈	脱落	长霉
优	2	1	0	0	0	0	1
良	3	2	0	0	0	0	2
中	4	3	1	1	1	1	3
差	—	4	2	2	2	2	4
劣	—		3	3	3	3	—

（2）装饰性涂层。此类涂层的综合评级见表4-13。

表 4-13 装饰性涂层的综合评级

等 级	单项等级									
	失光	变色	粉化	裂纹	起泡	斑点	沾污	长霉	脱落	生锈
优	1	0	0	0	0	0	0	0	0	0
良	2	1	0	0	0	1	1	0	0	0
中	3	2	1	1	1	2	2	1	0	0
差	4	3	2	2	2	3	3	2	1	1
劣	—	4	3	3	3	4	4	3	2	2

注：综合等级评定时，以单项等级最差的那项来定。

4-23 怎样进行涂层固化后的质量控制?

答：涂层固化后的质量控制主要是利用实验室的测试仪器在彩涂板的成品样板上进行

多种项目的测试，将目测方式无法检出的涂层缺陷找出来，分析其产生的原因，以便改进涂层的施工工艺，提高彩涂板的成品质量。

涂层固化后的质量检测的另一目的是为彩涂板用户提供质量保证的理论依据。

4-24　涂层固化后的质量控制检测项目主要有哪些?

答：涂层固化后的质量检测项目主要是按国家标准 GB/T 13448—2006《彩色涂层钢板及钢带试验方法》中规定的 21 项性能试验为性能测试依据，该标准中包括了涂层厚度测定、镜面光泽测定、色差测定、弯曲试验、反向冲击试验、铅笔硬度试验、耐有机溶剂试验、耐磨性试验、耐划伤试验、划格试验、杯突试验、耐沸水试验、耐酸碱试验、耐污染试验、耐中性盐雾试验、耐干热试验、耐湿热试验、耐二氧化硫湿热试验、氙灯加速老化试验、紫外灯加速老化试验、大气暴露试验等项目。

4-25　什么是涂层厚度测定?

答：彩涂板生产必须测定涂层厚度，其目的在于保证涂覆层达到规定的厚度，避免由于不适当的厚度导致涂层的过早失效或因涂层过厚带来涂料的过多损耗及成本的增加，目前彩涂板涂层的厚度测定主要分湿膜厚度测定和干膜厚度测定两种，其中湿膜厚度测定是在生产现场进行。

A　涂层的湿膜厚度测定

涂层的湿膜厚度测定通常在辊涂室内采用湿膜厚度计（滚轮式湿膜厚度规）进行，该仪器（图 4-8）由三个轮组成，最中间的轮与两个外轮边缘不对齐。在 0 点三个轮边缘是一致的，在其他刻度中间轮则比外轮凹下去相应的刻度距离，可在刚涂布好的湿膜上测量涂膜厚度。使用时将湿膜测厚仪内外轮相差最大的那一点放在刚涂好的湿膜表面。然后转动湿膜轮直到 0 点（即内外轮边缘一致的地方），接触到表面。检查内轮粘到涂料部分的起始位置，该位置对应的外轮刻度即为湿膜厚度。

图 4-8　湿膜厚度计

B　涂层的干膜厚度测定

涂层的干膜厚度测定除了跟以上提到的湿膜厚度测定有相同目的外，还可以合理选择和有效监控所用不同类型涂料的涂层厚度，以获取与其相关联的各项机械物理性能和耐候性的最佳应用数据。

涂层干膜厚度测定可以采用多种形式的测试方式，目前比较有代表性的有磁性测厚仪法（图 4-9*a*）、杠杆千分尺法（图 4-9*b*）、金相显微镜法（图 4-9*c*）及钻孔破坏式显微观测法等四种测定方法。

采用磁性测厚仪测定，要求涂层干膜厚度在 50μm 以下精确至 1μm；在 50μm 以上精确至 2μm，并以求出 3 个测量点涂层厚度的算术平均值表示测定结果。采用杠杆千分尺测定时，要求读数精确至 2μm，其测定结果是以先在 3 个不同部位测出的试样总厚度与基板厚度之差的涂层厚度，再以 3 次测定的涂层厚度的算术平均值作为试样的涂层的干膜厚度。采用金相显微镜测定时，则要求读数精确至 2. 5μm，并以目镜标尺在试样被切割断面

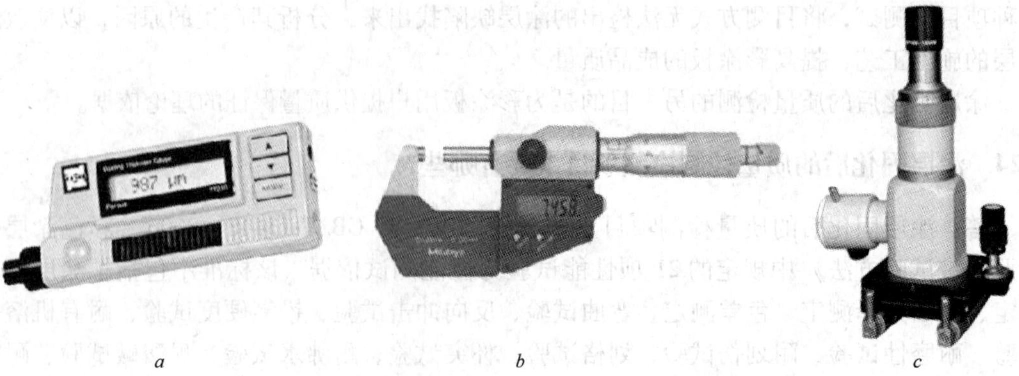

图 4-9　测试涂层干膜厚度的三种仪器

a—磁性测厚仪；*b*—杠杆千分尺；*c*—金相显微镜

5 点位置止所测涂层厚度的算术平均值表示试样的涂层厚度。采用钻孔破坏式显微观测法测定时，要求试样放在钻孔台上，调整自动钻孔装置的钻孔深度控制轮，使钻头刚好穿入基板，钻出一个圆形浅角缩孔，然后利用显微视频图像系统的标尺即可直接读出各涂层厚度。在试样上至少取得 3 个以上不同测量部位的算术平均值，作为该试样的涂层厚度。

另外，涂层的干膜厚度与湿膜厚度有如下换算关系：

干膜厚度(mm) = 湿膜厚度(mm) × 涂料体积固体分(%)

通过以上公式描述的换算关系，可以很方便地进行干膜厚度和湿膜厚度之间的换算，但是涂料体积固体分应该是通过实验测定的结果，或者是经过实验校正的计算结果，而不是涂料的理论体积固体分。因为涂层干燥成膜过程比较复杂，对于固体分含量较高的挥发性涂料和双组分涂料而言，以上公式的换算关系与实际比较符合；对于固体分含量较低的挥发性涂料而言，这种换算关系与实际差异较大，在实际应用中，应以实验测定结果为主，以干膜厚度为主。

例如：钢带的湿膜厚度为 40μm，使用的涂料的体积固体分为 60%，其干膜厚度 DFT 可根据换算式得出：

$$DFT = 40\mu m \times 60\% = 24\mu m$$

同样，当施工工艺要求干膜厚度为 30μm，则操作工可以通过换算得出其湿膜厚度：

$$WFT = 30\mu m / 60\% = 50\mu m$$

4-26　什么是涂层镜面光泽测定？

答：光泽是物体的外观光学特性。表面平滑材料受到可见光的照射时都会产生有方向性的向另一方向的反射现象，这称为镜面反射，其结果使材料表面带有光泽即为镜面光泽，其反射能力的大小称为镜面光泽度。彩涂板要求进行镜面光泽度测定除了保证涂层的外观外还为了保证涂层的耐效性。

影响彩涂板的光泽主要来自三个方面：基板、涂料和施工工艺。作为彩涂板工艺的全过程，基板属于客观条件，涂层有无光泽，虽然同基板的平滑度有关，即基板为冷轧板的光泽度比镀锌板要好高一些，这是因为平滑的表面更容易使涂层本身形成了对光的镜面反射（单向反射）的性能。但由于目前大部分的彩涂基板是镀锌板，所以我们分析光泽度的影响因素时，涂料和施工工艺成了主要的两种可能。

涂料中对涂层光泽度有影响的是颜料的品种和颗粒度，颜料颗粒粗，细度不够，颗粒间隙大，对于涂料的吸收性也大，涂层施工时的流平性就差，无法结成光滑的膜层，使产品暗淡无光。另外，施工工艺方面应注意上机涂料的黏度和涂层的固化形式，过大的涂料黏度会使涂敷辊与基板表面剥离困难而降低涂层的光泽，固化速度过快也容易使涂层缺乏光泽。

彩涂板的涂层镜面光泽度的大小是通过测量试样表面的反射光通量与入射光通量的比值，即光反射率来定量表面光泽的强弱来确定。通常采用60°入射角测量，当精确测量时，若60°光泽值高于70 光泽单位，宜选用20°射角测度；若60°光泽值低于10 光泽单位，宜选用85°入射角测定，并取试样表面3 个不同位置测定结果的算术平均值为试样的涂层镜面光泽。

国产的KGZ 系统、XGT 系列、XGP 系列、WGG 系列、QZX 系列等多厂家推出的镜向光泽度计（分别含有单角度和多角度、台式和便携式多种规格）已上市多年，且各项技术指标也已等同于国外同类产品水平，它们大多能直接计算平均值存于机内，并将数据传送至个人电脑作图或数字分析。一些多角度光泽度计能在20°、60°及80°显示涂层的光泽度读数，符合ISO、ASTM、DIN 及BS 的国际标准，操作简单，图4-10*a* 是其中一种数字式手提镜向光泽度计的样板。

另外据资料介绍，国外有多家公司研制的在线式镜向光泽度计已经被广泛使用（见图4-10*b*），这种在线光泽度计通常安置在彩涂线的工艺段出口处，探头距离彩涂板10mm，属于非接触式，同时仪器配有一个连续式的读数显示屏，使操作人员随时通过显示屏的读数实时检测到涂层的光泽度，实现工艺数据的快速反馈，以便能随时调整辊涂机的涂层厚度和固化炉的温度。

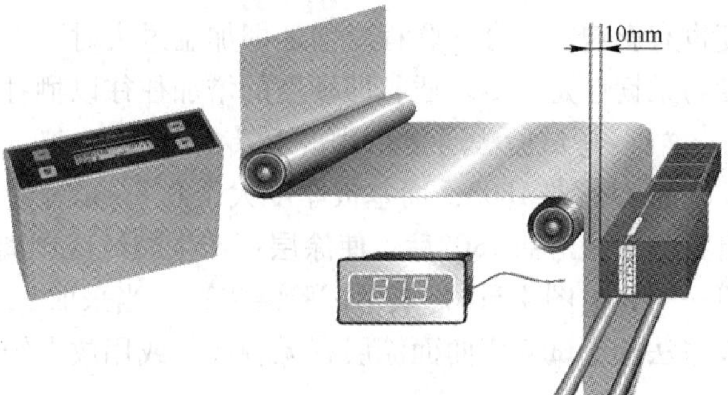

a　　*b*

图4-10　镜向光泽度计

a—数字式手提镜向光泽度计；*b*—在线式镜向光泽度计

4-27　什么是色差测定？

答：彩涂板的色差测定原理是通过测定参照样和试样的光谱三刺激值，即可定量测定出试样与参照样的颜色差异。色差仪通常采用的几何结构分为定向型和积分球型两种。其中定向型几何结构分为45°/0°和0°/45°两种，45°/0°指的是光在45°方向照射样品，检测器在垂直方向接受反射光；而0°/45°指的是光在垂直方向照射样品在45°方向接受反射光。这两种结构的仪器都是完全不包括镜面反射光的，它测得的数据与人眼观察一致，另外这种仪器只能测量不透明样品的颜色；积分球型几何结构分为d/8°和8°/d 两种，积分球结构的仪器是光在水平方向照射样品，检测器在与样品成8°方向接受反射或透射光，这种仪器不仅能测量不透明样品的颜色还可以测量透明样品的颜色。

测量时，要选择标准光源、标准色度观察者、颜色空间和观察孔径。在选定的仪器条件下测定参照样的色度坐标值CIELAB L^*、a^*、b^*或HunterLab L、a、b，然后在同样的条件下测定试样三个不同部位的色度坐标值。定向型色差仪如果是非圆环照明，则应对参照样和试样的同一测量点按照四个方位进行90°转动，测定四个色度坐标值，其算术平均值为该测量点的色度坐标值。

试样与参照样的色差值可用下式计算（具体算法见国家标准 GB/T 13448—2006）：

$$\Delta E = [(\Delta L)^2 + (\Delta a)^2 + (\Delta b)^2]^{1/2}$$

4-28　什么是弯曲试验?

答： 涂层进行弯曲测试的目的是为了检测膜层的柔韧性，是通过测定试样弯曲时涂层的抗开裂或抗剥离能力来评价彩涂钢板涂层物理性能的重要项目之一。

很多被涂基板的板形具有一定可变形性，所以也要求涂层具有相应的柔韧性配合。固化后涂层的弯曲度试验是将试样绕自身弯曲180°对折，然后沿着弯曲面贴上透明胶带，边去除气泡边将胶带粘贴平整，然后沿弯曲面以60°方向迅速用力撕下胶带，用目视观察涂层的弯曲面是否有开裂或剥落情况（离边缘10mm内的涂层脱落不计）。确定使涂层不产生开裂或脱落的试样的最小厚度倍数值。

柔韧性较好，但附着力不佳时，弯曲试验可能导致涂层剥离基板；柔韧性较差，而附着力较好时，弯曲试验可能导致涂层开裂。除涂料配方本身决定固化膜柔韧性外，固化程度也有影响，聚合交联程度增加即加温过火时，柔韧性下降。一般而言，涂料固化膜的硬度与柔韧性是一对矛盾，即硬度的增加往往以牺牲柔韧性为代价。

"T"弯试验法通常采用一种专用的试验仪（见图4-11*a*），其规定基板厚度不大于0.8mm时弯曲180°；而基板厚度大于0.8mm时弯曲90°。当采取180°弯曲时，以试样绕自身的边缘弯曲180°后，使涂层不产生裂纹或剥离的最小试样厚度倍数（如0T、1T、2T、3T……，见图4-11*b*）表示试验结果；而当采取90°弯曲时，则是在试样弯曲90°后，用贴胶带法检查试样弯曲面涂层有无剥离，或用放大镜观察试样弯曲面涂层有无裂纹。

a

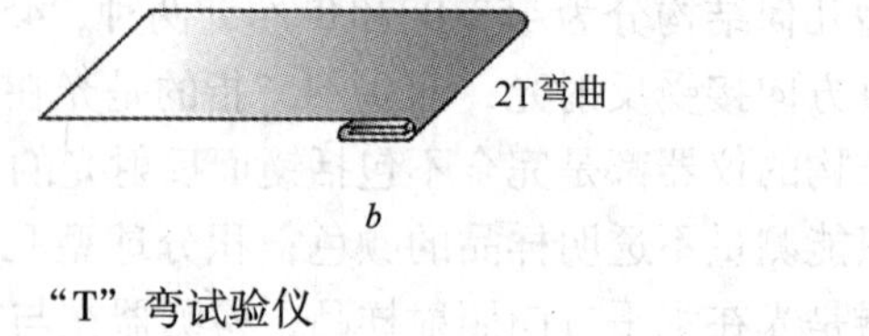

b

图4-11　"T"弯试验仪

4-29　什么是耐有机溶剂试验?

答： 耐有机溶剂试验也叫耐MEK（甲乙酮）擦拭。本方法主要用于测定彩涂板生产工艺中涂层固化的质量和耐有机溶剂性能的评定。旧的测试方法主要参考美国全国卷涂协会 NCCA Ⅱ-18 溶剂擦拭法评价耐溶剂性规范，是通过固化漆膜耐特定溶剂的擦拭次数来评价漆膜的交联程度，测定时，必须同时考虑其他性能，如颜色、光泽、硬度、附着和韧性，并且随涂料类型、膜厚、底材表面状态不同，涂层耐溶剂性的波动幅度很大。自从 2006 年国家颁布了 GB/T 13448—2006《彩色涂层钢板及钢带试验方法》国家标准以来。此测试在国内有章可循，可以通过手工法和仪器法的规范来判断涂层的质量。

A　手工法

测试时用卷在食指上并浸透 MEK 溶剂的四层纱布，以大约 19.6～24.5N 压力在待测试样品表面前后移动擦拭，来回行程至少为 200mm，其擦拭速度约为 100 次/min 往返（往前一次，往后一次算作往返一次），直至漆膜破坏或达到预定的往返擦拭次数。在整个擦拭过程中应始终保持纱布的浸湿状态。在 200mm 擦拭范围中间 150mm 内任一点上漆膜被擦掉，露出底材，即为漆膜破坏。因一些操作者在行程往返处往往用力较大，所以擦拭范围两端情况不予考虑。溶剂擦拭试验图解卷材涂料的耐 MEK 擦拭指标面漆一般为 100 次，试样上的麻坑、划痕、灰尘，布上或溶剂中的固体粒子及底材的不平整会明显影响测试结果。并且此试验应在试样上多处进行，以消除误差。

图 4-12　摩擦试验机

B　仪器法

目前国内已经有供 MEK 试验用的摩擦试验机（图 4-12）上市。测试时用脱脂棉裹住仪器上的人造指整个接触区域，将人造指浸透指定的溶剂，然后将人造指尖放在试样表面，充分离开试样边缘，以避浸湿边缘。然后按指定的擦拭次数移动指尖，速度为每秒一个来回。测试后观察是否出现涂层破损现象。

4-30　什么是反向冲击试验?

答：彩涂板的反向冲击试验用于评价试样在承受快速变形时涂层抗开裂或剥离的能力，耐冲击性也称冲击强度，指涂于试样上的涂膜在经受自由落体的重锤冲击作用下，试样发生快速变形而形成凸形区域，检查凸形区域的涂层是否有开裂或脱落，从而评定涂层抗开裂或脱落的能力。而不出现开裂或从金属底材上脱落的能力，它表现了被试验涂层的柔韧性和对底材的附着力。

反向冲击试验所用仪器为冲击试验仪，该试验通常用专门的仪器（见图 4-13），按照国家标准 GB/T 13448—2006 中规定，其冲头直径为 15.87mm（5/8in），并以“合格/不合格”和“最大冲击功”两种方式表示试验结果。前者用撕胶带法检查以规定重锤质量和下落高度冲击后的涂层是否剥离，用放大镜观察涂层有无开裂；后者则是通过改变重锤质量和下落高度冲击后，找出涂层不产生开裂或剥离的最大质量和最大高度，并以二者的乘积为最大冲击功。其试

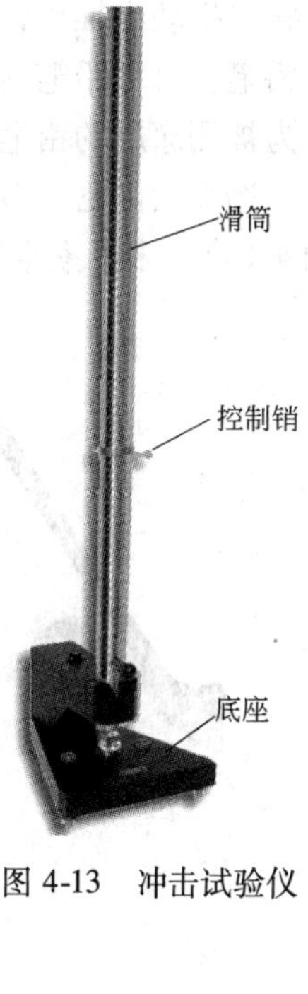

图 4-13　冲击试验仪

验原理是让重锤自由落下冲击试样，使试样变形，并逐步增加重锤落下的高度或质量，涂层的抗快速变形能力为这个高度和重锤质量的乘积，以焦耳（J）表示。卷材涂料的耐冲击性指标一般控制在冲击功不小于9J。

4-31　什么是铅笔硬度试验?

答： 固化膜硬度是评价漆膜质量的关键指标，是考察卷材涂料涂层能否通过加工成型的重要指标。检测固化涂层硬度的方法有摆杆硬度、铅笔硬度、邵氏硬度等。由于铅笔硬度简单易操作，因此在彩涂板行业应用较广泛。

涂层硬度通常与涂料配方组分和固化条件有关。另涂层厚度对固化膜硬度也有较明显影响。涂层较薄时，温度可较均匀地被吸收，固化均匀彻底，膜层总体硬度较高；厚涂层的吸热效果存在梯度效应，固化不均匀，总体硬度相对较低。

彩涂钢板的涂层硬度试验，通常是采用铅笔划痕硬度计来测定，即使用从6H～6B范围内14个标号中已知硬度的笔芯犁破涂层，其中：6H最硬，6B最软。测定时可采用手工铅笔法和仪器铅笔法两种。

A　手工铅笔法

用削笔刀将铅笔削至露出4～6mm柱型笔芯，握住铅笔使其与400号砂纸面垂直，在砂纸上磨划，直至获得端面平整、边缘锐利的笔端为止。然后握住铅笔使其与涂层成45°角，向下和向前施加足够均匀的压力，用力程度以使铅笔边缘破碎或犁破涂层为宜。铅笔推进的行程为6.5mm。试验应从最硬标号的铅笔开始，依次试验每一标号铅笔。每级铅笔划5次，以5次中至少有4次不能犁破涂层的铅笔为止，此铅笔的硬度即为被测涂层的铅笔硬度。

B　仪器铅笔法

按手工铅笔法处理好铅笔后，放入仪器小推车中固定，使铅笔笔尖与试样表面可自由接触。推动小推车，使其在试样上推进的行程为6.5mm。与手工法一样，依次试验每一标号铅笔。每级铅笔划5次，以5次中至少有4次不能犁破涂层的铅笔为止，此铅笔的硬度即为被测涂层的铅笔硬度。

迄今国内已有QHQ型（台式）和QHQ-A型（便携式）等多规格的铅笔硬度计（见图4-14），多厂家生产的铅笔划痕硬度计应市，可用作该项试验的配套仪器。

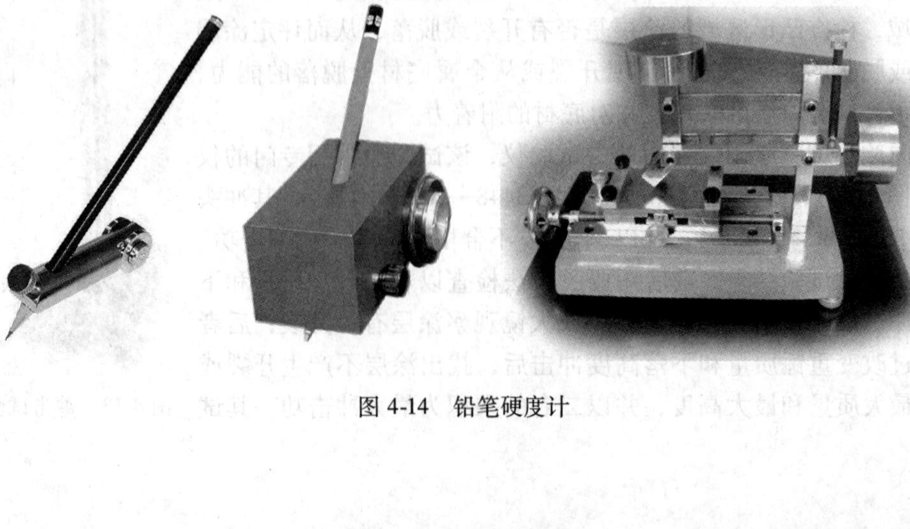

图4-14　铅笔硬度计

4-32　什么是耐磨性试验?

答：采用 Taber 磨耗仪，用标准橡胶砂轮在一定的重力负荷下对试样经规定的磨转次数的磨耗后，以涂层磨耗的质量大小来评定其耐磨性能的试验方式叫耐磨性试验。

试验前，先用分析天平准确测定每块试样的质量，磨耗仪的磨耗轮转速一般为 60r/min，最大为 100r/min。磨耗试验时间为所规定的磨耗转数或直至露出基板为止。磨耗仪开启过程中吸尘装置应不断地吸除试样表面磨出的中碎屑。最后用分析天平再次准确测定经耐磨性试验后试样的质量。结果以经规定的磨耗转数后试样的失重或用刚好露出基板时的磨耗转数来表示。

4-33　什么是耐划伤试验?

答：耐划伤试验主要用于绝缘彩涂板涂层的耐划伤性能评定。试验由划伤仪利用一定重量的钢针以一定负荷在彩涂板涂层表面缓慢移动，若钢针犁破涂层，则钢针与钢板或钢带之间会显示有导电。以一定重量下钢针是否犁破涂层的最大负重来评定彩涂板涂层的耐划伤性能。

耐划伤试验通常以两种方法来界定涂层的耐划伤性能，一种方法是以固定负重下判断其是否通过。另一种方法是逐步增加负重砝码的重量进行重复试验。直到找出未犁破涂层的最大砝码重量。前一种方法以三次试验中至少有两次试验通过为检验结果，后一种方法则以三个不同部位最大砝码负重的算术平均值为检验结果。

4-34　什么是杯突试验?

答：卷材涂料除具备了一般涂料的各种性能外，其涂膜还需经受深冲、挠曲、钻孔、咬合等后加工，因此对柔韧性的要求比传统涂膜要求更高，其代表性的指标有杯突、冲击、T 弯、附着力等。杯突试验是评价色漆、清漆和有关产品的涂层在标准条件下逐渐变形后，其抗开裂或抗与金属底材分离的性能。

图 4-15　杯突试验仪

杯突试验测定仪器为杯突试验仪（图 4-15），试验时杯突试验机将冲头恒速地从试样的背面顶出，冲压至规定的深度，以观察涂层是否开裂或从基板上脱落来评定涂层抗开裂的能力；或将冲头恒速地从试样划格部位的背面顶出，冲压至规定的深度，用透明胶带贴在划格处撕下，通过涂层的脱落面积来评定涂层逐渐变形后的划格附着力。

4-35　什么是划格试验?

答：彩涂钢板的划格试验，主要用于评价试样的初涂层与基板的附着力或多层涂层系统中涂层彼此抗分离的能力。

附着力是评价涂层质量最基本指标之一。目前国内彩涂行业多采用划格法，划格试验通常采用划格试验仪（图 4-16）按国家标准进行，采取十字切割涂层时有如下试验技术要求：刀刃间距分别为：涂层厚度为 0 ~ 50μm 的试样，选用 11 个刃口的划格仪，刀刃间距为 1mm，以平稳的手法划出平行的 11 条切割线；而对于涂层厚度为 50 ~ 125μm 的试样，选用 6 个刃口的划格仪，刀刃间距均为 2mm，以平稳的手法划出平行的 6 条切割线。再与原先的切割线成 90°角垂直交叉划出平行的 11 条或 6 条切割线，形成格子图形，最后用 600 号的黏胶带黏附于涂层上，然后用与试样表面成 60°角方向的力迅速拉下胶带，检验涂层是否剥离基板。

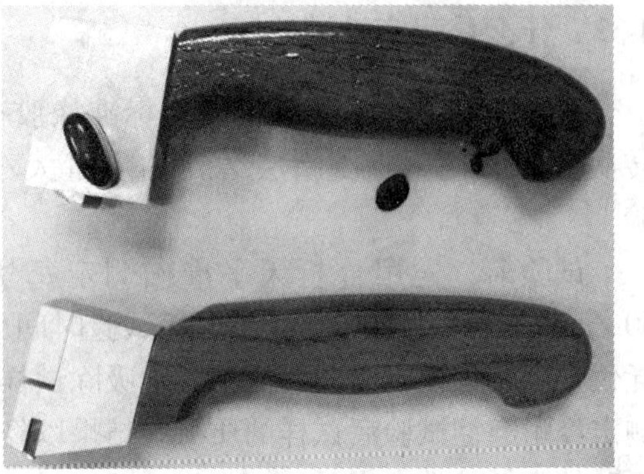

图 4-16　划格仪

涂层附着力主要由涂料配方性质决定，但基板表面的洁净程度也能严重影响涂层附着力，特别是当基板表面有油污、石蜡、硅油等脱模剂、有机硅类助剂时，表面极性很弱，且阻碍涂料与基板表面的直接接触，附着力将严重下降。因此，严格控制基板的脱脂清洗等表面处理，可大大改善附着力。增强表面极性才可以保证涂料的附着力。

影响附着力的因素见表 4-14。

表 4-14　影响附着力的各种因素

固 化 前	固化后	固 化 前	固化后
涂料对基板的润湿性	固化收缩率	涂料与基板的化学作用	固化时间
基板预处理	与基板的化学作用	涂料与基板的物理作用	固化温度
基板的多样性（柔韧、延展等）	与基板的物理作用	基板表面性质（极性、多孔、光滑等）	附着力促进剂

我国彩涂业的划格试验的结果评定，多以涂层被切割并用胶粘带撕离后的表面损坏状态与国家标准 GB/T 13448—2006 中的“试验结果分级”形式进行对比，将试验面按 0、1、2、3、4、5 六个等级作分级表示的。

划格试验器，国内已有多种规格（6 刃、11 刃）产品应市，用户可根据各自试验需要和技术标准要求合理选择、配套使用。

4-36　什么是耐沸水试验？

答：耐沸水试验是将封边后的试样部分浸入沸水中若干小时，取出后检查涂层是否有失光、变色、开裂、起泡、脱落等现象。该试验适用于评定彩涂板涂层的耐水性能。

耐沸水试验过程非常简单，试样在浸水前先测定其光泽和色度坐标值。然后浸入蒸馏水或去离子水的水浴锅中，并加热水至沸腾 1h 即可。最后取出吹干并测定浸水部位的光泽和色度坐标值，计算色差和评定其变色等级。

4-37　什么是耐酸碱试验？

答：将试样在一定浓度的酸碱溶液中浸渍一定的时间，取出后评定色差、光泽的变化及是否有涂层起泡、脱落等现象。耐酸碱试验适用于彩涂板涂层耐酸碱性能的评定。

试验前，先测定试样的光泽和色度坐标值。然后将试样放入 50mL/L 的盐酸溶液或 50g/L 的氢氧化钠溶液中浸泡至规定的时间。最后取出吹干并测定试样的光泽和色度坐标值，计算色差，按照 GB/T 1766 标准对试样进行失光等级、变色等级、起泡等级、脱落等级等评定，平行试样测定结果取最差值为试验结果。

4-38　什么是耐污染试验？

答：通过适当的方法将试样与污染接触一段时间，然后评定色差、光泽的变化及是否有涂层起泡、脱落等现象。耐污染试验主要用于评定供需协商的污染物对彩涂板涂层的影响。常用的污染物有：稀释的矿物酸、醋酸、肥皂溶液、洗涤剂溶液、乙醇、轻质流体和其他挥发性试剂、水果汁、油和脂肪、调味品、饮料、润滑油和润滑脂、鞋油、口红、记号笔等等。试验后可按照 GB/T 1766—1995 标准对试样进行失光等级、变色等级、起泡等级、脱落等级等进行评定。

耐污染试验通常用三种试验方法进行：

（1）点滴试验（加盖）：将污染物滴加在试样表面，并立即用表面皿盖上，试验时间推荐为 24h；

（2）点滴试验（不加盖）：将污染物滴加在试样表面，并暴露于大气中，试验时间推荐为 24h；

（3）浸渍试验：将试样浸渍于污染物中，浸渍时间由供需双方协定。

4-39　什么是耐中性盐雾试验？

答：耐中性盐雾试验是将试样暴露在中性氯化钠气氛中至规定的时间后，以评定其表面起泡、锈蚀等级和腐蚀蔓延距离等。耐中性盐雾试验是目前普遍用来检验涂层耐腐蚀性的方法之一。

彩涂钢板的盐雾试验是通过专用的盐雾试验箱（图 4-17）进行，盐雾试验箱模拟大气自然环境，为试件提供盐雾腐蚀所规定温度范围、盐雾沉降量和试验周期的加速腐蚀环境，检查试样的破坏现象，包括起泡、生锈、附着力下降和由划痕处腐蚀的蔓延等，并按 GB/T 1766—1995 标准规定，以 0、1、2、3、4、5 六个等级评定其破坏程度。该项试验对于盐雾箱的试验条件，要求湿度保持在 35℃ ±2℃；配制的氯化钠溶液浓度为(50 ±5) g/L；pH 值为 6.5 ~7.2；经 24h 周期后计算每个收集器收集的溶液，每 $80cm^2$的面积应为 1.0 ~2.0mL/h。试验后在评定

图 4-17　盐雾试验箱

其起泡等级、生锈等级时，应取平行试样的最差值为试验结果。

4-40 什么是耐干热试验？

答：彩涂板经规定温度和规定时间烘烤老化后，评定其涂层失光、变色、起泡、开裂、T 弯性能的变化和涂层抗脱落性能的变化等。或预先进行 T 弯处理的彩涂板经烘烤老化后，评定其 T 弯处的涂层抗脱落性能和开裂变化的过程叫耐干热试验。

耐干热试验对不同的试验方式有不同的技术要求：

（1）平板试样的加热试验。试验前先测定试样的光泽和色度坐标值。然后将试样放入烘烤炉中加热到规定时间，取出并放 16h 后，按 GB/T 1766—1995 标准评定其失光和变色等级，取平行试样的最差值为试验结果。

（2）经 T 弯处理后试样的加热试验。将试样制备成规定 T 弯值的试验样。像平板试样一样，将试样放入烘烤炉中，试验后取出也按 GB/T 1766—1995 标准评定试样 T 弯处的失光和变色等级，取平行试样的最差值为试验结果。

（3）试样经加热老化后的 T 弯试验。准备不少于 3 件试样，留下一件作试验后的对照样用。其余的与平板试样一样放炉中试验，试验后取出与对照样一起作 T 弯试验，然后评定经加热老化的试样 T 弯值的变化，取平行试样的最差值为试验结果。

4-41 什么是耐湿热试验？

答：耐湿热试验又称潮湿试验，用于评价涂层对高温高湿作用的抵抗能力。耐湿热性试验也属检测涂层耐蚀性的一种方法，因此通常与盐雾试验同时进行。由于耐湿热性试验中最主要的影响因素是温度和湿度，所以在每次试验的全过程中要特别注意对调温调湿箱这两项指标的调控，以免影响试验结果。

耐湿热性试验通常用两种方法进行，一是冷凝湿热法：将试样放置在温度为 (38 ±2)℃，相对湿度不小于 98% 的封闭试验箱中（见图 4-18），利用试验样板和周围蒸汽之间非常细微的温差使样板上形成冷凝水，评定试样涂层的抗水渗透能力。二是非冷凝湿热法：将试样放置在温度为 (40 ±2)℃，相对湿度不小于 95% 的通风试验箱中，评定试样涂层的耐湿热性能。

图 4-18 冷凝湿热法试验箱示意图

对于试样的评定，主要是按 GB/T 1766—1995 标准观察涂层有无起泡、开裂、生锈和脱落的等级，取其平行试样的最差值为试验结果。

4-42 什么是耐二氧化硫湿热试验？

答：耐二氧化硫湿热试验是将试样暴露在含有 SO_2 的湿热气氛中，在规定的试验周期后，测量其色差、光泽，评定其变色、失光、表面或边部腐蚀状况。耐二氧化硫湿热试验适用于彩涂板在二氧化硫（SO_2）湿热气氛中耐腐蚀性能的评定。

试验前应先测定试样的光泽和色度坐标值，然后将试样放入通有二氧化硫（SO_2）气体的试验箱内，开启加热器，将试验箱温度在约1.5h内升至(40±3)℃，当试样在箱内放置了8h之后，箱体排水、排气并通入压缩空气作为一个试验循环的始末，重复以上操作将试验连续至规定的循环周期或规定的损坏程度。

试样取出后应再测定其光泽和色度坐标值和计算色差，按GB/T 1766—1995标准平定试样的失光等级、变色等级、起泡等级、生锈等级等，取平行试样的最差值为试验结果。

4-43　什么是氙灯加速老化试验？

答：彩涂钢板的加速气候试验用于评价试样在模拟复杂自然气候环境作用后涂层的耐候性即耐加速老化能力。太阳光谱中紫外线能量虽然只占太阳总能量的4%，但许多材料正是在紫外线区域遭到破坏，因此采用紫外碳弧、阳光碳弧、氙（气）灯等光源辐射，并通过调节温度、湿度及通氧量，可达到与天然曝晒相似的结果。

GB/T 13448—2006标准规定彩涂钢板的加速气候试验采用氙灯光源的人工加速老化试验机，并推荐可供选择的“连续光照间断喷水”和“交替光照和黑暗、间断喷水”等两种试验方式。试验应参照表4-15提供的四个试验周期进行，有关试验结果的评价，应按GB/T 1766—95标准《色漆和清漆涂层老化的评级方法》评定涂层的褪色或变色、失光、粉化、开裂、起泡、剥落、锈蚀等破坏现象。

表4-15　氙灯四种不同周期的试验方法

序号	方法	试验周期和条件	过滤器类型及波长	辐照强度 /W·(m^2·nm)$^{-1}$	波长/mm
1	连续光照间断喷水	120min为一循环周期；102min光照，黑板温度为(63±3)℃；18min光照加喷水	日光过滤器	0.35	340
		120min为一循环周期；102min光照，35%RH，黑板温度为(63±3)℃；60min光照加喷水	窗玻璃过滤器	1.1	420
2	交替光照和黑暗，间断喷水	120min为一循环周期；60min光照，黑板温度为(63±3)℃；60min黑暗加喷水	日光过滤器	0.35	340
		180min为一循环周期；40min光照，(50±5)%RH，黑板温度为(70±2)℃；20min光照加喷水；60min黑暗和喷水，(95±5)%RH，黑板温度为(38±2)℃	日光过滤器	0.55	340

4-44　什么是紫外灯加速老化试验？

答：试样暴露在紫外光照和（或）凝露气氛中，在规定的试验周期后，测量其光泽、色差，评定其变色、失光、粉化等涂层表面老化的试验叫紫外灯加速老化试验，此试验是用于测试彩涂板耐加速老化的能力。

试验一般是通过专用的紫外灯试验箱进行。试验前和试验后都要测定试样的光泽和色度坐标值，并计算其色差，最后应按GB/T 1766—95标准《色漆和清漆涂层老化的评级方法》评定涂层的变色、失光、粉化的等级。

试验可按 GB/T 13448—2006 提供的紫外灯五种不同周期的试验方法(见表4-16)进行。

表 4-16　紫外灯五种不同周期的试验方法

序 号	操作方法	试验周期和条件	灯光类型	辐照强度 /W·(m²·nm)⁻¹	波长/mm
1	连续光照	紫外光照，黑板温度(60±3)℃	UVA-340	0.44	340
2	交替光照和凝露	12h 为一循环周期；8h 紫外光照，黑板温度为(60±3)℃；4h 冷凝，黑板温度为(50±3)℃	UVA-340	0.77	340
		8h 为一循环周期；4h 紫外光照，黑板温度为(60±3)℃；4h 冷凝，黑板温度为(50±3)℃	UVB-313	0.63	310
3	交替光照和水喷淋(黑暗)和凝露	12h 为一循环周期；8h 紫外光照，黑板温度为(70±3)℃；4h 冷凝，黑板温度为(50±3)℃	UVA-340	0.72	340
		12h 为一循环周期；8h 紫外光照，黑板温度为(60±3)℃；0.25h 水喷淋，3.75h 冷凝，黑板温度为(50±3)℃	UVA-340	1.35	340

关于人工加速老化试验设备，至20世纪60年代末，国内大专院校，科研单位多引进美国、西德、日本各国产品。自70年代始，我国已陆续开发出阳光、紫外、氙灯老化仪。近年随着材料科学发展和计算机测控技术的普及应用，国内一批适用于多项试验方法标准要求，可模拟日光、淋雨、凝露、温度、湿度、风速等六种环境气候、拥有微电脑智能控制的新型换代产品相继研制成功，成为多种高分子材料耐候性试验的理想测试设备。

4-45　什么是大气暴露试验?

答: 彩涂板自然大气老化后评定其涂层失光、失色、粉化、起泡、生锈、开裂等涂层老化性能的试验称大气暴露试验。该试验通常在大气暴露试验场进行，试验场的技术条件在 GB/T 12754 有详细规定。

试样在试验前除了与其他耐候性试验一样要测定其光泽、色度坐标值外，还要评定 T 弯、冲击性能，观察试样表面划叉部位、钻孔部位、铆接部位和折弯的外观性能，并作好原始记录。原始记录应包括基板信息、涂层信息、原始光泽、色度坐标值、T 弯、冲击以及划叉、钻孔、铆接和折弯部位的外观性能和试样开始大气暴露试验的日期等。试验后应按 GB/T 1766—1995 标准评定试样的失光等级、变色等级、粉化等级、起泡等级、生锈等级和开裂等级，取平行试样的最差值为试验结果。

第五章　彩涂板生产线热工系统

5-1　涂层机组的哪些设备有加热功能?

答: 在彩涂线上，与加热有关的设备主要包括：清洗段清洗液的加热装置，一般采用蒸汽进行间接加热。清洗段后热风干燥器，一般采用蒸汽间接加热，也有采用焚烧炉热风换热器产生的热风直接加热的。初涂炉水冷装置后热风干燥器，一般采用蒸汽间接加热，也有采用焚烧炉热风换热器产生的热风直接加热的。精涂炉水冷装置后热风干燥器，一般采用蒸汽间接加热，也有采用焚烧炉热风换热器产生的热风直接加热的。

5-2　工业炉的分类及主要工作特点是怎样的?

答: 工业炉按照用途来分，分为烘干炉、加热炉、热处理炉、熔炼炉等。工业炉按温度高低来分，分为低温炉、中温炉、高温炉等。工业炉按所用能源来分，分为燃料炉、电炉等。燃料炉又分为燃油炉、燃气炉、燃煤炉等，电炉又分为电阻炉、感应炉、远红外炉等。

工业炉与其他设备相比具有如下特点：

（1）首先工业炉为热加工设备，它的温度高、需要供应能源才能工作。

（2）工业炉的工作环境温度较高，应注意高温烫伤。

（3）工业炉的操作一定要按规程进行，燃料炉操作应注意防爆问题，电炉操作应注意触电问题。

（4）工业炉的设计和安装要充分考虑到热胀冷缩的特性，注意各部件的装配关系和安装要求。

（5）提高工业炉的热效率是工业炉设计和操作的核心。

5-3　彩涂机组的化学转化膜的固化炉和涂料固化炉是属于哪一类型的工业炉?

答: 彩涂机组的化学转化膜的固化炉和涂料固化炉均属于低温烘干炉。

5-4　影响涂料固化的因素有哪些？其中哪些与固化炉有关?

答: 在涂层钢板生产线上，涂料的烘干固化是由固化炉来完成的，它是涂层钢板生产线的主要工艺设备之一。影响涂层烘干固化的因素有以下几个：

（1）烘烤温度和烘烤时间。

（2）湿度。

（3）气流速度。

（4）炉内气氛。

（5）基板的种类和表面性质和状。

（6）溶剂特性。

（7）时效变化。其中1、3、4点是与固化炉的加热方式、结构特点等密切相关的。

5-5　彩涂机组的化学转化膜的固化炉和涂料固化炉有哪些种类?

答：化学转化膜的固化炉和涂料固化炉的分类可据彩涂生产线的不同工艺流程，分为立式炉和卧式炉。一般来讲由于化学转化膜固化炉比较短，因此立式和卧式化学转化膜固化炉都比较常见。对热风对流和远红外加热的涂料固化炉来讲，由于要保证一定的固化时间，一般都比较长，所以一般采用卧式布置。对感应加热式涂料固化炉，由于加热时间短，一般采用立式布置，这种布置可以大大缩短生产线的长度。卧式炉根据钢带在炉内的运动状态，又可分为悬垂式和气垫式两种（图5-1），这两种炉型各有优缺点，对气垫式炉，由于钢带靠喷嘴产生的气体浮力，在炉内近似水平状态运行，所以加热效率高（一般为悬垂式炉的2～3倍），温度分布均匀，炉长较短，炉内张力控制要求不严格。但缺点是由于喷嘴气体的出口速度较快，对钢带背面的涂层质量会有一定影响，同时需要消耗较大的循环风机能量（一般为悬垂式炉的2～3倍）。对悬垂式炉，钢带在炉内呈自然悬垂状态运行，这种形式的炉子要求炉内张力控制严格，温度分布和烘干效率比气垫式炉差。但由于钢带不靠下部喷嘴气体产生的浮力支撑，因此炉子长度方向的气流速度可根据涂料的干燥工艺要求调整，不会影响钢带的背面涂层质量。

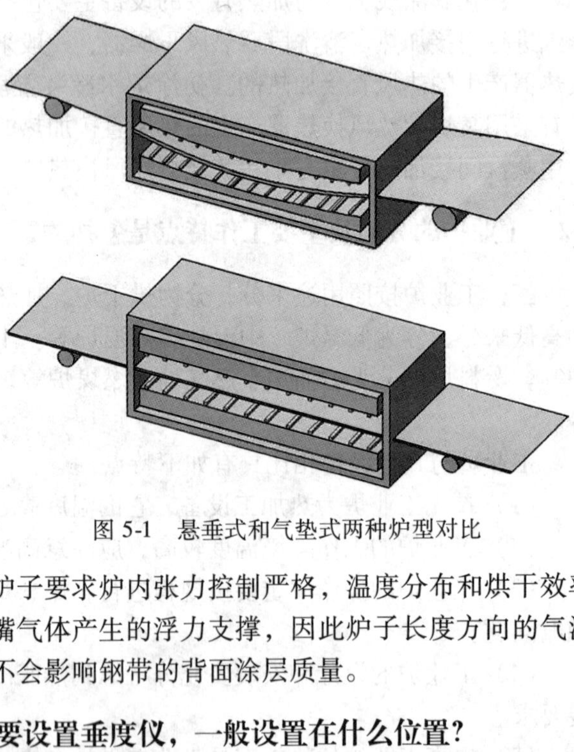

图5-1　悬垂式和气垫式两种炉型对比

5-6　对常规卧式涂料固化炉，为什么要设置垂度仪，一般设置在什么位置?

答：由于钢带在常规卧式涂料固化炉内呈自然悬垂状态运行，为了防止钢带由于太紧或太松，发生与炉内上下气体喷嘴相撞而损坏涂层，一般要设置检测钢带悬垂位置的垂度仪来控制钢带在炉内的垂度。具体控制原理是：根据垂度仪监测到的钢带实际位置与设定位置的差别，控制系统将自动调整炉内钢带的张力，使钢带拉紧或放松，保证钢带最低点的位置控制在±250mm以内，从而避免与上下喷嘴相撞。

垂度仪如果能直接检测钢带最低点的位置变化，则将会使垂度的控制精度大大提高，但是由于钢带最低点的位置位于炉子中部，环境温度很高，不宜安装垂度仪，因此垂度仪一般安装在涂机室与炉子入口之间的过道内钢带下方，这里的环境温度接近常温，垂度仪安装方便。但是由于这里钢带的位移变化范围小（如果炉长40m，钢带最低点的变化范围为±250mm，则该位置的变化范围为±50mm左右），所以控制精度有一些下降，但能够很好地满足生产的需求。

5-7　垂度仪有哪几种形式，钢带质量对垂度仪的正常工作有何影响？

答：垂度仪根据测距原理的不同，一般分为超声波垂度仪和激光垂度仪等几种。无论哪种形式的垂度仪，都要求钢带表面质量要平整，否则垂度仪就会因不能接收到反射信号而无法正常工作。

5-8　固化炉有哪几种加热方式，各自的工作原理和优缺点如何？

答：固化炉的加热方式主要有热风对流加热方式、感应加热方式、远红外加热方式、紫外光加热方式和电子束加热方式等，在彩涂钢板固化加热上主要采用前三种加热方式，这三种加热方式的原理和特点见表5-1。

表5-1　固化炉三种主要加热方式比较

加热系统		热风对流加热系统	感应加热系统	远红外加热系统
工作原理		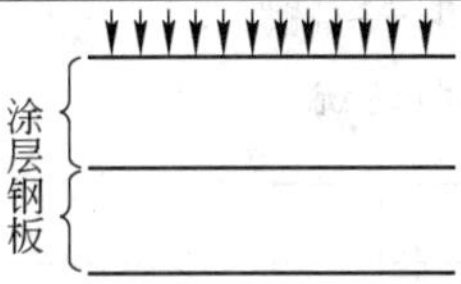 涂层的加热只有热风对流一种方式，加热从涂层外表面开始向内进行，热风气流的最高温度450℃	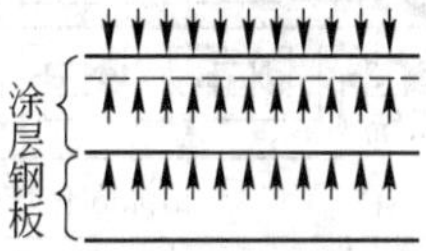 涂层的加热主要靠感应线圈加热钢板后由涂层内表面向外进行，同时为了防止炉内发生涂料粘结现象，还要有暖风的外部加热，暖风气流的最高温度200℃	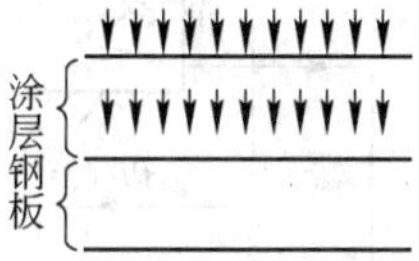 涂层的加热主要靠远红外线辐射由涂层内外同时进行，同时为了防止炉内发生涂料粘结现象，还要有暖风的外部加热，暖风气流的最高温度200℃
典型板温曲线		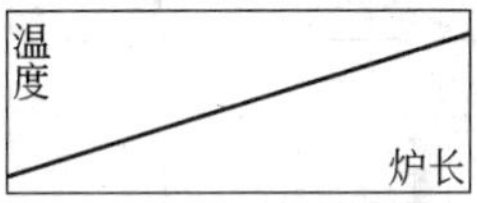	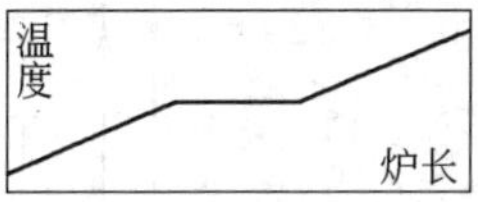	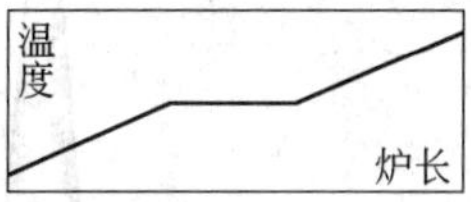
特点	炉子尺寸	炉子长、占地大	炉子短、占地小	炉长较大
	炉子惯性	热惯性大、升降温慢	热惯性小、升降温快	热惯性较大
	操作性	炉子内墙由不锈钢制作，截面积大穿带容易，定期作卫生方便	炉子内墙为感应线圈，截面积小穿带困难，不便定期作卫生	炉子内墙由不锈钢制作，截面积较小穿带不容易，定期作卫生方便
	炉内压力和安全性	负压操作，炉子通过补风和排气的平衡有效控制废气浓度，安全性高	正压操作，炉子通过控制炉内 O_2 含量实现安全操作，因炉口密封困难，操作安全性不高	负压操作，由于炉内有明火存在，防火防爆困难，操作安全性不高
	加热速度	慢	快	较快
	炉温均匀性	良好	一般	较好
	板温精度	良好	一般	较好
	板温响应性	低，炉温控制精度要求低	高，炉温控制精度要求高	较高，炉温控制精度要求较高

续表 5-1

加热系统	热风对流加热系统	感应加热系统	远红外加热系统
设备投资	1.0（基数）	6.0	1.2
运行成本	1.0（基数）	1.7	1.8
综合评价	很好	好	不好

通过上表不难发现，热风对流加热方式的综合性能最好，这正是现在大型涂层钢板生产线大多采用热风对流加热方式的原因所在。

5-9　热风加热固化炉主要由哪几部分组成?

答：热风加热固化炉主要由炉体、供热系统、热风循环系统、补风排气系统、废气焚烧系统和电气仪表控制系统等几部分组成（图 5-2）。

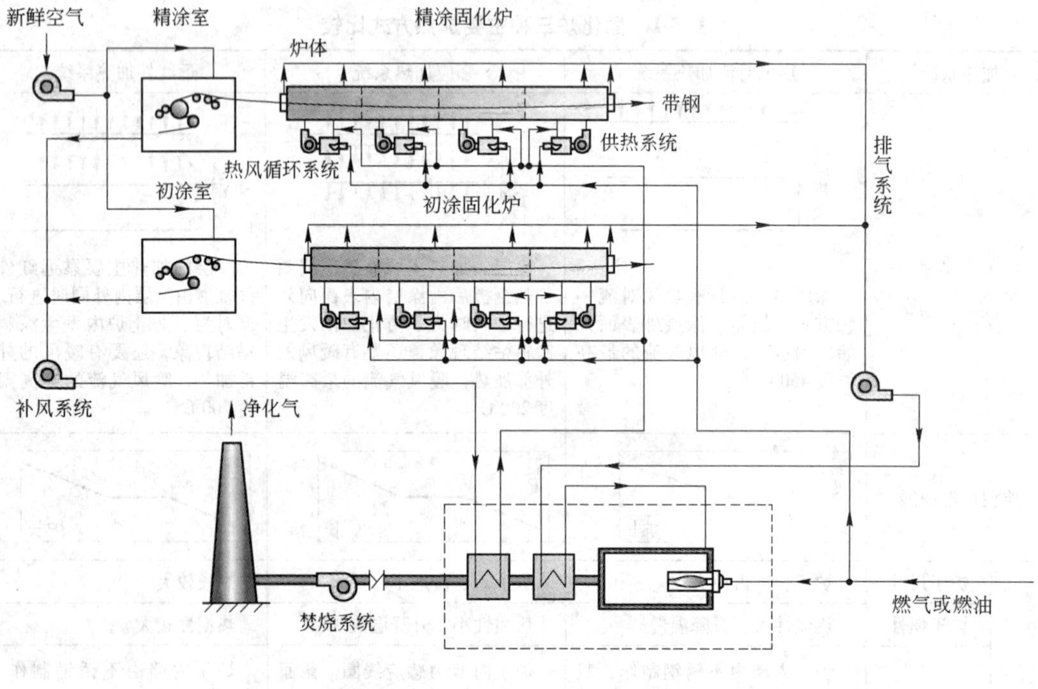

图 5-2　直接加热式彩涂机组对流加热式炉区系统图

炉体一般由型钢和钢板焊接而成，在内外墙板之间填装保温材料，是实现钢带加热、减少热损失的场所。按照炉体现场安装方式不同，分为现场制作的整体式炉体、积木式现场拼插炉体和分段整体预制现场对接炉体，前两种炉体存在现场工作量大，施工时间长等缺点，后一种只需现场用膨胀节将炉子各段对焊即可，因此现场工作量大大减小。无论哪一种炉体，都要根据加热工艺要求分为 2 ~ 6 个加热区，每个加热区内均设有用于加热钢带的上下喷嘴，喷嘴的安装位置要按照钢带的悬垂状态变化。炉子各区的内墙板和构件全部采用耐热钢制作，各区设有检修用的炉门。按照各区溶剂蒸发量的大小，设有不同大小和数量的补风口、排气口和防爆口。

供热系统一般由烧嘴、助燃风管道和燃料管道等组成。该系统的作用提供钢带加热所需的能量。对直接加热式固化炉，供热系统一般布置在各区的循环风管道上；对间接加热式固化炉，供热系统一般布置在废气焚烧炉上，与焚烧炉共用一个供热点。在实际应用中，供热系统一般采用燃烧机实现，它将烧嘴、助燃风管道和燃料管道有机地组织在一起，形成一种技术含量较高的机电一体化产品。

热风循环系统由循环风道、循环风机和分流箱组成。热风循环系统的主要作用是提高炉内热气流的循环倍率（10倍以上），提高钢带的加热效率和温度均匀性。

补风排气系统由补新风风机、新风管道及排废气风机和排废气管道组成。该系统的作用是补入新鲜空气，将产生的溶剂蒸汽稀释到爆炸下限的25%以下，确保安全生产。同时起到平衡炉内压力和将产生的溶剂排到焚烧系统焚烧，实现无公害排放的作用。

废气焚烧系统由焚烧炉、热回收装置、排烟风机和烟囱组成。主要作用是完成废气焚烧，实现无公害排放。同时将产生的热能资源加以回收利用，提高系统的热利用率。

电气仪表控制系统（图中未显示）包括电气系统和仪表控制系统两部分，电气系统主要用于各种风机的启停控制，仪表控制系统主要用于炉温、炉压、流量等主要工艺参数的测量、显示和自动控制。

5-10　什么是直接加热式固化炉，什么是间接加热式固化炉，两者的优缺点和使用场所？

答：循环气流的加热方式可以是直接加热或间接加热。所谓直接加热方式就是燃料在循环风道内明火燃烧，属于明火加热，产生的高温烟气与循环气流混合，在循环风机作用下进入炉内的喷流箱中，通过喷嘴固化带钢表面的涂层（图5-3）。直接燃烧方式的优点是炉子升温时间快，控温精度高。直接燃烧方式的缺点一是系统的能耗高，二是燃料燃烧产物会进入炉内，当发生不完全燃烧时产生的不完全燃烧产物会污染炉内气氛，直接影响彩涂板的表面质量。因此，采用直接加热方式要求使用石油液化气或天然气等洁净燃料，避免产生不完全燃烧而影响彩涂板的表面质量。

间接加热方式与直接加热方式的主要区别是燃料燃烧产物不进入循环气流，循环气流的加热通过换热器实现（图5-4）。间接加热方式的优点：燃料燃烧产物不进入炉内，炉气干净清洁，有利于对涂层表面质量的保证，同时由于余热利用完全，系统能耗低。间接加热方式的缺点：炉子升温时间慢，控温精度低。当使用各种煤气或轻柴油为燃料或者生

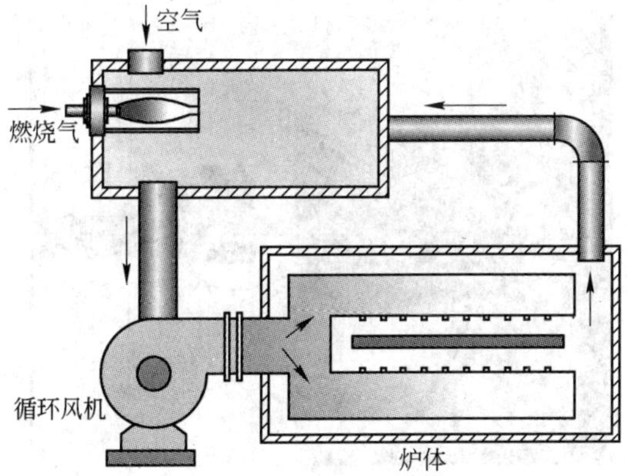

图5-3　直接加热式固化炉

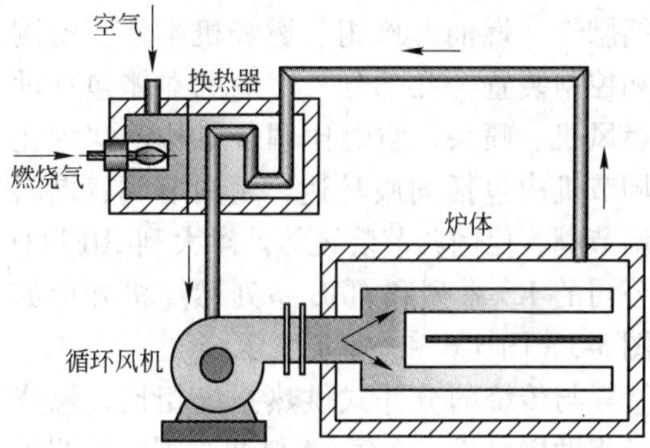

图5-4　间接加热式固化炉

产高档家电板时，循环气流的加热必须采用间接加热方式。

表 5-2 是 FATA HUNTER 公司得到的直接加热系统和间接加热系统能耗消耗比较表，由该表可见，间接加热系统的能耗消耗是直接加热系统的 60%，节能显著。

表 5-2 直接加热系统和间接加热系统能耗消耗比较

项目	直接加热（无废气焚烧设备）			直接加热（有废气焚烧设备）			间接加热（有废气焚烧设备）		
溶剂负荷 /加仑 · h^{-1}	180	130	0	180	130	0	180	130	0
LEL/%	22.9	16.5	0	22.9	16.5	0	22.9	16.5	0
钢带有效热	4.84	4.84	0	4.84	4.84	0	4.84	4.84	0
炉墙散热	1.5	1.5	1.5	1.5	1.5	1.5	1.5	1.5	1.5
区段烧嘴 /10^6 BTU · h^{-1}	29.68	29.53	23.75	29.68	29.53	23.75	0	0	0
溶剂燃烧热	—	—	—	17.64	12.74	0	17.64	12.74	0
焚烧炉烧嘴 /10^6 BTU · h^{-1}	—	—	—	0.5	0.5	20.5	12.71	18.01	31.81
总燃耗 /10^6 BTU · h^{-1}	29.68	29.53	23.75	30.18	30.03	44.25	12.71	18.01	31.81
运行时间	30	50	20	30	50	20	30	50	20
平均燃耗 /10^6 BTU · h^{-1}	28.42			32.92			19.18		
燃料价格 /$5 · ($10^6$BTU)$^{-1}$	142.1			165.6			95.9		

5-11 主要有哪几种品牌的燃烧机，燃烧机主要由哪几部分组成，燃烧机的特点是什么？

答：目前，在彩涂机组上应用的燃烧机主要有美国的 MAXON 公司产品、德国 KROM 公司产品、意大利的 ECOFLAM 公司和 RIELLO 公司产品、日本的中外炉公司产品和国产百得燃烧机等。

无论哪家公司的产品，燃烧机主要包括燃气（燃油）阀组、燃烧机本体、检测和控制装置等几部分。燃烧机本体包括助燃风机、喷头、空燃比调节机构，空燃比调节机构包括伺服马达、风调节阀、燃料调节阀、比例调节装置等。意大利 RIELLO 公司的 RS 系列和 GAS 系列燃烧机外形如图 5-5、图 5-6 和图 5-7 所示。

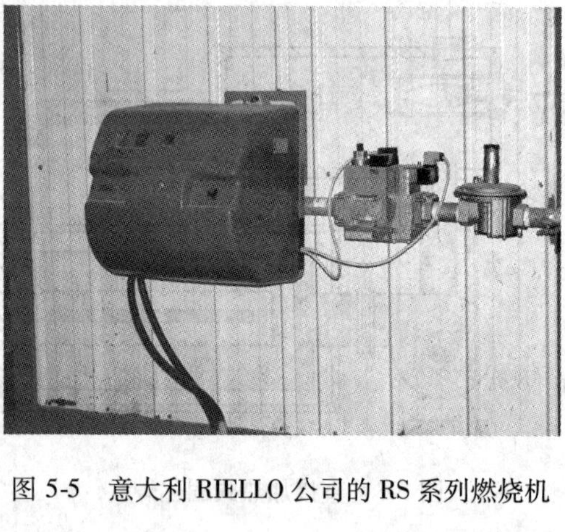

图 5-5 意大利 RIELLO 公司的 RS 系列燃烧机

与传统的分体式供热系统相比，燃烧机将助燃风机、空气/燃料调节阀、检测和控制装置有机地结合成一体。具有体积小、

图 5-6　意大利 RIELLO 公司的 GAS 系列燃烧

图 5-7　意大利 RIELLO 公司的 GAS 系列燃烧机煤气阀组

自动化控制水平高和安装使用方便等特点，是一种典型的机电一体化产品。

5-12　燃烧机有几种工作模式，各自的优缺点如何？

答：燃烧机主要有两种工作模式，一种是“两段火”工作模式，如图 5-8 所示，它通过使燃烧机自动在大小火之间转换来适应负荷要求的变化。这种工作模式的优点是价格便宜、控制简单。缺点是控制精度低。

另一种工作模式是“比例调节”工作模式，如图 5-9 所示，它通过配置一种特殊的调节器和探针，可自动使燃烧机的输出功率随负荷要求的变化连续调节。这种工作模式的优点是控制精度高。缺点是价格高、控制复杂。

以上两种工作模式在实际生产中都有采用，这里建议在固化炉上燃烧机采用“比例调节”工作模式，以确保炉温的控制精度和产品质量。

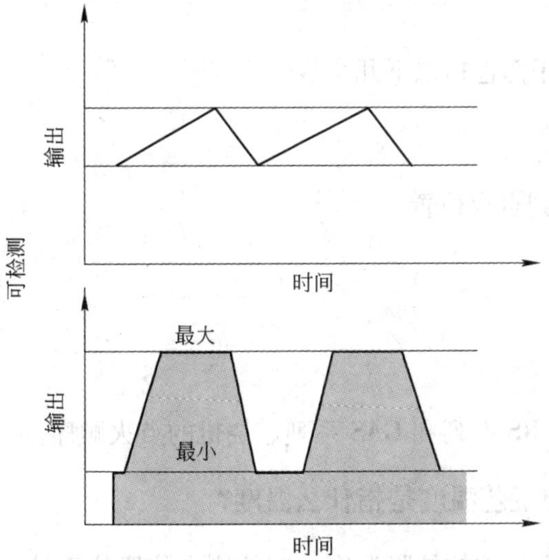

图 5-8　“平滑两段火”运行模式

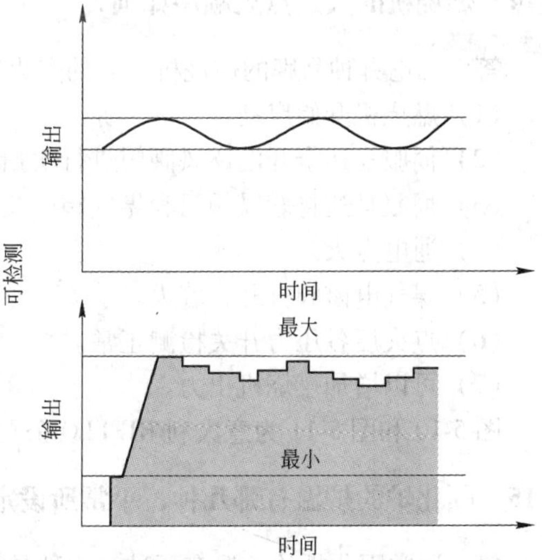

图 5-9　“比例调节”运行模式

5-13　燃烧机的日常维护应注意哪些方面?

答: 燃烧机是一种自动化程度很高的机电一体化产品，它的日常维护和操作应严格按照使用维护说明书进行，并应指派一名经过培训的人员专门维护。一般来讲以下几方面是燃烧机日常维护的核心。

(1) 燃气阀组上减压阀的调节。在供气主管路上，燃气压力一定不能超过调节阀允许的最大进气压力，每个调压阀都可配几个不同颜色的弹簧，代表不同的出口压力调节范围，选择适合燃烧机工作压力要求的弹簧是非常重要的，它是确保燃烧机正常工作的关键。

(2) 点火流量、小火流量和大火流量的设定。在燃烧机的控制盘上可以设定燃烧机的点火煤气流量、小火煤气流量和大火煤气流量，当燃烧机点火不正常时，可以通过改变点火流量来使点火得到改善。当炉子升温速度慢时，可通过调大大火流量来加快炉子升温。当炉温在保温时控制不住温度时，可通过调小小火流量是炉温得到控制。

(3) 空燃比的调整。通过调节空气调节阀和煤气调节阀间连杆的安装孔位置，可以改变总的空燃比。通过调节伺服马达轴的空燃比调整凸轮上的调节螺栓，可以改变从小火到大火变化过程中不同燃烧出力时的瞬时空燃比。

(4) 各种压力开关的设置。在燃烧机上设有煤气低压、高压压力开关，当煤气压力过高或过低时，燃烧机不能正常工作，控制盘不允许燃烧机工作。设有助燃风压力开关，当炉膛压力正压太大或负压太大时，燃烧机也不能正常工作，控制盘也不允许燃烧机工作。日常工作时应根据煤气的实际供应情况和炉膛的压力情况，在允许范围内调整上述压力开关，保证燃烧机正常工作。

(5) 要能够正确拆装燃烧机的喷头，定期清洗喷头上的积炭，否则燃烧机会因积炭而无法正常工作。

(6) 平时应注意燃烧机工作环境的清洁。

5-14　燃烧机的大致点火顺序如何?

答: 无论哪种品牌的燃烧机，它的点火顺序都包括以下几个步骤:

(1) 燃烧机开始启动。

(2) 伺服马达全开助燃风阀门进行吹扫。

(3) 伺服马达将燃风阀门和煤气阀门关小到点火位置。

(4) 通电点火。

(5) 煤气电磁阀打开，着火。

(6) 点火后各压力开关检测正常。

(7) 可以增加燃烧机出力。

图 5-10 和图 5-11 为意大利 RIELLO 公司的 RS 系列和 GAS 系列燃烧机的点火顺序。

5-15　固化炉的炉温有哪几种，平常所设定的工艺温度是指什么温度?

答: 通常固化炉的炉温有两种，一种是指固化炉的炉膛温度，它的测点位置位于炉壁侧墙上。测的温度是热气流与钢带进行热交换后的温度，它一般可以认为是循环风系统的

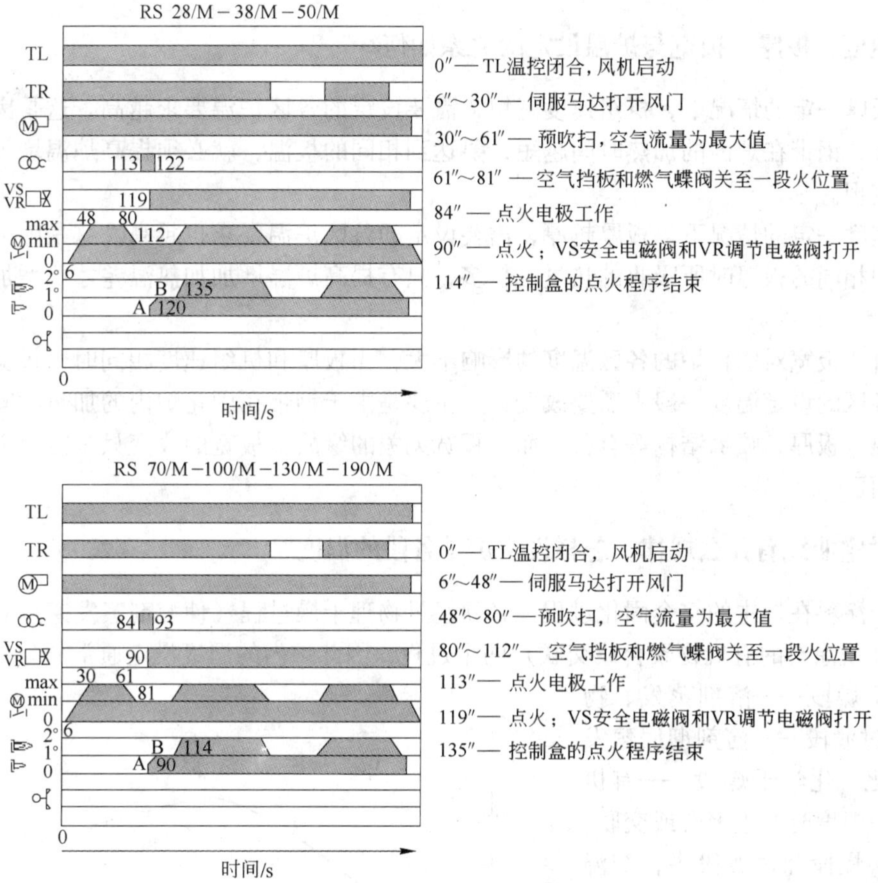

图 5-10　意大利 RIELLO 公司的 RS 系列燃烧机的点火顺序

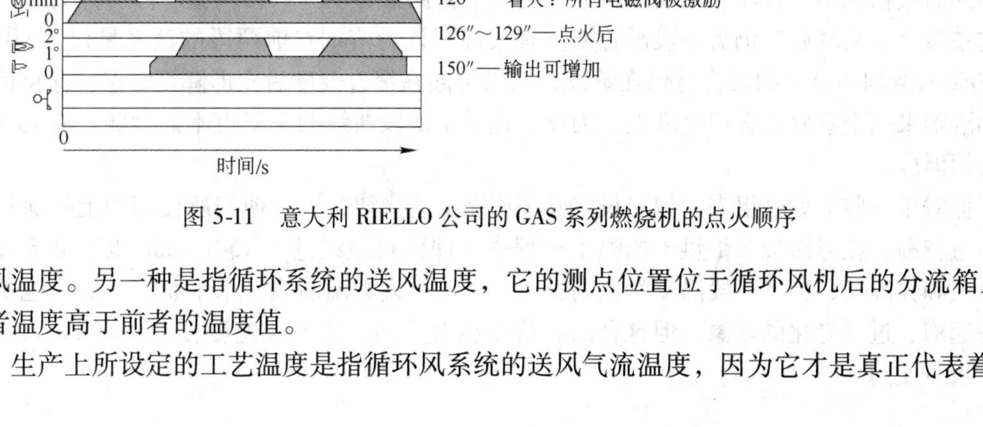

图 5-11　意大利 RIELLO 公司的 GAS 系列燃烧机的点火顺序

回风温度。另一种是指循环系统的送风温度，它的测点位置位于循环风机后的分流箱上。后者温度高于前者的温度值。

生产上所设定的工艺温度是指循环风系统的送风气流温度，因为它才是真正代表着用于加热钢带的气流温度，也是各个加热区自动控制的温度。

5-16 机组速度、板厚、板宽与炉温设定的关系如何？

答： 在板厚一定的情况下，机组速度越快，需要设定的各区炉温要求越高。这是因为机组速度越快，钢带在炉内的加热时间越短，要达到相同的板温，就必须提高炉温增加加热温差才能实现。

在机组速度一定的情况下，板厚越厚，需要设定的各区炉温要求也越高。这是因为板厚越厚，达到相同的板温时所吸收的热量也越多，只有提高炉温增加加热温差才能增加钢带的吸热量。

一般来讲，板宽对固化炉的各区温度的影响不大，当板厚和机组速度相同时，板宽改变，固化炉各区的设定温度一般不需要改变，这主要是由于钢带在固化炉内的加热时间只与炉长、炉温、板厚、喷嘴结构等有关，而与板宽无关的缘故，板宽的改变只是需要消耗更多的热量而已。

5-17 炉温设定曲线有什么规律，怎样设定炉子各段的温度？

答： 由于涂料在炉中的整个固化过程，必须经过物理干燥过程（使溶剂蒸发掉）和化学干燥过程（使涂料的有机物聚合或交联）两个过程，因此炉内的温度设定通常分为三个区段：物理干燥段——溶剂蒸发、物理-化学干燥过渡段——溶剂彻底蒸发和有机物固化、化学干燥段——有机物在达到某一温度时产生聚合或交联。

在物理干燥段和过渡段中，炉温应呈缓慢上升趋势（图 5-12），让溶剂有充分时间蒸发，以便与涂料的固体分分离，如果此段的温度曲线太陡，涂层表面的固体分提前进入干燥或聚合期，溶剂液泡因无法脱离而在内层沸腾并破裂，干燥后的涂层表面会出现手感粗糙的麻点，影响了表面质量。

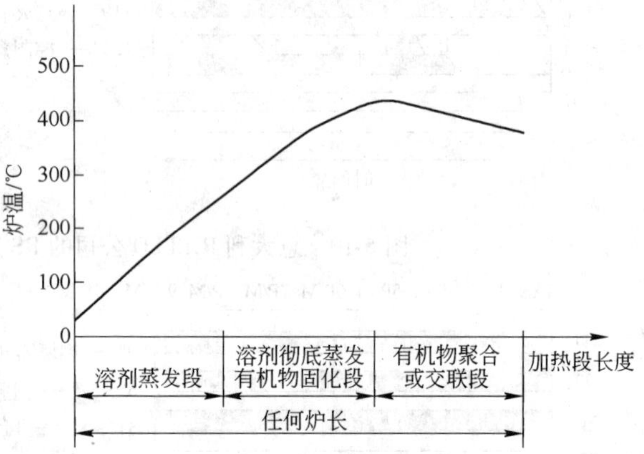

图 5-12 炉温曲线原理图

炉温的曲线在化学干燥段应先按涂料聚合温度平稳向上移动、后再微微下降。因为涂料有机物在聚合或交联后，仍需一段硬化期。有人甚至认为溶剂在前两段的蒸发量仅为 90%，有 10% 的溶剂在有机物聚合后仍在蒸发，如果炉温在聚合温度后立即降至常温，涂层因质软和溶剂未完全蒸发也会产生麻点，因此，化学干燥段曲线的下降也不能太陡，有人称此段为保温段。

但对于一些大型机组来说炉温设定并不遵循上述规律，因为他们所使用的上机涂料通常质量较高，在彩涂板入炉烘干的整个过程中，即使机组线速在 150m/min 也不需要设置预热段和保温段，炉子各段温度都在高温区，也就是说炉温曲线呈水平状态，涂层也不会出现起泡、过热老化的现象。但这种涂料价格相对较高，生产线速度在 100m/min 以下的机组很少使用。

温度控制没有一个标准的曲线参考值。在生产过程中，温度曲线的设定应根据涂料的品种、溶剂的蒸发温度、涂层的厚度，还有炉子的长度和炉子的加热段数来综合制定，并通过实验和实际生产中的调整，不断总结，最后让温度曲线的分布趋向合理。图 5-13 是一组基材厚度为 0.5mm、炉内循环热空气温度为 120～400℃、各加热区的热空气循环量约为 50000～70000m^3/h 之间、涂料固化时间为 30s、涂层的湿膜厚度为 40～45μm 时所对应的几种炉长的温度设置推荐图，生产时可以在测量板温的基础上，根据热空气与板温的实际温差、生产线速度和该图等进行炉温值的设定，并按机组的实际情况加以调整。

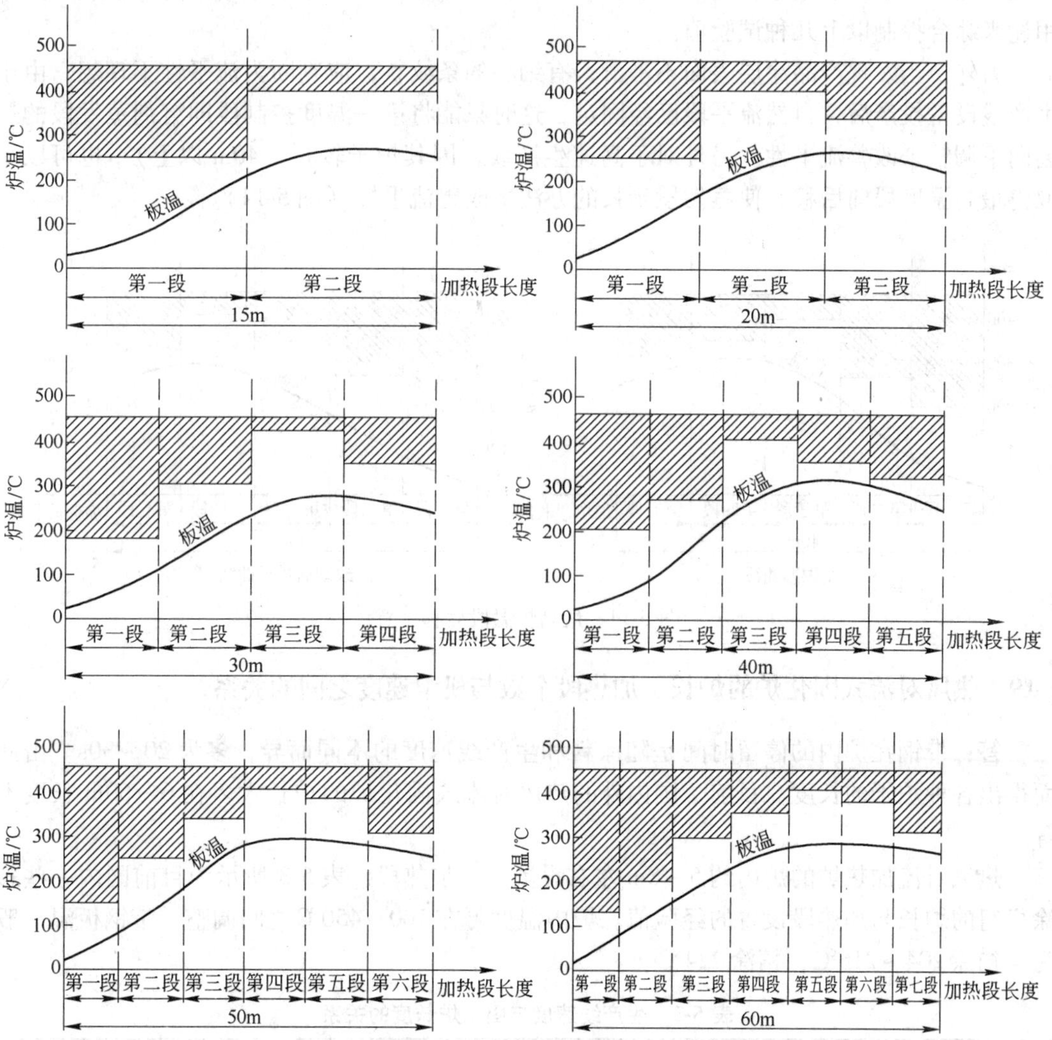

图 5-13　炉温、炉长和加热段数的关系

5-18　炉温对产品的质量有什么影响，如何调整炉温来改变产品的质量？

答：炉温设定值过高时，彩色涂层钢板出炉后颜色会显得深暗甚至发黑；炉温设定值过低，生产线在出口段的带钢与辊子则产生粘连的现象，即涂层未能彻底固化。而这些情况都是在炉温的实际值与涂层固化的理想值相差很大才发生，如果两者差值不太大的时候，一般人是无法通过涂层的外观来判断炉温是否理想。为了解决这个问题，一般彩涂线在出口段应设有检测台，用耐溶剂试擦的方式对彩色涂层钢板进行在线检查，以便调整炉温的固化值。

用耐溶剂试擦方式检查炉子的固化程度，可以将试擦100次时涂层是否有脱落现象为基准，少于100次就产生脱落现象，证明炉温偏低，可整体往上调。如果超过100次，则说明涂层固化效果好，但太干时（130次以上），因涂层易产生脆裂而影响T弯试验值，炉温偏低时又会影响铅笔硬度试验值。因此，在实际生产中，应根据用户的要求或产品的用途来综合控制以上几种试验值。

另外，当发现产品涂层表面不平滑，有细小的条纹状，应判断为流平性不理想。由于生产线设备投产后，自然流平段已经固定，这时只能将第一温度控制段即溶剂蒸发段的炉温向下调整来改善流平性。另外对于高速生产线，因其炉子较长（40m以上），也可以采取将最高温度段向后移，使蒸发段延长的办法来改善流平性（图5-14）。

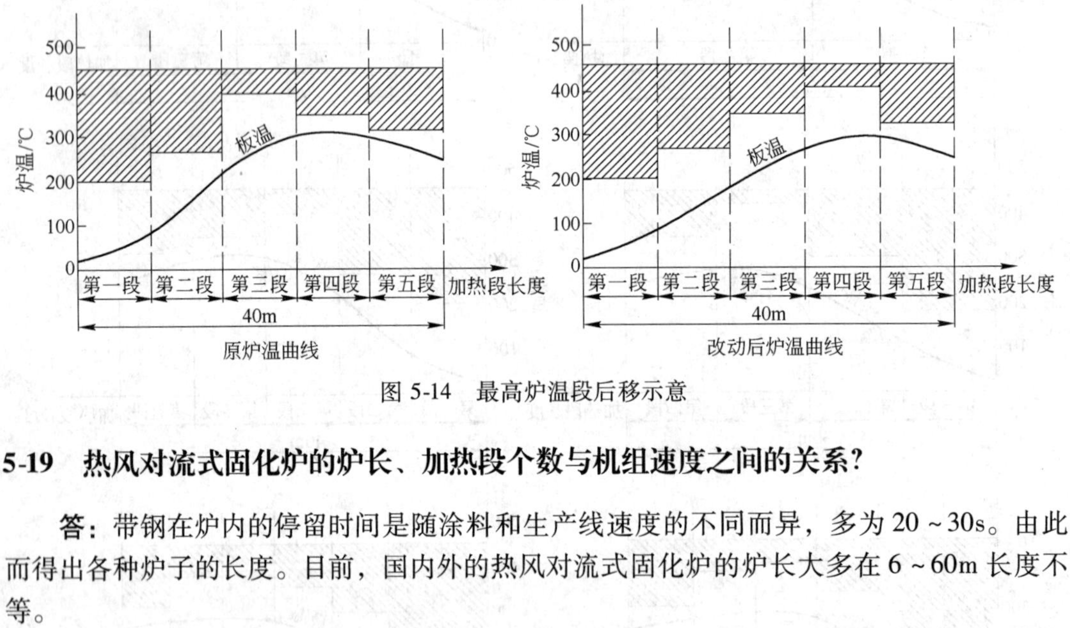

图5-14　最高炉温段后移示意

5-19　热风对流式固化炉的炉长、加热段个数与机组速度之间的关系？

答：带钢在炉内的停留时间是随涂料和生产线速度的不同而异，多为20～30s。由此而得出各种炉子的长度。目前，国内外的热风对流式固化炉的炉长大多在6～60m长度不等。

热风对流加热炉的炉内约5～8m左右设置一个加热段，表5-3所示为目前国内一些彩涂机组的炉长与加热段设置的经验值。炉内温度可在100～450℃之间调整，带钢板温一般为：初涂204～216℃；精涂224℃。

表5-3　生产线速度与固化炉长度的关系

序　号	生产线速度/m · min⁻¹	固化炉长度/m	加热段/个
1	30	15～20	2或3
2	45	20～25	3
3	60	30	4
4	80	40	4或5
5	100	50	5或6
6	120	60	6或7

5-20　何为固化炉的空炉升温时间，空炉升温时间与哪些因素有关？

答：所谓空炉升温时间是指在钢带不运行的情况下，固化炉从室温加热到工艺设定温度所需时间。

空炉升温时间受很多因素影响，大致包括以下主要因素：

（1）炉子设定的炉温高低。炉温设定越高，空炉升温时间越长，并且越接近设定温度，炉子的升温速度越慢。

（2）炉子的保温性能。炉子的保温性能越好，空炉升温时间越短，反之则越长。

（3）炉子供热能力。炉子的供热能力越大，空炉升温时间越短，反之则越长。

（4）炉子的排气量和补新风量大小。炉子的排气量和补新风量越大，空炉升温时间越长。固化炉在升温阶段，当进行了洗炉操作后，由于没有溶剂产生，不存在爆炸危险，所以在保证焚烧炉换热器不被烧坏的前提下，可以适当减小固化炉的补新风量和排废气量，以减小炉子的热负荷，达到缩短空炉升温时间的目的。

（5）与炉子的加热方式有关。对直接加热固化炉，由于各区有自己的加热系统，所以空炉升温时间短，一般在1~2h以内。对间接加热式固化炉，由于各区的炉温是由焚烧炉产生的热风加热的，而热风温度的提高需要一定时间，所以空炉升温时间较长，一般为2~4h左右。

5-21　怎样理解固化炉的炉压，影响炉压的因素有哪些？

答：所谓固化炉的炉压是指固化炉沿炉长方向的平均压力分布状态，实际由于炉内各种排风口和补风口的设置，炉压在炉子横断面上的分布是差别很大的，靠近排风口的区域局部负压大，靠近补风口的区域负压小，甚至为局部正压。固化炉的结构越合理，炉压和温度分布越均匀，加热效果越好。

固化炉的炉压是流体力学、传热学以及传质学的综合作用结果，影响因素主要包括以下几个方面：

（1）固化炉排气量和补风量的大小，排气量越大炉子负压越大，补风量越大炉子负压越小。

（2）排气补风口的设置位置和数量。一般来讲，排气口沿炉长均匀分布，靠近固化炉进出口的位置，适当增加排气口的大小和数量，以形成炉口局部负压防止炉气外逸。补风口一般不设在固化炉炉墙上，而设在循环风机的入口前的循环风道上，这样不仅不会造成炉压局部压力升高，同时也不会因为补风温度低而影响炉内温度的均匀性。

（3）循环风机回风口的位置。对固化炉进出口加热区而言，将循环风机回风口的位置靠近固化炉进出口，有利于炉子进出口局部负压的加大，有效克服炉气外逸。

5-22　合理的炉压分布应该是怎样的，固化炉的炉压应该如何调整，怎样用简单的方法测定固化炉炉压的合理性？

答：对固化炉而言，合理的炉压分布应该如图5-15所示，在固化炉的进出口形成局部大的负压，防止炉气外逸，造成操作环境污染。而炉子中间部分应该为微负压，且沿炉长保持一致，这样可以避免炉子各加热区间炉气相串，影响炉温控制精度。

炉压的调整方法与影响因素是相对应的，主要包括：

（1）增加排气量或减小补风量可以加大固化炉的整体负压水平，减小排气量或增加补风量可以减小固化炉的整体负压水平。固化炉排气量和补风量的大小是决定炉压水平的根本因素。

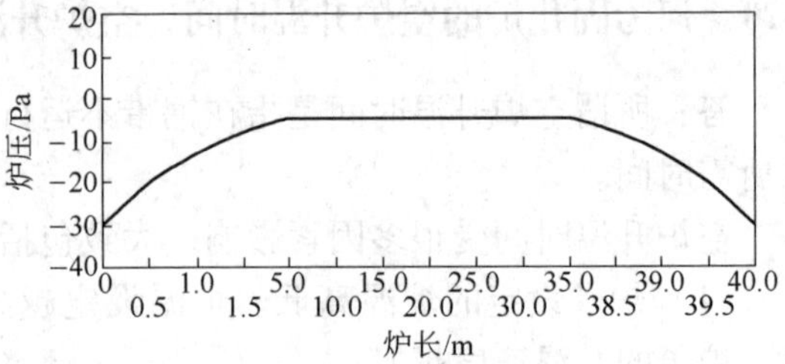

图 5-15　合理的炉压分布图

（2）改变排气口的位置和数量可以使固化炉的炉压分布更趋合理。图 5-15 所示的合理炉压分布是在排气口沿炉长均匀布置，同时进出口、排气口适当增加的前提下形成的。如果排气口集中在炉子的中间，则炉子的压力分布如图 5-16 所示。如果排气口集中在进出口，则炉子的压力分布如图 5-17 所示。这两种炉压分布都不合理，前者炉口局部负压不够，造成炉气外逸，同时还会造成进出口加热区的炉气向中间加热区移动，影响控温精度。后者炉口局部负压太大，造成炉口吸冷风太多，热效率降低，同时炉子中间加热区的炉气向进出口窜动，也会影响控温精度。

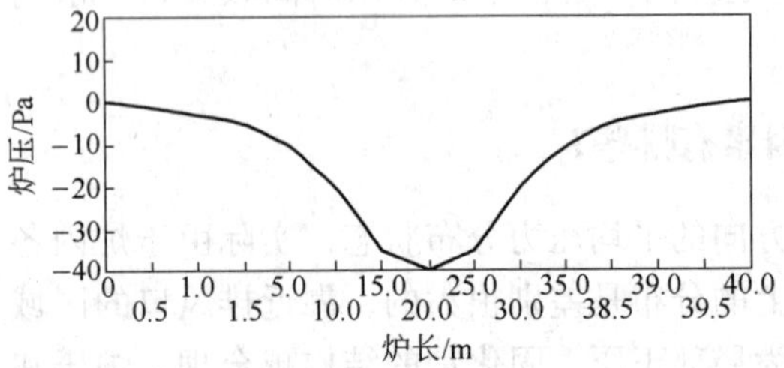

图 5-16　不合理的炉压分布图（一）

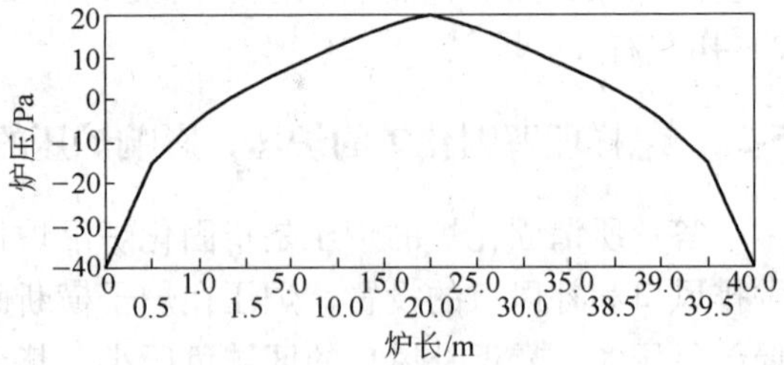

图 5-17　不合理的炉压分布图（二）

（3）将炉子第一加热区和最后加热区的循环风机进风口位置靠近炉子进出口，有助于进出口局部负压的加大，可以有效地防止炉气外逸。

在生产实践中，可以采用以下简单方法判断炉压是否合理：用一张薄纸片在炉子进出口的四周移动，如果薄纸片向炉内轻轻飘动，则说明炉压为微负压，合适。如果薄纸片向炉外轻轻飘动，则说明炉压为微正压，不合适。这里要注意由于气体的热膨胀作用，炉子在热态和冷态时的炉压是不同的，并且差别很大，也就是说在冷态为负压的炉子，等炉温升高后炉子可能为正压。这就要求在冷态调试时，炉子的负压要有一定的富裕。

5-23　固化炉炉压对车间的生产环境有什么影响?

答：如果固化炉炉压为正压，就会造成炉气从炉门、固化炉进出口等开孔处逸到车间，而固化炉的炉气中含有涂料溶剂产生的有毒蒸气，会对生产操作工人的身心健康造成威胁，因此固化炉一定要负压操作，严禁炉气外逸现象发生。

5-24　固化炉的炉气进入辊涂室有什么害处，应怎样防止?

答：由于从烘干固化炉出来的炉气温度比较高，一般在 100℃以上，当进入辊涂室后将使室温升高，加快了涂料的蒸发，影响彩涂板的质量。同时使辊涂室内涂料溶剂含量升高，可能会引起爆炸危险。另外，辊涂室内涂料溶剂含量升高还恶化了操作工人的工作环境，给操作工人的身心健康带来严重威胁。

防止烘干固化炉炉气进入辊涂室的最根本的办法是改善烘干固化炉的操作，使烘干固化炉负压操作，从根本上杜绝炉气从烘干固化炉逸出。如果无法从根本上解决烘干固化炉炉气外逸，以下方法可作为辅助方法加以采用：缩小烘干固化炉炉口尺寸；缩小辊涂室带钢出口尺寸；在辊涂室和烘干固化炉间的过道设置排气口和排气风机，将烘干固化炉外溢的炉气直接抽到焚烧炉焚烧，避免进入辊涂室；调整辊涂室内送风和排气管道的位置和风量，使辊涂室带钢出口处形成局部正压，阻止烘干固化炉外逸的炉气进入辊涂室。

5-25　为什么彩涂固化炉会有发生着火爆炸的危险，如何防止？

答：当钢带完成涂料涂敷后进入固化炉烘干固化，此时存在于涂膜中的大部分有机溶剂将会逐渐挥发。在炉温 150～450℃的环境下，涂料中的溶剂挥发物与空气混合时，有可能发生着火和爆炸，这是极其危险的。

溶剂挥发物与空气混合发生爆炸的条件如图 5-18 所示，图中斜线区域为发生爆炸的区域。根据爆炸发生的条件，防止着火和爆炸发生的措施主要有以下两种：

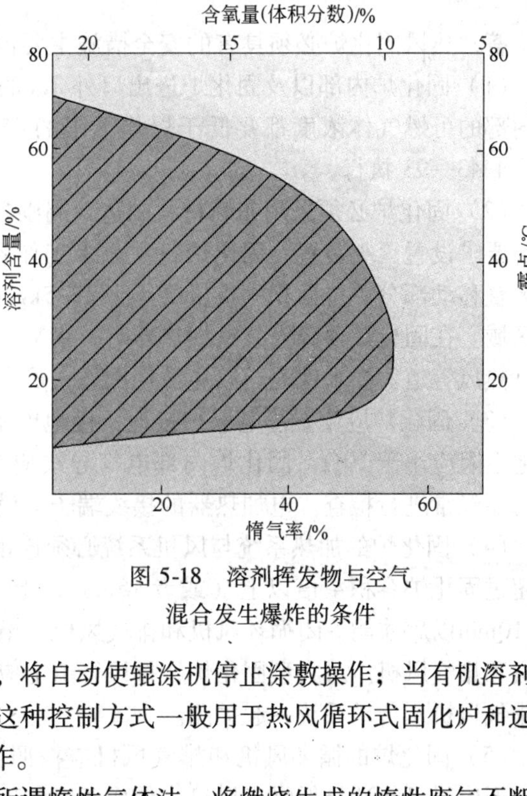

图 5-18　溶剂挥发物与空气混合发生爆炸的条件

（1）控制固化炉内气氛中有机溶剂的含量，使其处于爆炸下限的 1/4、1/6 甚至 1/8 以下，一般采用爆炸下限的1/4（即 25% LEL）。报警浓度一般设定三个报警级别，并采取不同的措施防止爆炸发生：当有机溶剂的浓度达到 25% LEL 时，系统发出报警并自动启动事故补风风机；当有机溶剂的浓度达到 35% LEL 时，将自动使辊涂机停止涂敷操作；当有机溶剂的浓度达到 50% LEL 时，则全线紧急停车。这种控制方式一般用于热风循环式固化炉和远红外加热固化炉上，固化炉操作要求负压操作。

（2）控制固化炉内氧的含量，即采取所谓惰性气体法，将燃烧生成的惰性废气不断在固化炉各区循环和加热，使炉内气氛的含氧量低于爆炸极限以下。一般含氧量的控制等级也分为三个级别（3%、4.5% 和 6%），当防爆控制装置工作时，先将少量炉气抽出（取样）进行含氧量分析，当含氧量达到 3% 时，控制装置将发出信号到惰性气体开关，立即喷入惰性气体并报警，直到含氧量正常为止。当含氧量达到 4.5% 时，在喷入惰性气体的同时，还使辊涂机涂头自动打开，停止涂敷。当含氧量达到 6% 时，全线紧急停车，同时大量惰性气体喷入炉内进行洗炉。这种控制方式一般用于感应加热固化炉上，固化炉操作要求正压操作。

另外，在采用上述防爆措施的基础上。还要求在固化炉上设置必要的防爆泄压装置，作为爆炸发生时的安全措施，以将危害降低到最低限度。

5-26　如何维护固化炉的防爆检测装置?

答： 固化炉的防爆检测装置的维护应注意以下几个方面：

（1）应按照使用说明书的要求，对防爆检测装置进行定期标定。以保证检测结果的可靠性。

（2）应按照使用说明书的要求，进行定期清洗检测元件和相应管路，以防止溶剂蒸气冷凝结露，堵塞检测管路，影响检测装置的可靠性。

（3）应安排经过培训的专职人员负责防爆检测装置的日常维护，以确保防爆检测装置的工作可靠。

5-27　热风固化炉必须具有哪些安全措施?

答： 热风固化炉必须具有的安全措施主要包括以下内容：

（1）固化炉内部以及固化炉进出口外3m的范围内均处于爆炸危险区，必须保障固化炉内部的可燃气体浓度都要低于爆炸下限的25%，或者含氧量小于3%，详细标准按照GB 14443—93执行。

（2）固化炉必须采用非燃材料制造，周围禁止存放易燃、易爆物品。固化炉附近应按消防要求设置灭火装置。固化炉每立方米工作容积应设置0.05～0.22m^2的泄压面积，泄压装置移动部分单位面积的重量要小于12.5kg/m^2，泄压装置的泄压面不能朝向工人的操作区域。在固化炉顶部安装电加热器时，钢平台周围要设置安全护栏。循环风道、排烟管道、热风管道等要求保温，以免烫伤操作人员。固化炉炉门应向外开。

（3）固化炉应设置静电保护接地，接地电阻小于100Ω，安装电气设备的固化炉外壳接地电阻应小于10Ω。固化炉内部电气导线应有耐高温绝缘层（一般采用陶瓷绝缘子），并需要经常进行检查。电加热器的接线端子应设置安全防护罩。

（4）固化炉的加热系统与风机系统必须连锁，应先启动循环风机和排气风机，当排风量超过固化炉容积4倍以上（或者15min以上）时才能启动加热系统。电加热系统关闭5～10min以后才能关闭循环风机和排气风机。燃烧加热系统关闭30min左右才能关闭循环风机和排气风机。对大型固化炉，排风管道上应设置防火阀，当发生火灾时能与循环风机和排气风机及传动系统一起关闭。

（5）固化炉的循环风机和排气风机应按照固化温度和涂料类型选择耐高温及防爆等级，还应尽可能选择低噪音风机，使作业区的环境噪音符合GBJ87的规定。

（6）固化炉的排气必须经过废气净化处理后才能排放，排放的废气必须符合环保部门规定的大气排放标准。

5-28　何为“洗炉”操作，为什么固化炉在生产前或再次启炉时都要进行“洗炉”操作?

答： 所谓“洗炉”操作，就是启动固化炉的所有循环风机、补风风机、排废气风机以及焚烧炉的排烟风机，连续运转15min以上，使固化炉内的气氛充分置换。

由于涂料在固化炉内进行烘干固化的过程中，会产生大量的可燃气体，对烧燃气的固化炉可能会发生燃气泄漏现象，因此长期停炉后或再次启炉时可能会发生可燃气体与空气混合达到爆炸界限的可能，如果立即点火则可能存在爆炸的危险。经过“洗炉”操作后，就可以将这些可燃混合物完全排出炉外，从而避免了爆炸现象的发生，因此固化炉在生产前或再次启炉时都要进行“洗炉”操作。

5-29　固化炉的操作应注意哪些安全问题？

答：在固化炉的操作过程中，应注意以下安全问题：

（1）每次启炉前必须进行洗炉操作。

（2）对固化炉的可燃气体浓度测量装置一定要按点检表要求定期检修，以防装置失灵，造成爆炸危险。

（3）按照定期点检表的要求，定期用手持式煤气检测仪检查各燃烧机煤气管路的气密性（对烧煤气的固化炉）。

（4）如在生产过程中突然发生停电，则各个供热区的烧嘴必须自动切断燃料供应，使燃烧机熄火。

（5）事故停炉后，如要再次启炉前，一定要进行洗炉操作。

（6）如果燃烧机点火不成功，再次点火前一定要吹扫2min以上。

（7）炉区严禁烟火，保持通风状态良好。

（8）操作人员要在炉区巡回查看，一旦发现有煤气泄露和含溶剂气体逸出炉外，要尽快查明原因及时处理，如不能有效解决则要考虑暂时停产。同时密切注意各高温风机轴承座润滑油油位和冷却水水温，油位低要及时加油，冷却水水温升高，要查明原因迅速解决，无法及时解决时要考虑停产维修。

5-30　固化焚烧设备在启动前有哪些检查注意事项？

答：固化焚烧设备在启动前应注意以下检查事项：

（1）确认在操作范围内无障碍物及其他杂物。

（2）对烧燃料固化炉，确认燃料已试压接通，且供气压力正常。对电加热固化炉，应确认电源已接通，且电压正常。

（3）确认各电气仪表柜已供电正常。

（4）确认各风机冷却水已接通，且水温、水压正常。确认风机轴承箱润滑良好。

（5）确认各膨胀节无明显破损现象。

（6）确认固化炉上的防爆孔无损坏。

（7）确认各区的补新风管道和排废气管道上的调节阀门已打开到设定位置。

（8）对烧燃料固化炉确认各区燃烧机无故障，且控制良好。

（9）确认固化炉所有可燃气体报警仪工作正常。

（10）确认固化炉区的消防设施完好无损。

（11）确认固化炉的所有炉门已关闭，且密封良好。

5-31　固化炉废气有哪几种处理方法，各自的工作原理和优缺点？

答：固化炉废气的处理方法主要有直接燃烧法、催化燃烧法、活性炭吸附法和吸收法，其中前两种处理方法在彩涂板生产线上应用较多，尤其是直接燃烧法，是目前彩涂板生产线上废气处理的最常用方法。近年来，随着蓄热式燃烧技术的不断完善和发展，出现了蓄热式涂装废气焚烧设备，由于它的热效率高，有取代直接燃烧废气焚烧设备的趋势。以上几种废气处理方法的工作原理和优缺点如表5-4所示。

表5-4 各种废气处理方法的工作原理和优缺点

处理方法	工作原理	优 点	缺 点
直接燃烧法	废气引入燃烧室与火焰直接接触，使有害物质燃烧生成 CO_2 和 H_2O，使废气净化	1. 燃烧效率高，管理容易； 2. 仅烧嘴需经常维修，维护简单； 3. 不稳定因素少，可靠性高	1. 处理温度高，耗燃料费高； 2. 燃烧装置、燃烧室、热回收装置等设备造价高； 3. 处理浓度低风量大的废气部经济
催化燃烧法	废气在催化剂的作用下，使有机物废气在引燃点温度以下燃烧，生成 CO_2 和 H_2O，使废气净化	1. 与直接燃烧法相比，能在低温下氧化分解，燃料费节省1/2； 2. 装置占地面积小； 3. NO_x 生成少	1. 催化剂价格高，必须考虑催化剂的中毒和寿命问题； 2. 必须进行前处理，除去尘埃、漆雾等； 3. 催化剂和设备价格高
活性炭吸附法	废气的分子扩散到固体吸附剂表面，有害成分被吸附而得到净化	1. 可处理含有低浓度的碳氢化合物和低温废气； 2. 溶剂可回收，进行有效利用； 3. 处理程度可以控制； 4. 效率高，运转费用低	1. 活性炭的再生和补充费用多； 2. 处理烘干废气时需要先冷却； 3. 处理喷漆室废气时，应预先除漆雾
吸收法	液体作为吸收剂，使废气中有害气体被吸收剂吸收从而得到净化	仅以水作为吸收剂，处理亲水性溶剂场合有效，并具有以下特点： 1. 设备费用低，运转费用少； 2. 无爆炸、火灾等危险，安全性高； 3. 适宜处理喷漆室和挥发室排出的废气	1. 需要对产生的废水二次处理； 2. 对涂料品种有限制
蓄热式焚烧法	废气先进入一个已被燃烧产生的高温烟气预热的蓄热室预热，然后进入燃烧室燃烧而净化，燃烧后的高温烟气进入另一个蓄热室，将热量蓄存在该蓄热室内，降温后的烟气排出。经过一定时间后，两个蓄热室作用交换，预热的变蓄热，蓄热的变预热，如此反复实现废气净化	热效率高，正常运行时几乎无燃料消耗	1. 设备投资大，换向阀需要维护； 2. 应用实例不多

5-32 什么是直接燃烧法废气焚烧系统，直接燃烧法废气焚烧系统的设备组成，余热利用方式有几种？

答：所谓直接燃烧法废气焚烧系统就是将废气引入燃烧室，直接与高温火焰接触，从而将废气中的可燃成分燃烧分解，生成无毒、无臭的 CO_2 和 H_2O 的废气处理系统。直接燃烧法处理废气的关键因素是：提供充足的氧气，废气与火焰的充分混合，焚烧温度在

650～850℃，焚烧停留时间0.5～1s。

直接燃烧法废气焚烧系统如图5-19所示，主要由烧嘴、焚烧炉本体、余热回收装置等设备组成。烧嘴主要有两种：一种是燃烧机或普通烧嘴，另一种为线型烧嘴。前者需要供应燃料燃烧所需的助燃空气，燃料燃烧充分，不受废气中氧含量的影响。后者不需要供应燃料燃烧所需的助燃空气，燃料的助燃靠废气中的氧来完成，往往由于实际运行中废气含氧量的变化引起不完全燃烧，因此使用较少。焚烧炉本体是废气焚烧的场所，它必须保证废气与高温火焰的充分混合，并且保证废气持续一定的焚烧时间，已达到完全焚烧的目的。余热回收装置的作用是将焚烧炉产生的高温烟气余热回收利用，以提高热效率。

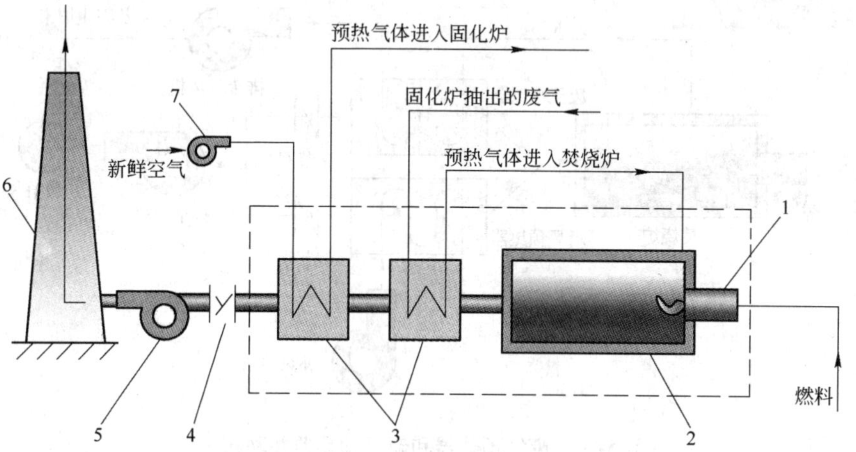

图5-19　废气焚烧系统（废气预热器和新风预热器串联布置）
1—烧嘴；2—焚烧炉；3—1、2级换热器；4—烟道闸阀；
5—废气排风机；6—烟囱；7—新鲜风风机

直接燃烧法废气焚烧系统的余热利用方式主要有以下几种：

（1）设置两个串联预热器。在这种布置方式中，与焚烧炉相连的预热器用于从固化炉排出的废气的预热，另一个换热器用于固化炉补新风的预热（见图5-19）。这种余热利用方式一般用于直接加热式固化炉系统，余热主要用于废气的预热，因此废气预热器的换热面积很大。补新风的预热是次要的，补新风预热器的换热面积相对要小一些，另外由于烟气进入补新风换热器后已经不高（一般低于500℃），所以补新风换热器采用水热管换热器是合适的，可以大大减小换热器的体积。这里需要特别注意，如果设计的废气换热器面积太小，而新风换热器的面积太大，就会造成废气预热温度不高，而补新风预热温度过高。当固化炉的设定温度低时（即固化炉的热负荷小时），由于固化炉1、2区的补新风量大，而设定的温度却较低，从而出现即使关闭1、2区燃烧机，也会发生1、2区仍然超过设定温度的现象，使得1、2区的炉温无法实现自动控制。因此在这种方式中，两个预热器的设计一定要合理。

（2）设置两个并联预热器。在这种布置方式中，两个预热器均与焚烧炉相连，一个用于废气的预热，另一个用于补新风的预热，进入两个预热器的高温烟气量的调节通过改变两个换热器后的调节阀开度来实现（图5-20）。这种余热利用方式一般用于间接加热式固化炉系统。当固化炉的需热量增加时，可以通过开大补新风预热器后的调节阀开度，关小废气预热器后调节阀的开度，使进入新风预热器的高温烟气量增加，热风温度提高，从而进入固化炉的热量增加。当固化炉的需热量减少时，可以通过关小补新风预热器后的调节阀开度，开大废气预热器后调节阀的开度，使进入新风预热器的高温烟气量减小，热风温度降低，从而进入固化炉的热量减少。在这种布置方式中，新风预热器是主要余热回收设备，废气预热器是次要余热回收设备。这里要注意，两个预热器的换热面积一定要适应固化炉最大需热量和最小需热量的变化，否则会造成焚烧炉的排烟温度升高，热效率降低。

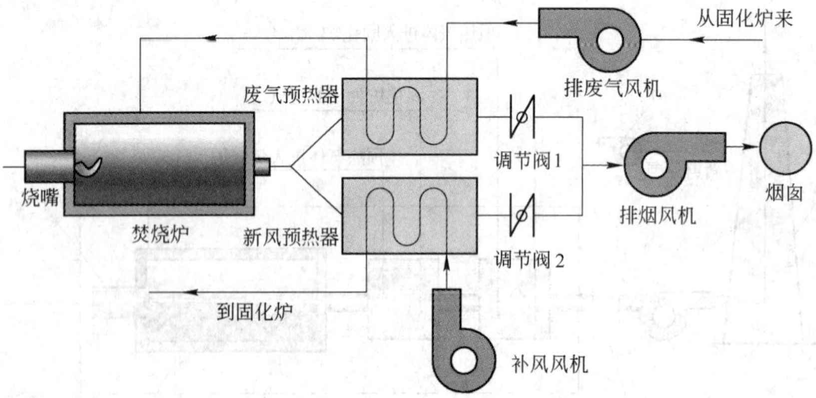

图 5-20　废气预热器和新风预热器并联布置

（3）废气预热器与热风干燥器或化涂炉用热风预热器串联。这种布置方式与图 5-19 是相同的，只是新风预热器改为了热风预热器，产生的热风用于热风干燥器或化涂炉的供热。

（4）废气预热器与余热锅炉串联。这种布置方式也与图 5-19 是相同的，只是新风预热器改为了余热锅炉，产生的蒸气用于生产线使用或采暖等使用。

5-33　什么是催化燃烧法废气焚烧系统，催化燃烧法废气焚烧系统的设备组成？

答： 所谓废气焚烧的催化燃烧法，就是利用催化剂的作用，使有机废气能在着火点温度以下进行激烈的氧化燃烧。催化剂表面积大而活泼，可使废气中的氧大量地吸附在自身表面上，使催化剂表面上的氧浓度大大增加，从而大大加速了氧与有机物蒸气分子在催化剂表面上的反应速度，并降低反映温度。反应物一经生成就离开催化剂表面，空出来的表面又立即吸附氧气，如此反复达到加速氧化反应的目的。催化剂一般采用铂、钯等贵金属。

催化燃烧废气焚烧装置如图 5-21 所示，主要由烧嘴、催化元件、催化燃烧室、废气预热器及安全控制装置等几部分组成。催化燃烧法废弃焚烧的过程如图 5-22 所示。

5-34　什么是蓄热式废气焚烧系统，蓄热式废气焚烧系统的设备组成？

答： 所谓蓄热式废气焚烧系统就是利用蓄热式燃烧技术将废气预热到 600℃以上，使

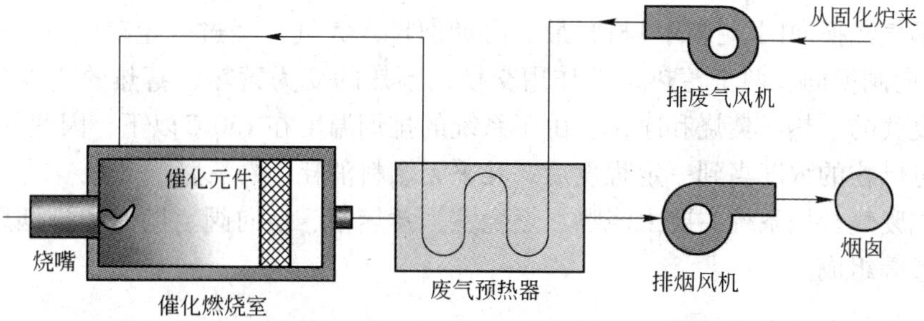

图 5-21　催化燃烧废气焚烧装置

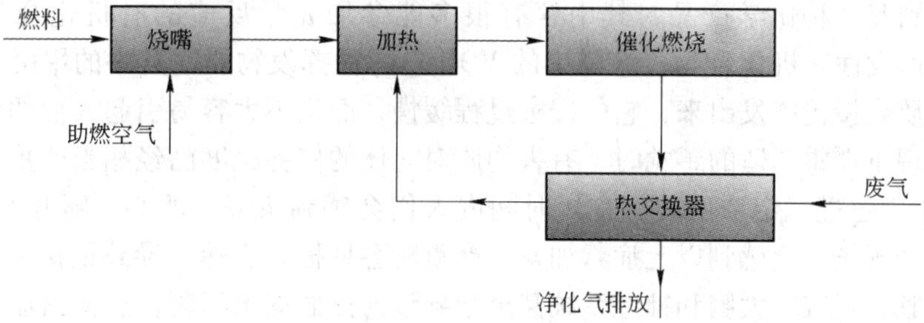

图 5-22　催化燃烧废气焚烧流程

废气实现热力焚烧，变为无毒、无臭的 CO_2 和 H_2O 而得到净化的废气处理系统。

图 5-23 是蓄热式废气焚烧系统的工作原理图。在工作状态 A，废气经过换向阀进入蓄热室 A，并在此被上一循环加热至高温的蓄热体加热到 600℃以上，然后进入燃烧室进行燃烧，使废气中的可燃物质与氧反应生成 CO_2 和 H_2O 而得到净化，同时蓄热室 A 中的蓄

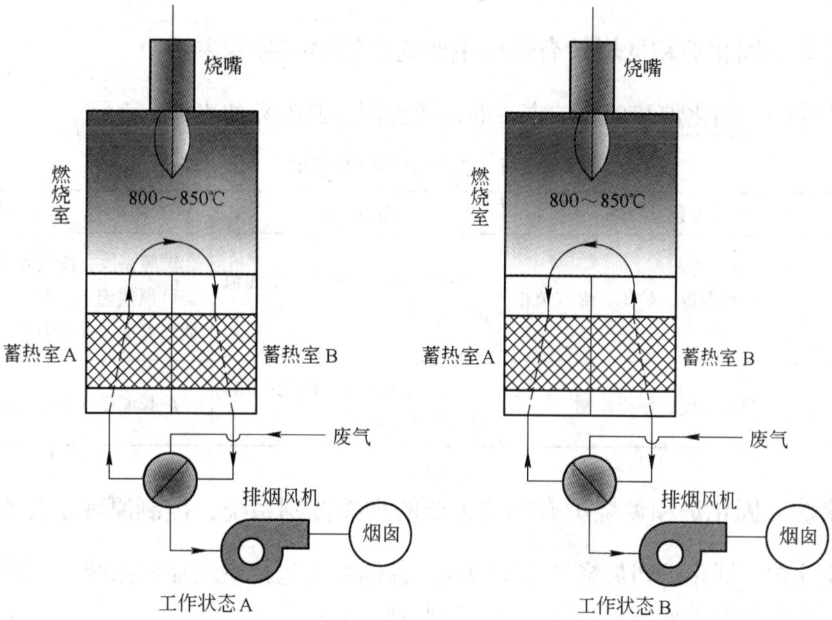

图 5-23　蓄热式废气焚烧系统工作原理图

热体被冷却。燃烧后的洁净高温烟气进入蓄热室 B，将热量传给蓄热体，蓄热体被加热。降温后的烟气经换向阀、排烟风机，最后由烟囱排入大气。经过一定时间（一般为 30s ~ 2min），换向阀换向，两个蓄热室的作用交换，预热的变为蓄热，蓄热的变为预热，如此反复实现废气的预热、焚烧和净化。由于系统的排烟温度在 150℃以下，因此热效率极高，当废气中可燃物的浓度高到一定程度后，几乎无燃料消耗。

蓄热式废气焚烧系统主要由烧嘴、燃烧室、蓄热箱、换向阀、助燃和排烟风机以及幻想控制装置等组成。

5-35 涂装废气对人体有无危害，相关的国家标准是如何规定的？

答：涂料是一种化学产品，其中含有很多能参加光学反应的有机化合物，也就是 VOC，统称挥发性有机化合物。涂料中的 VOC 是一种挥发物质，其中的甲醛、苯、二甲苯等有害物质会慢慢挥发出来，它的侵害过程缓慢，而又不太容易引起人们的注意，等到发现身体出现了严重不适的感觉时，有害物质对人体的侵害程度已经相当严重了。当所处环境中的 VOC 超过一定浓度时，在短时间内人们会感到头痛、恶心、呕吐、四肢乏力。如不及时离开现场，会感到以上症状加剧，严重时会抽搐、昏迷，导致记忆力减退。VOC 伤害人的肝脏、肾脏、大脑和神经系统甚至会导致人体血液出问题，患上白血病等其他严重的疾病。因此涂装废气对人体的危害是相当严重的。

据了解，目前国际涂料和国内涂料的发展趋向都是向健康型方向发展，逐渐实现低 VOC 和尽可能少的残存单体。但只要溶剂型涂料还存在，对 VOC 的治理就不能忽略。

目前，世界各国都制定了严格的控制挥发性有机化合物（VOC）的排放法规，促使涂层生产采用低污染涂料并采取有效的污染治理措施。我国也规定了涂装作业场所空气中有害气体的最高允许浓度（GB 6514—95），其中与涂料废气有关的苯为 40mg/m^3，甲苯为 100mg/m^3。我国对涂料中的 VOC 限量标准是小于 200g/L。

5-36 化涂炉、固化炉和焚烧炉有哪些主要的在线检测控制参数？

答：化涂炉、固化炉和焚烧炉主要的在线检测控制参数如表 5-5 所示。

表 5-5 主要检测控制参数

名 称	化 涂 炉	固 化 炉	焚 烧 系 统
检测项目	炉膛温度、炉压、煤气流量	各区炉温、炉压，煤气流量，垂度	炉膛温度、废气预热前后温度、新风预热温度、废气换热器前后烟气温度、排烟温度、煤气流量
控制项目	热风温度、燃烧控制	各区热风温度、燃烧控制、废气浓度控制	炉膛温度、燃烧控制

5-37 化涂炉、固化炉和焚烧炉有哪些主要的在线控制系统，控制原理是什么？

答：化涂炉、固化炉和焚烧炉必要的在线控制系统包括燃烧控制系统、可燃气体浓度控制系统、温度控制系统三种。各自的控制原理如下：

（1）温度控制。温度控制包括化涂炉热风温度、固化炉各区热风温度、焚烧炉炉膛温度的控制，它们的控制框图如图5-24所示。通过热电偶或者热电阻实测的温度值与设定的工艺温度值相比较，温度指示调节器将根据差值的大小，输出4～20mA的控制信号给燃烧机的比例控制器，燃烧机的比例控制器将根据控制信号的大小，自动按比例改变燃料量和助燃风量，从而使炉子的供热量改变，达到控制温度的目的。

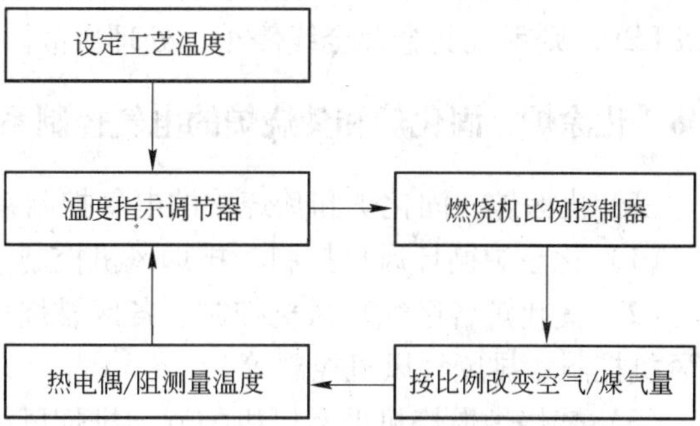

图5-24　温度控制方框图

（2）燃烧控制。燃烧控制系统包括化涂炉、固化炉各区和焚烧炉的燃烧机的燃烧控制，具有自动点火和火焰检测功能，以及煤气/空气低压、煤气泄露、熄火的连锁保护功能。燃烧控制的控制框图如图5-25所示。当燃烧机点火后，系统将自动监测煤气又无泄漏，如有泄漏则不允许点火，如果没有煤气泄漏，则进行下一步的煤气压力和空气压力检测，如果压力不正常则切断煤气不允许点火，如果压力正常则自动进行2min的安全吹扫，然后进行自动电点火，如果点火不成功则切断煤气，如果点火成功，则进入正常燃烧状态，并且系统随时检查火焰是否熄火，如果熄火则切断煤气，如果火焰不熄灭，则表示燃烧正常进行。

（3）浓度控制。为了确保固化炉内废气浓度小于25% LEL，在初涂/精涂固化炉的1、2区设有废气浓度测量装置，它有三个报警触点，控制框图如图5-26所示。废气浓度测量装置开始工作后，在微型排气泵的作用下，固化炉炉气进入废气浓度测量装置的传感器，经检测以后输出4～20mA的电信号给控制系统，系统将根据测得的废气浓度值做以下判断：废气浓度是否大于25% LEL而小于35% LEL，如果是则系统自动打开事故补风风机，向炉内加入新鲜空气。废气浓度是否大于35% LEL而小于50% LEL，如果是则系统在继续

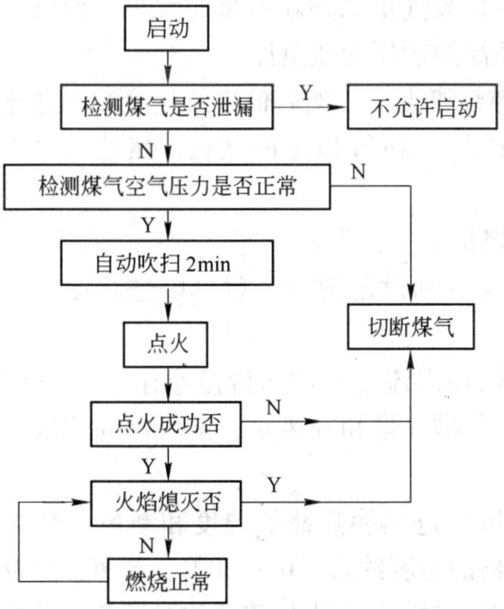

图5-25　燃烧控制方框图

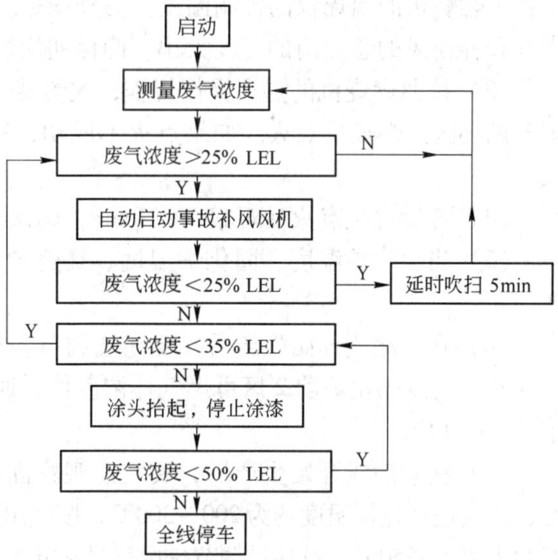

图5-26　浓度控制方框图

补入新鲜空气的同时，自动将涂机涂头打开，停止涂布操作。如果废气浓度继续升高超过50% LEL，则系统奖金及全线停车，处理事故。

5-38 化涂炉、固化炉和焚烧炉的电气控制系统主要包括哪些内容？

答：化涂炉、固化炉和焚烧炉的电气控制系统主要包括以下内容：

（1）化涂炉循环风机控制、排烟风机控制、燃烧机助燃风机控制等。

（2）固化炉各区循环风机控制、各区燃烧机助燃风机控制、补新风风机控制、事故补风风机控制、排废气风机控制等。

（3）焚烧炉燃烧机助燃风机控制、排烟风机控制等。

5-39 根据各种风机功率的不同，分别采用什么方式启动？

答：在彩涂生产线的热工设备上配置有多台功率不同的风机，一般当风机功率小于30kW时，可以采用直接启动方式启动。当风机功率大于30kW时，要采用“Y—△”降压方式启动或者安装变频器进行变频启动，以减小启动对电网的冲击。当然这也不是绝对的，还要根据工厂的变压器容量，负载情况等具体因素有所不同。

另外，为了减小风机启动对电网的冲击，一般要求大功率风机应该分开单独启动，避免同时启动对电网造成巨大冲击。

5-40 以直接加热式固化炉为例，说明彩涂线热工设备的启炉操作规程和停炉操作规程？

答：启炉操作规程如下：

（1）洗炉。启动化涂炉循环风机、启动焚烧炉排烟风机、启动固化炉排废气风机、启动固化炉补新风风机、启动固化炉所有循环风机。以上各风机连续运转30min以上，以便于炉内的可燃混合物排出炉外，以防爆炸现象发生。

（2）将各燃烧机的控制状态置于自动挡。根据工艺要求，设定化涂炉、焚烧炉及固化炉各区燃烧机的温控仪的控制温度。另外根据所需的排废气量和补新风量的大小，调整排废气和补新风的总阀门的开度大小，确保初涂炉、精涂炉炉压为微负压。

（3）按照燃烧机的点火操作规程，先给焚烧炉燃烧机点火，然后依次给化涂炉和固化炉各循环区段燃烧机点火。如果点火不成功，一定要进行5min以上的吹扫，然后再次点火。

（4）各燃烧机点火后观察5～10min，确认各燃烧机工作正常。

（5）当化涂炉温度、固化炉温度、焚烧炉炉温均达到设定值后，就可以进行涂布生产。

（6）在彩涂线开始生产后，要注意调节各风机循环水流量使回水温度小于50℃，同时要密切注意固化炉前2区可燃气体浓度值，通过调节排气量和补风量，使可燃气体浓度小于25% LEL。

（7）在彩涂线开始生产后，要注意观察固化炉废气进出换热器的温度和新风预热温度，废气进换热器温度约为200～300℃，废气出换热器的温度约为400～450℃，新风预热温度约为250～350℃。可通过调节排废气量和补新风量来控制废气进出换热器的温度和新风预热温度在上述范围内，避免换热器损坏。启炉操作结束，生产线进入正常连续生产。

停炉操作规程如下：

停炉操作必须在化涂机、初涂机和精涂机停止涂布的情况下进行，具体步骤如下：

（1）按照燃烧机的熄火操作规程，先给化涂炉燃烧机和固化炉的 7 台燃烧机熄火。

（2）按照燃烧机的熄火操作规程，将焚烧炉的燃烧机熄火（在固化炉熄火 30min 后进行）。

（3）循环风机排废气风机、补新风风机、焚烧炉排烟风机连续工作 60min 以上，将固化炉内残留的可燃气体充分地排到焚烧炉内烧掉。

（4）关闭化涂炉循环风机。

（5）待固化炉炉温低于 100℃时关闭固化炉循环风机。

（6）待焚烧炉炉温低于 300℃时，关闭焚烧炉排烟风机。

（7）待固化炉炉温低于 100℃时，关闭固化炉排废气风机。

（8）待焚烧炉炉温低于 300℃时，关闭固化炉补新风风机。

（9）停炉操作结束。

5-41　在生产过程中，如果发生突然停电，彩涂线热工设备的操作应采取哪些措施？

答： 在生产过程中，如果发生突然停电，关键的热工设备应根据各自的工作特点、相应采取不同的应对措施，具体如下：

（1）如果长时间停电，则可以打开固化炉和焚烧炉的炉门，使炉温迅速降低，避免循环风机和排烟风机因长时间在高温状态下停车而损坏。

（2）此时应避免各种明火接近炉区，以免发生爆炸危险。

（3）对各种循环风机，当介质温度低于 250℃以下时，一般可不采取紧急措施；当介质温度高于 250℃以下时，最好采取手工盘车的方式，使风机叶轮转动，以避免风机轴因长期高温状态下承受单向弯矩而弯曲，影响动平衡，直到介质温度低于 250℃以下时，方可停止手工盘车操作。

（4）对排废气风机，因排废气温度一般在 250℃左右，所以可不采取紧急措施。如果排废气温度超过 250℃时，要采取手动盘车方式避免风机损坏。对补新风风机，由于工作温度为常温，所以也可不采取紧急措施。

（5）对焚烧炉排烟风机，应紧急切断烟道闸板，避免焚烧炉内的高温烟气进入排烟风机而损坏。如果此时烟气温度已经超过 250℃时，要采取手动盘车方式避免风机损坏。

（6）对固化炉各区燃烧机，由于燃烧机的连锁保护功能，煤气会自动切断，但为了保险还需要将各区燃烧机的煤气入口阀门关闭，彻底切断煤气供应。

（7）对焚烧炉燃烧机，也应像固化炉燃烧机一样，关掉煤气入口阀门。另外，当焚烧炉的炉压为正时，应迅速打开焚烧炉炉门和燃烧机与焚烧炉之间的安装螺栓，拉动燃烧机的维修小车，使燃烧机从焚烧炉内拉出处于维修状态，这样可以避免高温炉气进入燃烧机内部将控制线路烧坏。操作时应特别注意避开从燃烧机安装口喷出的高温炉气，以避免烧伤。

5-42　在生产过程中，如果突然发生风机故障，应采取哪些紧急措施？

答： 在生产过程中，如果发生风机故障，则应根据风机的工作性质不同，采取不同应急措施。具体如下：

（1）循环风机。当循环风机发生故障而无法工作时，应迅速关闭该区燃烧机和循环风道阀门，同时当介质温度大于250℃时，还需要采取手动盘车方式转动风机叶轮，以避免风机损坏。另外，由于该区无法工作，所以固化炉应采取降速操作或调整各区设定温度，以保证涂层的固化质量。

（2）补新风风机。当补新风风机发生故障而无法工作时，固化炉内的可燃气体浓度会升高，此时应迅速打开涂机涂头停止涂敷。待补新风风机恢复工作后，才可进行涂敷操作。同时为了保护新风换热器，应迅速关闭焚烧炉燃烧机或将焚烧炉设定温度调低。

（3）排废气风机。当排废气风机发生故障而无法工作时，固化炉炉压将变为正压，炉气将向车间溢出污染操作环境，此时应迅速关闭补风风机、焚烧炉燃烧机和焚烧炉排烟阀门，以避免废气预热器和补新风预热器被焚烧炉高温烟气烧坏。

（4）排烟风机。当排烟风机发生故障而无法工作时，焚烧炉炉压将变为正压，此时固化炉炉压也将受到一定影响而升高，此时如能短时间处理好故障，则应调低固化炉炉温和机组速度，在确保固化炉炉压为负的前提下降速降温运行，此时焚烧炉仍继续运行，确保废气的焚烧。如果不能短时间处理好，最好停产处理，待事故处理好后再恢复生产。

第六章　彩涂板生产线电气设备

6-1　彩涂机组电气设备有哪些特点?

答: 彩涂机组属于连续生产线，和其他连续生产线类似，彩涂机组电气设备包括供配电系统、传动系统、PLC 控制系统、计算机系统和检测仪表。

由于彩涂机组正常运行时有些电机工作在电动状态，有些工作在发电状态，所以通常传动系统采用整流（或整流回馈单元）+公共直流母线+逆变器方式，既简化线路，又有明显的节能效果。彩涂机组的 PLC 控制除了完成常规的顺序、逻辑控制外，还完成全线的速度协调控制、张力控制、活套位置控制、涂层厚度控制、固化炉燃烧控制和固化炉内板带的垂度控制、板带尾部定位控制等。计算机系统包括具有远程控制、在线监视、故障诊断和报警等功能的 HMI 画面系统、工程师站、配置档次高些的彩涂机组还包括二级计算机系统，主要完成生产和质量的管理。彩涂机组的检测仪表除了工艺段的清洗和固化炉以及液压站的一些常规温度、压力、液位仪表外，还包括一些特殊专用仪表。

6-2　彩涂机组传动控制系统有哪几种?

答: 彩涂机组的传动控制系统分为恒速电机的控制和调速电机的控制系统。又根据选用调速电机型式的不同（直流电机或交流电机），其控制系统又分为交流变频调速控制系统和直流调速控制系统。因为彩涂机组无论是总的装机容量还是单体设备的容量都较低，大部分彩涂线都采用全交流调速系统。

6-3　彩涂机组的基础自动化系统包括哪些内容?

答: 彩涂机组基础自动化系统分为两个部分，即：PLC 系统，它用于完成设备的基础控制功能；HMI 监控系统，可在操作员和生产过程之间有效地完成监控、诊断和配置等功能。

通常 PLC 系统主站通过网线与远程控制站形成分布式结构，由中央处理单元，存储单元、电源模板、通讯模板、输入输出模板等组成。完成如下主要功能：

（1）与过程计算机和 HMI 进行通讯；

（2）控制传动装置运行；

（3）检测报警及存储功能；

（4）位置运算及控制功能；

（5）与传动、工艺功能和仪表相关的过程控制；

（6）钢卷传输的自动顺序控制；

（7）物料跟踪。

PLC 系统接收过程计算机和/或操作工通过 HMI 输入的数据,过程信息、机组状态和各种测量值并做出相应的计算或控制动作,并可以把需要的计算结果传送到上一级管理控制系统。

HMI 监控系统向操作人员提供先进的用于管理控制过程的信息，观察所属的过程信息及接收关于过程控制系统中的诊断故障的信息。

HMI 监控系统具有以下功能：

（1）操作员界面；

（2）配方管理；

（3）全线状态模拟图；

（4）诊断和报警管理；

（5）设定值输入和实际值显示；

（6）电气传动装置准备。

HMI 人-机交互功能可以显示自动控制系统的所有特性，有利于操作员作出决策。在快速的生产过程中，人-机界面必须满足两个基本要求：实时响应的能力和监控的能力。

6-4　彩涂机组的二级计算机系统包括哪些内容?

答：通常彩涂机组的二级计算机系统功能包括：

（1）钢卷处理顺序管理。来料钢卷的信息通常存储在服务器数据库中，操作人员可以在人机界面上显示和修改钢卷的原始数据。

（2）配方管理。配方就是根据来料的不同，选择每个钢卷的处理速度、张力等机组参数。每个钢卷有一个独特的配方，配方由操作人员手动输入的数据、查表生成的值及简单计算生成的值组合而成。

（3）钢卷跟踪。钢卷的跟踪控制是由基础自动化系统来完成的。二级系统的跟踪主要是指原料卷和成品卷的信息跟踪。当钢带在机组出口段剪断时，二级自动地指定一个成品卷号码，并分配给该物理卷，和信息系统中的成品钢卷数据存放在一起。

（4）数据采集。采集的数据信息包括：成品钢卷识别号、钢卷剪切日期和时间、原始钢卷数据的信息、焊缝位置、配方信息等。

（5）报表管理。现在比较流行的报表生成软件包 Crystal Report 运行在 VB 环境下，生成的报表包括成品钢卷报表、班报、日报、月报和公辅介质消耗报表。

二级系统硬件组成通常包括：数据服务器和客户机。应用软件通常包括：Microsoft SQL Server，MS Office，VC，VB，Crystal Report。

6-5　强电和弱电怎样区分，彩涂车间哪些部分属于强电设备，哪些部分属于弱电设备?

答：强电和弱电主要区别是用途的不同。强电是用作一种动力能源，弱电是用于信息传递。具体而言，它们大致有如下区别：

（1）交流频率不同。强电的频率一般是 50Hz（赫），称“工频”，意即工业用电的频率；弱电的频率往往是高频或特高频，以 kHz（千赫）、MHz（兆赫）计。

（2）传输方式不同。强电以输电线路传输，弱电的传输有有线与无线之分。无线电则以电磁波传输。

（3）功率、电压及电流大小不同。强电功率以 kW（千瓦）、MW（兆瓦）计、电压以V（伏）、kV（千伏）计，电流以A（安）、kA（千安）计；弱电功率以W（瓦）、mW（毫瓦）计，电压以V（伏）、mV（毫伏）计，电流以mA（毫安）、μA（微安）计，因而其电路可以用印刷电路或集成电路构成。

当然，强电中也有高频（数百kHz）与中频设备，但电压较高，电流也较大。又如手电筒与电动剃须刀虽然电压很低，功率及电流很小，仍属强电。由于现代技术的发展，弱电已渗透到强电领域，如电力电子器件、无线遥控等，但这些只能算作强电中的弱电控制部分，它与被控的强电还是不同的。

从上述强电和弱电概念的区分可以认为彩涂机组供配电系统用变压器和高低压开关设备、恒速电机和调速电机控制设备、电机等属于强电设备。PLC及其远程I/O、人机接口、现场各种仪表、计算机系统等属于弱电设备。

6-6 彩涂机组使用哪些特殊仪表？

答： 彩涂机组一般使用如下特殊仪表：

（1）防止钢带跑偏的对中纠偏装置CPC（Center Position Control）和卷取机通常使用的边部对齐装置EPC（Edge Position Control）；

（2）检测钢带张力的压头和检测涂辊啮合压力的压头；

（3）检测固化炉出口钢带温度的非接触式高温计；

（4）检测固化炉内钢带悬垂度的垂度仪；

（5）检测固化炉内板带涂层溶剂挥发气体，防止固化炉爆炸的低爆炸极限检测装置LEL（Low Explosion Limit）；

（6）焊缝检测装置；

（7）清洗段使用的清洗液电导率仪。

6-7 彩涂机组电气操作人员应具备什么个人素质？

答： 彩涂机组电气操作人员应具备本工种作业所需的文化程度和专业技术知识及实践经验，必须熟悉机组的电气设备，掌握电气安全规程和煤气安全技术操作规程，知道现场触电紧急救护方法和煤气中毒的现场急救方法，经专业技术培训及安全知识培训并考试合格后方可上岗独立操作。

6-8 彩涂机组电气操作人员应掌握哪几方面的电气基础理论？

答： 彩涂机组电气操作人员应掌握以下几方面的电气基础理论：

（1）电路的基本概念和基本定律；

（2）电机学；

（3）电力拖动；

（4）自动控制原理；

（5）可编程控制器原理；

（6）变压器及供配电系统原理。

6-9 彩涂机组电气人员应主要熟识哪几种电路图？

答： 彩涂机组电气人员应主要熟识以下几种电路图：

（1）电气控制原理图；
（2）端子接线图；
（3）PLC 接线图；
（4）PLC 原理图；
（5）电气设备安装布置图。

6-10 彩涂机组电气人员应掌握哪些与彩涂机组有关电路和磁路知识？

答：彩涂机组电气人员应掌握以下与彩涂机组有关电路和磁路知识：

（1）全电流定律：设空间有 N 根载流导体，环绕载流导体的任一磁通闭合回路中，磁场强度的切向分量沿该回路的线积分等于该回路所包围的电流代数和；

（2）电磁感应定律：电路中感应电动势的大小，与穿过这一电路的磁通量的变化率成正比；

（3）电路定律；

（4）电磁力定律。

6-11 彩涂机组电气人员应懂得使用哪些常用的电气设备测试仪器？

答：彩涂机组电气人员应懂得使用以下常用的电气设备测试仪器，在测量中除了正确选择和使用仪表外还要掌握正确的测量方法：

（1）电流测量仪器：安培表、毫安表、微安表、钳形电流表等；

（2）电压测量仪器：电压表、高压验电器、低压测电笔等；

（3）功率测量仪器：瓦特表；

（4）电能测量仪器：电能表；

（5）万用表可以测量直流电流、直流电压、交流电压、电阻、交流电流、电功率、电感量、电容量等，是电工必备的仪表之一；

（6）绝缘电阻测量仪器：绝缘电阻表，也称摇表或兆欧表。主要有 500V、1000V、2500V、5000V 几种；

（7）电阻测量仪器：直流单臂电桥又称惠斯登电桥，用它可测量各种电机、变压器及各种其他电器的直流电阻。

6-12 关于电机及拖动基础方面，主要弄清哪几种类型的电机？

答：电动机是一种将电能转换为机械能的动力设备，分为交流电动机和直流电动机两大类。交流电动机又分异步电动机和同步电动机。根据交流电源相数不同异步电动机又有三相和单相之分。其中三相异步电动机结构简单、使用方便、运行可靠、价格便宜、便于维修、应用最广。还有一类电机统称为控制电机，主要包括交流伺服电动机、直流伺服电动机、测速发电机、步进电动机等。

6-13 彩涂线通常使用什么调速方式拖动？

答：钢带的张力是在电机的驱动下产生的，彩涂生产线传统的驱动系统是采用直流调速系统，因为直流调速系统具有良好的启动性能和调速性能，但直流电机由于结构复杂，维护成本高，另换向器和电刷的存在，使直流电机功率已经没有多少上升空间。

20 世纪 80 年代，由于电力电子技术、微电子技术和信息技术的发展，使具有结构简单，维护保养方便，价格低廉的交流鼠笼式感应电机得以在很多地方发挥它的效用。众所周知，直流电机以其转矩特性硬、调速范围广、过载能力强而著称，但因电机结构所限，电机日常维护保养工作量大。刷架、整流子间电火花也使电机使用场合受限制，且一次性投资大。而由现代变频器和交流电机组成的交流传动系统，除具有上述直流控制特性，还在于投资较直流电机小，并可以做到零维护，使用寿命长。

调速控制领域开始出现对交流电机变频调速的技术，它一出现就以其优异的性能逐步取代直流电机调速，而成为电气传动的中枢。连续生产线采用交流变频调速的好处在于：

(1) 可以使交流电机得到与直流调速一样优异的调速性能；

(2) 交流鼠笼式异步电机维护简单方便；

(3) 交流电机功率不存在换向器的限制。

6-14　变频调速的原理、特点及适用场合是怎样的？

答： 变频调速是通过改变电动机定子供电频率来改变电动机同步转速，从而实现交流电动机调速的一种方法，是一种理想的高效率、高性能的调速手段，对有调速要求的转动机械都能应用。变频器类别有交-直-交系统和交-交系统。

变频调速的特点主要有：调速范围宽，响应较快，起动特性好，制动和正反转控制简便，运行经济，效率高等。变频调速技术是现代电力传动技术重要发展的方向，随着电力电子技术的发展，交流变频技术从理论到实际逐渐走向成熟。变频器不仅调速平滑，范围大，效率高，启动电流小，运行平稳，而且节能效果明显。因此，交流变频调速已逐渐取代了过去的传统滑差调速、变极调速、直流调速等调速系统，越来越广泛地应用于彩涂生产线上。

根据生产机械的不同调速要求，可采用不同性能的变频调速系统：

(1) 电压频率比控制即 V/F 方式控制系统简单，为速度开环控制，在不同的转速下都能获得较硬的机械特性线性段，但动、静态性能均不理想，对调速系统的动、静态性能要求不高的生产机械可采用此系统。

(2) 转差频率方式控制系统为速度闭环控制，有近似于直流双闭环调速系统的动、静态性能，适用于对系统性能要求较高的场合。

(3) 矢量控制方式控制系统较复杂，可按电动机不同的特性要求，给定磁场电流、转矩电流、转差频率等多个控制量。控制性能好，可达到或超过直流调速系统获得理想的工作状态。

6-15　变频调速在彩涂机组张力控制方面有哪几种模式？

答： 张力控制的目的就是保持生产线上的张力恒定，就是要能控制电机输出多大的力度，即输出多少牛顿或公斤。彩涂线张力控制通常有两种途径：一是控制电机的转矩；二是控制电机的转速。对应这两个控制途径，利用矢量控制变频器可以得出以下几种张力的控制模式。

A　闭环转速控制模式

闭环是指需要张力（位置）检测反馈信号构成闭环调节，速度控制模式是指变频器根据反馈信号调节频率而达到控制目的。

转速模式下的张力闭环控制是通过调节电机转速达到张力恒定的。首先由钢带的线速度和卷筒的卷径实时计算出同步匹配频率指令，然后通过张力检测装置反馈的张力信号与张力设定值构成 PID 闭环，调整变频器的频率指令。

同步匹配频率指令的公式如下：

$$F = (V \times p \times i)/(\pi \times D)$$

式中 F——变频器同步匹配频率指令；

V——材料线速度；

p——电机极对数（变频器根据电机参数自动获得）；

i——机械传动比；

D——卷筒的卷径。

变频器的品牌不同、设计者的用法不同，获得以上各变量的途径也不同，特别是钢带的线速度（V）和卷筒的卷径（D），计算方法多种多样。

这种控制模式下要求变频器的 PID 调节性能要好，同步匹配频率指令要准确，这样系统更容易稳定，否则系统就会震荡、不稳定。

B　开环转矩控制模式

在这种模式下，无需张力检测反馈装置，就可以获得更为稳定的张力控制效果，结构简洁，效果较好。但变频器需工作在闭环矢量控制方式，必须安装测速电机或编码器，以便对电机的转速做精确测量反馈。

转矩的计算公式如下：

$$T = (F \times D)/(2 \times i)$$

式中 T——变频器输出转矩指令；

F——张力设定指令；

i——机械传动比；

D——卷筒的卷径。

电机的转矩被计算出来后，用来控制变频器的电流环，这样就可以控制电机的输出转矩。所以转矩计算非常重要。这种控制多用在对张力精度要求不高的场合。

C　闭环转矩控制模式

张力闭环转矩控制是在张力开环控制的基础上增加了张力反馈闭环调节。通过张力检测装置反馈张力信号与张力设定值构成 PID 闭环调节，调整变频器输出转矩指令，这样可以获得更高的张力控制精度。其张力计算与开环控制相同。不论采用张力开环模式还是闭环模式，在系统加、减速的过程中，需要提供额外的转矩用于克服整个系统的转动惯量。如果不加补偿，将出现收卷过程加速时张力偏小，减速时张力偏大，放卷过程加速时张力偏大，减速时张力偏小的现象。

在所有的模式中都需要用到卷筒的卷径，大家知道，在生产过程中开卷机的卷径是在不断变小，卷取机的卷径在不断变大，也就是说转矩必须随着卷径的变化而变化，才能获得稳定的张力控制。可见卷筒的卷径计算是多么的重要。卷径的计算有两种途径：一种是通过外部将计算好的卷径直接传送给变频器，一般是在 PLC 中运算获得。另一种是变频器自己运算获得，矢量控制型变频器都具有卷径计算功能，在大多数的应用中都是通过变频器自己运算获得。这样可以减少 PLC 程序的复杂性和调试难度、降低成本。

变频器自己计算卷径的方法有三种：

（1）速度计算法：通过系统当前线速度和变频器输出频率计算卷径。

其公式如下：

$$D = (i \times v)/(\pi \times n)$$

式中　D——所求卷径；
　　i——机械传动比；
　　n——电机转速；
　　v——线速度。

当系统运行速度较低时，材料线速度和变频器输出频率都较低，较小的检测误差就会使卷径计算产生较大的误差，所以要设定一个最低线速度，当材料线速度低于此值时卷径计算停止，卷径当前值保持不变。此值应设为正常工作线速度以下。多数应用场合下的变频器都使用这种方法进行卷径计算。

（2）厚度积分法：根据材料厚度按卷筒旋转圈数进行卷径累加或递减，对于线材还需设定每层的圈数。

这种方法计算要求输入材料厚度，若厚度是固定不变的，可以在变频器中设定。此方法在单一产品的生产场合被广泛应用。

若厚度是需要经常变化的，需要通过人机界面 HMI 或智能仪表将厚度信号传送到 PLC，由 PLC 或仪表进行运算后再传送给变频器。这种计算方法可以获得比较精确的卷径。在一般的国产设备上应用较少，我公司的进口设备，气垫炉的收、放卷控制上就采用这种计算方式。

（3）模拟量输入：当选用外部卷径传感器时，卷径信号通过模拟输入口输入给变频器。由于卷径传感器的性能、价格、使用环境等原因，在国内鲜有使用。

6-16　变频调速在彩涂机组固化炉区的应用？

答：彩涂线工艺段的变频张力控制主要是固化炉区钢带的传动控制，钢带传动控制除了要满足生产线的速度匹配限制之外，还需要实现张力控制功能。张力控制主要是防止钢带在经过固化炉的时候由于张力过大而在热效应下产生拉伸变形，从而影响成品的质量。

固化炉区钢带的张力控制可以通过闭环转速控制模式来实现，即通过调节固化炉的入口速度和出口速度之间的差值来控制钢带悬空时所受的张力。由于钢带自身具有重力效应，并且在固化炉入口驱动辊和出口驱动辊之间由于没有支撑，因而若要使钢带在运动过程中不会受到过多的拉伸力以致变形，必须使其产生一定程度的悬垂，并且在整个设备运行过程中必须保证悬垂度处于适当的波动范围中。速差调节的实质是一种张力的 PID 控制方式，它需要依靠额外的张力传感器反馈作为速度调节的依据。虽然这种控制方式相对简单，然而在系统启动/停止或者加速/减速过程中要达到稳定的张力控制效果还是不太理想，较容易影响到涂层烘干的质量。

除了通过以上模式来控制达到防止张力波动的方法外，固化炉区钢带的张力控制也可以采用一种以定子磁通和转矩为主要控制变量的新型控制技术——DTC 控制技术，其原理是交流电机传动系统中的直接转矩控制是基于定子两相静止参考坐标系，一方面维持转矩在给定值附近，另一方面维持定子磁链沿着给定轨迹（预先设定的轨迹，如六边形或圆形等）运动，对交流电机的电磁转矩与定子磁链直接进行闭环控制。这种技术可以在无需编码器和测速机反馈的情况下提供精确的速度和转矩控制能力，有非常简单的控制结构和快速的动态性能，把交流电机与逆变器结合在一起，对电机的控制最为直接，且能最大限度发挥逆变器的能力。其控制性能大大优于传统的矢量控制技术。

6-17 变频调速在彩涂机组出入口段的应用?

答：用变频器做恒张力控制的实质是闭环矢量控制，即加编码器反馈。对开卷和收卷来说，其卷径是由小到大或由大变小地变化的，为了保证恒张力，要求电机的输出转矩要由小到大变化或由大变小变化。同时在不同的操作过程，要进行相应的转矩补偿。即小卷启动的瞬间、加速、减速、停车，大卷启动时，要在不同卷径时进行不同的转矩补偿，这样就能使得开卷和收卷的整个过程很稳定，避免出现小卷时张力过大；大卷时松卷或卷不紧等现象。

变频张力控制在生产线卷取机处的应用优点尤其突出：

（1）张力设定方式简单明了，单位为力的单位：公斤或牛顿。

（2）使用先进的控制算法：卷径的递归运算；开始卷取时张力线性递加；另张力锥度计算公式的应用；转矩补偿的动态调整等等。

（3）卷径的实时计算，精确度高，保证卷取电机输出转矩的平滑性能好。并且在计算卷径时加入了卷径的递归运算，在操作失误的时候，能自己纠正卷径到正确的数值。

（4）因为卷取装置的转动惯量较大，卷径由小变大时，如果操作人员进行加速、减速、停车、再起动时，很容易造成松卷的现象，影响彩涂卷的包装质量。而采用变频收卷方式，使卷取过程变得更加稳定，张力始终恒定。而且经过 PLC 的处理，在特定的动态过程中，加入一些动态的调整措施，使得卷取机的卷取性能更加好。

（5）维护方便，延长卷取机的使用寿命。

6-18 可编程控制器（PLC）的基本原理及其在彩涂机组中的应用?

答：可编程控制器（PLC）的基本原理：PLC 是（Programmable Logic Controller）的简称，PLC 是一种数字运算操作的电子系统，专为在工业环境下应用而设计。它采用可编程序的存储器，用来在其内部存储执行逻辑运算、顺序控制、定时、计数和算术运算等操作的指令，并通过数字式、模拟式的输入和输出，控制各种类型的机械或生产过程。

可编程控制器（PLC）主要由四部分组成，分别是输入单元、CPU、存储器和输出单元。输入部分收集并保存被控制对象实际运行的数据和信息，CPU 完成算术和逻辑运算协调系统各部分工作，存储器存放系统程序、用户程序及运算数据，输出部分提供给被控制装置需要的处理。

可编程控制器在彩涂机组中除完成全线的传动控制和顺序逻辑控制外，针对彩涂机组的主要设备，还完成如下功能：

（1）开卷机和卷取机：恒功率开卷和卷取控制；速度控制；钢带张力控制的力矩调节；卷径计算；制动控制等。

（2）张紧装置：带负载分配的速度控制。

（3）活套：速度控制；钢带张力控制；活套车位置控制；制动控制等。

（4）清洗段的仪表控制：液面控制和报警；温度控制和报警；电导率监视和报警等。

（5）涂机控制：涂辊的速度控制；涂层的厚度控制等。

（6）固化炉控制：炉内温度控制和钢带温度控制；钢带垂度控制；助燃空气流量控

制；火焰安全保护等。

6-19　怎样设计一个 PLC 控制系统？

答：设计一个 PLC 控制系统需要以下六个步骤：

（1）系统设计与设备选型：

1）分析你所控制的设备或系统。PLC 最主要的目的是控制外部系统。这个系统可能是单个机器、机群或一个生产过程。

2）判断一下你所要控制的设备或系统的输入输出点数是否符合可编程控制器的点数要求、选型要求。

3）判断一下你所要控制的设备或系统的复杂程度，分析内存容量是否够。I/O 赋值（分配输入输出）。

4）将你所要控制的设备或系统的输入信号进行赋值，与 PLC 的输入编号相对应（列表）。

5）将你所要控制的设备或系统的输出信号进行赋值，与 PLC 的输出编号相对应（列表）。

（2）设计控制原理图：

1）设计出较完整的控制草图。

2）编写控制程序。

3）在达到控制目的的前提下尽量简化程序。

（3）程序写入 PLC：将编好的程序写入可编程控制器。

（4）编辑调试修改程序：

1）程序查错（逻辑及语法检查）。

2）在局部插入 END，分段调试程序。

3）整体运行调试。

（5）监视运行情况：在监视方式下，监视控制程序的每个动作是否正确。如不正确返回步骤 4，如果正确则作第 6 步。

（6）运行程序（千万别忘记备份程序）。

6-20　为什么电气操作人员有必要了解一些与电气相关的机械连接和传动知识？

答：在许多电气设备中，电气元件的动作是由机械部件来推动的或与机械构件有着密切的联动关系，在检查电气故障时，应同时检查、调整和排除机械部分的故障。所以电气操作人员有必要了解一些与电气相关的机械连接和传动知识，以便正确判断和迅速排除故障。

6-21　为什么电气操作人员有必要了解与电气控制相关的液压、气动知识？

答：因为液压系统和气动系统的操作和控制都是通过电气来完成的，而且液压系统和气动系统都装有保护和控制用的电气元件，如液压泵、温度开关、压力开关、液位开关、气动电磁阀等，电气操作人员只有了解了与电气控制相关的液压、气动知识，才能进行正确操作和快速识别故障。

6-22　怎样进行继电-接触式控制线路的设计、安装与调试？

答：继电-接触式控制线路又称为有触点控制系统，是由开关、按钮、继电器、接触器等各种电器元件和电动机等用电设备组成。

设计时应首先根据控制电路工作原理画出电气原理图，电气原理图通常分为主电路和控制电路。主电路是由电源、接触器的主触点、保护元件与电动机组成的大电流电路；控制电路是由按钮、继电器接触器的线圈及其辅助触点等组成的小电流电路。然后按所设计的电路图，确定主要材料单。

任何复杂的继电-接触器控制系统都是由下列简单的基本控制电路按需要组合而成的：点动控制、单向连续运转控制、多处控制、正反转控制、顺序控制、行程控制、时间控制、速度控制等。

安装时要按图纸的要求，正确使用工具和仪表，根据电气设备安装规范，合理布置电气元器件。接线要准确、紧固、无毛刺，电机电源线要按要求压接端子。

调试前应对配电线路进行仔细检查，打点完成后先进行空载试车，然后才能进行带负荷试车。

6-23　怎样检修继电-接触式控制的电气控制线路？

答：检修继电-接触式控制的电气控制线路时首先应按规定停电挂牌，做好安全防护工作。主要内容应包括以下几方面：

（1）定期清扫电气柜内部及电器元件上的灰尘和油污，特别是铁粉之类有导电性能的灰尘；

（2）检查电气柜内的接触器、继电器等所有电器的接线端子是否松动、损坏，接线是否脱落等；

（3）检查电气柜内的各电器元件和导线是否有浸油或绝缘破损的现象，并进行必要的处理；

（4）为保证电气设备各保护装置的正常运行，检修时不得随意改变热继电器、自动空气开关的整定值；熔断器熔芯的更换必须按要求选配，不得过大或过小。

6-24　电气设备发生故障时一般的检查和分析方法？

答：（1）排除具有明显特征的故障，通过看、闻、听、摸等手段判断排除电机绕组过热、冒烟、打火，熔丝熔断、电器元件烧毁、发热、断线、导线松动等故障。

（2）根据电气控制线路分析检查故障范围，电气控制线路总是由主回路和控制回路两大部分组成，分析电路时，通常首先从主回路入手，了解设备的每个运动部件采用了几台电机传动，再从控制电路中找到相对应的控制环节和各环节之间的关系。从故障现象出发，按线路工作原理进行分析，初步判断故障发生的范围。在此范围内对有关电器元件进行有针对性的外表检查，常能发现故障的确切部位。

（3）如还未发现故障点，可进一步检查试验控制电路的动作顺序，如操作开关或按钮，查看线路中各继电器、接触器相关触头是否按规定顺序动作，各指示灯显示是否正常准确。在检查时，可用一段导线以逐段短接法来缩小故障范围，但同时必须注意人身和设备安全，尽可能切断电机主回路电源，只在控制回路带电的情况下进行检查。

（4）利用仪表器材来检查，利用万用表的电阻挡检测电器元件是否短路或短路（测量时必须切断电源），用万用表的电压、电流挡来检测线路的电压、电流值是否正常，三相是否平衡，也可用完好的电器元件替换可疑的电器元件的方法找出故障元件。

(5) 在检查电气故障时，应同时检查、调整和排除机械部分的故障。

6-25 变频器控制的电气设备发生故障时一般的检查分析方法?

答: 变频器控制的电气设备发生故障时应首先查看变频器的故障报警信息，根据故障代码的指示确定故障类型，如报过压、欠压、失压等故障代码可判断是供电电源回路出了故障，如报过流、过载等故障代码可检查负载情况，同时摇一下电机及电缆的对地绝缘电阻值。若报通讯故障则应检查变频器的通讯模板、通讯线及连接件等。在找出和排除造成故障的原因后才能进行故障复位重新启动设备。

6-26 标准电机和变频电机有何不同?

答: 由于标准电机采用风扇冷却，低速时的冷却效果不好。只能降低负载使用。而变频器专用电机在低速时也可100%负载连续运行。这是因为绝缘等级提高了一挡以上，并且:

(1) 标准电机适用于转速与负载成正比增加的风扇风机泵等递减负载;

(2) 变频器专用电机则适用于与速度无关的恒力矩负载如传送带、升降装置等;

(3) 变频电机具备耐冲击电流功能。

6-27 异步电动机空载电流出现较大的不平衡，是由哪些原因造成的?

答: 空载电流出现较大的不平衡，一般是由以下原因造成的:

(1) 三相电源电压不平衡过大;

(2) 电动机每相绕组都有几条支路并联,其中因某条支路断路,造成三相阻抗不相等;

(3) 电动机绕组中一相断路或相绕组内匝间短路、元件短路等故障;

(4) 修复后的电动机，因不细心使一个线圈或线圈组接反;

(5) 定子绕组一相接反，使接反的那一相电流特别大。

6-28 交流电动机启动时，对配电母线上的电压有何要求?

答: (1) 在一般情况下，电动机频繁启动时，不宜低于额定电压的90%；电动机不频繁启动时，不宜低于额定电压的85%。

(2) 配电母线上未接照明或其他对电压波动较敏感的负荷，且电动机不频繁启动时，不应低于额定电压的80%。

(3) 配电母线上未接其他用电设备时，可按保证电动机启动转矩的条件决定；对于低压电动机，尚应保证接触器线圈的电压不低于释放电压。

6-29 如何调节变压器的二次电压值?

答: 为了调节变压器的二次电压，通常的办法是在一次侧的线圈上抽出若干个分接头，更换分接头就可以改变一次侧的有效匝数，从而改变一次、二次线圈的匝数比，达到调节二次侧电压的目的。

6-30 变压器一般具有哪些保护?

答: 变压器的保护有过流保护、速断保护、瓦斯保护和温度升高保护。

6-31 什么叫一次设备，什么叫二次设备?

答: 直接与生产电能和输配电有关的设备称为一次设备。包括各种高压断路器、隔离开关、母线、电力电缆、电压互感器、电流互感器、电抗器、避雷器、消弧线圈、并联电容器及高压熔断器等。

二次设备是指对一次设备进行监视、测量、操纵控制和保护作用的辅助设备。如各种继电器、信号装置、测量仪表、录波记录装置以及遥测装置和各种控制电缆、小母线等。

6-32 引起接触器线圈发热的原因有哪些?

答：引起接触器线圈发热的原因有电源电压不足、铁心吸力不足、线圈匝间短路、电器动作超过额定。

6-33 什么是 UPS，彩涂机组为什么使用 UPS，UPS 的分类及工作原理是什么?

答：UPS 的汉语意思为“不间断电源”,是英语“Uninterruptable Power Supply”的缩写,它可以保障计算机系统在停电之后继续工作一段时间以使用户能够紧急存盘,避免数据丢失。

彩涂机组在生产过程中产生大量的实时数据需要计算机和 PLC 系统进行计算和存储，一旦突然停电，很多重要的生产数据就会随之丢失，甚至会引起严重的后果，因此，通常彩涂线都配置 UPS。

UPS 按其工作方式分为离线式（off line）式、在线式（on line）和线上互动式（Line-interactive）三类。下面就是三种 UPS 的工作原理：

（1）离线式 UPS。离线式 UPS 平时处于蓄电池充电状态，在停电时逆变器紧急切换到工作状态，将电池提供的直流电转变为稳定的交流电输出，因此离线式 UPS 也被称为后备式 UPS。然而这种 UPS 存在一个切换时间问题，因此不适合用在关键性的供电不能中断的场所。但实际上这个切换时间很短，一般介于 2 ~ 10ms，而计算机本身的交换式电源供应器在断电时应可维持 10ms 左右，所以个人计算机系统一般不会因为这个切换时间而出现问题。

（2）在线式 UPS。在线式 UPS 则一直使其逆变器处于工作状态，它首先通过电路将外部交流电转变为直流电，再通过高质量的逆变器将直流电转换为高质量的正弦波交流电输出给计算机。在线式 UPS 在供电状况下的主要功能是稳压及防止电波干扰；在停电时则使用备用直流电源（蓄电池组）给逆变器供电。由于逆变器一直在工作，因此不存在切换时间问题，适用于对电源有严格要求的场合。

（3）线上互动式 UPS。这是一种智能化的 UPS,可自动侦测外部输入电压是否处于正常范围之内,如有偏差可由稳压电路升压或降压,提供比较稳定的正弦波输出电压。而且它与计算机之间可以通过数据接口（如 RS-232 串口）进行数据通讯，通过监控软件，用户可直接从电脑屏幕上监控电源及 UPS 状况，简化、方便管理工作，并可提高计算机系统的可靠性。

6-34 提高企业功率因数的方法有哪些?

答：提高企业功率因数的方法有：

（1）提高用电设备的自然功率因数。一般工业企业消耗的无功功率中，感应电动机约占 70%，变压器占 20%，线路等占 10%。所以，要合理选择电动机和变压器，使电动机平均负荷为其额定功率的 45% 以上；变压器负荷率为 60% 以上，如能达到 75% ~85% 则更为合适。

（2）采用电力电容器补偿。

（3）采用同步电动机补偿。

6-35　电气设备技术资料是指什么？

答： 电气设备技术资料是指该设备至少具备：

（1）铭牌和设备技术履历卡片；

（2）历年试验或检查记录；

（3）历年大、小修和调整记录；

（4）历年事故异常记录，继电保护，二次设备还必须有与现场设备相符合的图纸。

6-36　示波器的用途有哪些，使用时应注意什么？

答： 示波器主要用于测量电路中，对信号幅度、频率有比较高要求的一些测试点一般都是一些交流信号或脉冲信号，如：晶振的频率、幅度、地址、数据线的脉冲幅度；模拟放大作用（如果对一些测试点的原始信号不清楚，可以先测量一块好板的信号用来作为比较信号）。

使用时应注意：

（1）掌握所使用的示波器、信号发生器面板上各旋钮的作用后再操作。

（2）为了保护荧光屏不被灼伤，使用示波器时，光点亮度不能太强，而且也不能让光点长时间停在荧光屏的一个位置上。在实验过程中，如果短时间不使用示波器，可将“辉度”旋钮调到最小，不要经常通断示波器的电源，以免缩短示波管的使用寿命。

（3）要保持仪器表面的清洁、干燥。

（4）按键、旋钮的操作力度适中。

（5）当未知信号幅值时先设定为最大幅值，在测量过程中再根据实际情况调整量程。

（6）为了减少外界对测试信号的干扰，探头芯线一般只用一根金属丝，所以需要特别注意，不要太用力拉探头线，不要随意弯折，尽量少移动探头线。

6-37　数字式仪表具有什么特点？

答： 数字式仪表具有如下特点：

（1）准确度和灵敏度高，测量速度快；

（2）仪表的量程和被测量的极性自动转换；

（3）可以和计算机配用；

（4）测量结果以数字形式直接显示，消除了视差影响。

6-38　什么叫仪表的灵敏度、回差、分辨率？

答： 仪表的灵敏度是指其输出信号的变化值与对应的输入信号的变化值的比值。被测量分别按增加和减少两个方向缓慢变化，使仪表指示同一示值的两个输入量之差称为该仪表在该点的回差。分辨率反映仪表对输入量微小变化的反应能力。

6-39　热电阻由几部分组成，引线为什么采用三线制？

答： 热电阻由热电阻体、绝缘套管、保护套管及接线盒组成。采用三线制的目的是减少引线电阻变化引起的附加误差。

6-40　补偿导线与热电偶配套使用时，应注意哪些问题？

答：(1) 补偿导线必须与热电偶配套，不同型号的热电偶应选用不同的补偿导线。
(2) 补偿导线与热电偶连接时应正极接正极，负极接负极。
(3) 补偿导线与热电偶连接的两个接点必须同温。

6-41　用热电偶测温度时，发现热电势输出不稳定，是什么原因引起的？

答：可能的原因有：
(1) 热电偶接线柱与热电极接触不良；
(2) 热电偶测量线路绝缘破损，引起短路或接地；
(3) 热电偶安装不牢或外部震动；
(4) 热电极将断未断；
(5) 外界干扰（交流漏电、电磁场感应等）。

6-42　热电偶测温为什么要进行冷端补偿？

答：热电偶热电势的大小与其两端的温度有关，其温度-热电势关系曲线是在冷端温度为0℃时分度的，在实际应用中，由于热电偶冷端暴露在空间受到周围环境温度的影响，所以冷端温度不可能保持在0℃不变，也不可能固定在某个温度不变，而热电势既决定于热端温度，也决定于冷端温度，所以如果冷端温度自由变化，必然会引起测量误差，为了消除这种误差，必然进行冷端补偿。

6-43　什么是压力开关，它的工作原理？

答：压力开关是一种简单的压力控制装置。当被测压力达到额定值时，压力开关可发出警报或控制信号。

压力开关的工作原理是：当被测压力超过额定值时，弹性元件的自由端产生位移直接或经过比较后推动开关元件，改变开关元件的通断状态，达到控制被测压力的目的。开关形式有常开式和常闭式。调节方式有两位式和三位式。

6-44　为了确保测量的准确性，测温元件在管道中安装时应按照哪些要求进行？

答：(1) 测温元件在管道中安装，应保证测温元件与流体充分接触，测温元件应迎着被测介质流向，至少要与被测介质形成顺流。
(2) 测温元件的工作端应处于管道中流速最大处。
(3) 要有足够的插入深度。
(4) 接线盒盖应向上。

第七章　彩涂板生产线机械设备

7-1　彩涂机组主要由哪些设备组成?

答: 彩涂机组主要由机械、液压、气动、调偏、热工和电气设备组成。其中热工、电气、液压气动系统已分别在第五章、第六章和第八章有详细描述，本章仅介绍机械和调偏方面的设备功能。

7-2　彩涂机组的机械设备是如何按功能划分的?

答: 彩涂机组的机械设备与一般的钢带连续机组有很多类似的地方，其组成通常包括三个主要部分，即入口段、工艺段、出口段。

入口段主要设备组成：上卷小车、开卷机、入口夹送辊装置、横剪切机、缝合机、压毛刺辊装置、张力装置、纠偏装置和入口活套等。

工艺段主要设备组成：脱脂清洗、化学液涂层、烘干炉、涂料辊涂机、固化炉、冷却、风干。

出口段主要设备组成：出口立式活套、张力装置、纠偏装置、出口剪机、出口夹送辊、卷取机。

7-3　入口段设备在彩涂板生产中主要起什么作用?

答: 入口段设备包括：开卷、剪齐、缝接及贮料活套等设备，作用是将原料卷松开并将带头与前一卷的带尾连接起来，以便连续地、匀速地为机组供应钢带。

7-4　工艺段设备在彩涂板生产中主要起什么作用?

答: 工艺段是整个机组的核心部分，通常由预处理、涂层烘干几个工艺处理的设备组成。其中预处理工序是在被涂底板上进行表面清洗并涂上化学涂层，以提高防腐蚀性能，同时可提高对后一层有机涂料漆膜的附着力，涂层烘干工序以二涂二烘为例，通常包括涂底漆（初涂）→烘烤固化→冷却→涂面漆（精涂）→烘烤固化→冷却等几个处理步骤。

随产品要求不同，工艺段还可以只设一涂一烘两个步骤。涂的时候也可以只涂单面，涂的时候还可以采用逆向或顺向辊涂的施工方式。炉温分段控制，各段温度取决于所用涂料品种、底板厚度及通过烘炉的时间。

7-5　出口段设备在彩涂板生产中主要起什么作用?

答: 将产品分卷或按要求尺寸切成单张。

7-6 钢带在入口段的连接方式主要有哪些?

答：前后钢带两卷连接的方法多用机械缝合和焊接两种方式。

机械式缝合机是将前一卷钢带的尾部与后一卷钢带的头部连接起来的专用冲压机。缝合的原理是：上下两层钢带先被冲压出一定形状的切痕，然后通过钢带张力的拉伸使其错位，从而达到前后钢带连接的效果。

涂层机组上采用的钢带的焊接方法主要有电阻焊和搭接焊两种方法。电阻焊是一种加压焊接法，在压紧钢带的同时，直接在钢带上通电，利用钢带本身的电阻和接触面的集中电阻所产生的热量，使钢带熔化而焊接起来，此法适用于厚度在1.2～6.5mm的钢带。搭接焊是断续点焊的累加，滚焊时，以旋转的焊轮代替点焊时的圆柱形电极，焊轮在被焊接的钢带上借助于电机推动向前滚动，当电流断续或连续的经焊轮通过焊件时，即形成连续焊缝。另外也有采用压力机卷边咬合、压平缝焊接等方法，不过，这些焊接法都较少用于彩涂机组。

比较机械缝合机与焊机的特点，焊机设备价格高，焊接时间长，设备占地面积大，因此大部分彩涂机组主要还是采用机械缝合机处理接缝。缝合机有以下优点：

（1）接缝均匀、整洁，设备价格低、操作简单、占地面积小。

（2）可以缝合不同的材质和不易焊接的金属带材。

（3）冲切铆合迅速，整个过程可在6s左右内完成。

（4）根据钢带生产线要求的张力大小不同，可以采用单排、双排或多排缝合。

（5）利用两卷钢带自身切口互相铆合在一起，不需另外的材料或消耗件，因而运行费用少，节省费用。

（6）维护简便。

（7）缝合机具有独立的动力机构和电气系统，采用按钮集中控制或脚踏操作两种方式，工作压力和行程范围均可调节。

7-7 为什么在高速机组中必须设置缝合缝（焊缝）检测装置?

答：彩涂机组中，涂机的涂辊辊面一般都敷有一层聚氨酯橡胶，辊面的平整度和硬度对漆膜的形成有很大的影响，一旦辊面被划伤，就会造成钢带的涂层表面出现缺陷，影响彩涂板的表面质量。

彩涂机组中，目前比较普遍的配置是采用缝合机连接钢带的头尾部，为了连接牢固，一般情况下，在缝合缝之间还穿有夹条（见图7-1、图7-2），缝合缝的截面图如下图所示。因此钢带经过缝合缝连接后，局部的厚度就比其他地方厚度要大许多，虽然经

图 7-1 缝合缝断面示意图

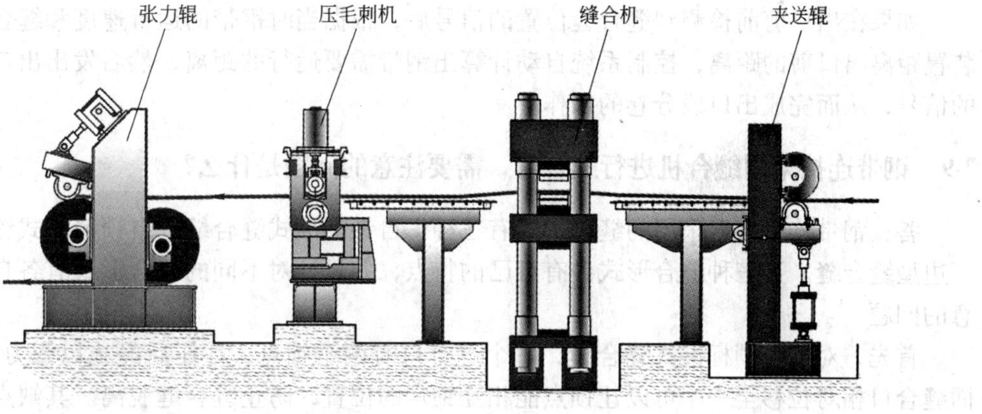

图 7-2　缝合机的布置

过压毛刺机压平，在高速运转的情况下，对辊涂机涂敷辊的表面也是具有相当的威胁，很容易被钢带表面的凸起、缺陷、毛刺等划伤。在低速机组中可以采用人工观察，人工控制涂头打开和闭合，避免涂敷辊辊面被缝合缝损伤，但是在高速机组中，不可能采用人工观察、人工控制的方法来避免涂敷辊辊面的损伤，必须设置缝合缝（焊缝）检测装置。

7-8　缝合缝检测装置的检测原理是什么?

答: 在彩涂板生产线上，一般在全线设备中的刷洗辊、化涂机、初涂机、精涂机和出口剪前设置有缝合缝检测装置，其中刷洗辊、化涂机、初涂机和精涂机前设置的缝合缝检测装置，主要作用是防止缝合缝对相应的辊面造成损伤；位于出口剪前的缝合缝检测装置，其主要作用是为了自动分卷的停车控制。

红外线检测原理如图 7-3 所示，缝合缝检测装置主要由光源和信号接收器组成，钢带在经过缝合机缝合的过程中，在缝合缝的前方或后方冲出一个直径大约在 38mm 左右的圆孔，钢带在高速运行的过程中，这个圆孔经过缝合缝检测装置时，其红外光源发出的光线，有一部分穿过这个圆孔到达位于钢带另一侧的信号接收器，信号接收器检测到红外光源发出的光线后就产生一个脉冲信号，并传给控制系统，控制系统就判断出缝合缝的位置。

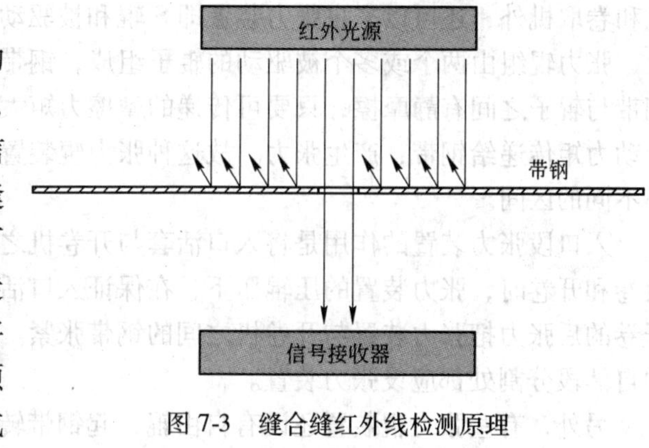

图 7-3　缝合缝红外线检测原理

一般情况下，缝合缝检测装置的安装位置于辊涂机前方数米的地方，控制系统在检测到了缝合缝位置的信号后，根据当时钢带的运行速度和缝合缝检测装置距辊涂机的距离，就可以计算出缝合缝在这段距离需要行走的时间，然后及时发出信号，自动将辊涂机的涂头快速打开，让缝合缝顺利通过涂敷辊，避免因为缝合缝造成的涂敷辊辊面损伤。

如果在出口剪前检测到缝合缝位置的信号后，根据当时钢带的运行速度和缝合缝检测装置距离出口剪的距离，控制系统自动计算出钢带需要运行的距离，然后发出出口段停机的信号，从而完成出口段分卷的操作。

7-9 钢带连接采用缝合机进行缝合时，需要注意的问题是什么？

答：钢带连接普遍采用的缝合形式有三种：自锁标准式缝合缝、自锁箭头式缝合缝及直边型缝合缝。这三种缝合形式各有自己的特点，并且针对不同的缝合形式有各自需要注意的问题。

首先，对于自锁标准式缝合缝，每个缝合口有两个锁点，冲压后经施以张力，使底、面缝合口相对位移至一个可以让锁点能相互锁定的位置，防止缝合缝脱离。其缺点是锁点少，较易产生脱缝而损坏辊面。

自锁箭头式缝合缝每个缝合口有四个锁点，可提供两倍于自锁标准式缝合缝的自锁力。其缺点是该自锁力仅限于一个方向的自锁。因此，引导侧永远在面板上或永远在底板上。这种缝合形式比较适合于薄钢带的缝合。

直边型缝合缝合缝形式比较简单，不是自锁型，所以在冲压以后，要在缝隙中塞入一根预先准备好的钢带，以便保证缝合缝在钢带运行过程中不易脱离。

值得注意的是，在实际应用中，为了稳固起见，无论是哪一种的冲压形式，都可以通过塞入钢带预防脱缝。

7-10 压毛刺机的作用是什么？

答：压毛刺机是彩涂生产线的必要设备，其作用有两个：一是在钢带板形正常时，只用在压平缝合缝，以免缝合缝的冲压毛刺太大而伤及其他设备的辊面。二是如果钢带因上一工序或运输带来了沿边缘方向的损伤，尤其是在每卷的卷头和卷尾部分，则应随时用手动的形式将压毛刺机投入，以便将边缘毛刺压平，防止毛刺随钢带进入工艺段伤及辊涂机涂敷辊的辊面。

7-11 彩涂机组中设置的张力辊组所起的作用是什么？

答：为了使机组正常平稳的运行，钢带必须有恒定的张力。张力的来源除了来自开卷机和卷取机外，还可以来自张力装置即 S 辊和被驱动的转向辊。

张力辊组由两个或多个被驱动的辊子组成，钢带以尽可能大的包角绕在辊子上，由于钢带与辊子之间有静摩擦，只要可传递的摩擦力矩大于电机所供给的力矩，这些辊就能把转动力矩传递给钢带，产生张力。故这种张力辊装置能根据工艺需要把机组分隔成张力大小不同的区间。

入口段张力装置的作用是将入口活套与开卷机之间的张力分割开来。在入口段开卷机换卷和开卷时，张力装置的压辊压下，在保证入口活套以一定的张力运行的同时，也作为开卷的后张力把张力装置与开卷机之间的钢带张紧。除了入口段外，在生产线的各个工序的自然段分割处都应设张力装置。

另外，有些张力辊装置还设有自由辊，起钢带转向的作用。

7-12　活套的作用是什么?

答：入口活套是保证钢带前后两卷缝合或焊接期间不导致机组停车的关键设备。

入口活套的作用是在开卷机换钢卷和切头缝合时，由活套中存储的钢带供给工艺段，保证机组工艺段连续运转，不致因停机产生废品。因此活套的存储量应能满足入口段在切头缝合时间内，工艺段按最高设计速度运行时所需的钢带长度，一般为2min时间的存储量。

7-13　活套的形式有哪些?

答：钢带连续机组的活套通常有以下几种形式：卧式活套、立式活套、活套坑和螺旋活套。以下简单介绍一下这几种活套的特点：

(1) 卧式活套：这种活套一般设置在设备的上方或地坪以下，占地面积小，储存量大，结构简单，适用于车间长度方向受限的机组。

(2) 立式活套：也叫活套塔，最适宜于薄钢带的存储装置。其优点是在占用空间小的情况下可以获得大的充套套量，易于控制钢带运行和钢带的张力。断带时，制动上部转向辊，可使钢带继续保持穿好带的状态。立式活套又分为上部辊组移动，下部辊组固定和上部辊组固定，下部辊组移动两种形式。下部辊组固定，上部辊组移动的优点是固定辊组在地面上或地坑中进行穿带和维修比较方便。

(3) 活套坑：它是较早使用于连续机组的钢带储存方式。这种方式有许多缺点，各个活套弯的弯折与钢带表面之间容易引起摩擦，影响钢带的表面质量。另外，活套坑后的第一对夹送辊的机械负荷太大，它一方面必须从活套坑中拉出钢带，另一方面又要通过它调节工艺段清洗槽内的垂度，所以彩涂机组几乎不采用这种形式。

(4) 螺旋活套：这种活套仅适用于宽度较窄，速度较低的连续机组，钢带间的摩擦对产品的质量有很大的影响，因此彩涂机组也极少采用这种形式。

无论哪一种形式的活套，钢带在活套中的运行应该平稳，不能扭转，不能产生拉伸变形和相互摩擦的现象。

7-14　彩涂机组清洗段设备的作用是什么?

答：彩涂机组的清洗段可分为预清洗和清洗两个阶段，预清洗段通常设置在入口活套之前，其作用是去除钢带表面的大部分油渍，防止钢带在入口活套内产生打滑、跑偏现象。

清洗段一般设置在入口活套之后，钢带从入口活套出来后，经过转向辊，进入钢带正式脱脂清洗段进行表面的彻底清洁处理，目的是将基板表面的油脂和脏物彻底去掉，清洗后最好还要经热风吹干，使基板表面变得非常清洁和可浸润，为下一步的化学液处理做好准备。清洗剂对油脂必须有良好的溶解、皂化和乳化作用，并能吸附污物。清洗效果的好坏与脱脂清洗段内各工序的工艺参数和设备的结构有较大关系。

7-15　彩涂机组清洗段的设备通常有哪几种布置形式?

答：目前彩涂机组清洗段较为常用的为喷淋式脱脂清洗，其布置一般按碱液（或清水）预清洗、碱液刷洗、热水清洗、冷水清洗和热风干燥等几个典型工序来排列，这几个工序又可以根据是否选用和重复的次数而组合成表7-1所示的4~6级的清洗段布置形式，这些布置形式一般根据机组的装备水平或钢带的线速而定。

表 7-1　彩涂机组脱脂清洗的几种组合形式

序号	预清洗（碱液或清水）	刷洗（碱液或清水）	碱液清洗	热水清洗	冷水清洗	吹干（热风或冷风）
A	1（碱液）	1（碱液）	1	2		
B	1（碱液）	1（碱液）	1	1	1	1
C	1（清水）	1（碱液）	2	2		
D	1（碱液）	1（碱液）	1	1		
E	2（碱液）	1（碱液）	1	2		
F		1（清水）	1	1		1
G			2	2		
H			1	1		

以上的表中所示的 B 组排列是目前我国彩涂机组脱脂清洗工艺中用得较为普遍的布置形式，G 和 H 组的排列多用于预脱脂清洗段的布置，F 组的排列一般较少单独使用，一般与预脱脂配合使用。

7-16　怎样操作清洗段的设备才能使钢带表面清洗干净？

答： 为了保证将彩涂原板表面清洗干净，需要严格按照如下工序进行清洗。

脱脂清洗段即预清洗工序是钢带脱脂的第一工序，所需时间一般在 4 ~ 6s 左右，碱液温度控制在 60 ~ 80℃之间，碱溶液的含量为 2% ~ 3%，碱浓度一般控制在游离碱度 15 点。喷嘴工作压力可在 100 ~ 400kPa 之间。

机械刷洗工序是钢带脱脂的第二工序。冷轧钢带若贮存时间太长，如 3 ~ 4 星期，油或乳化液粘附在钢带表面很硬，只用喷淋法化学碱洗是很难去除的，因此必须用刷辊刷洗，刷辊的另一个作用是去除镀锌钢带表面的铬化膜。为了提高刷洗效果，刷辊可根据钢带行进方向分两种方向运转，既可以与钢带同向运转，也可以相对于钢带反向运转，以增大摩擦效果。另外刷辊相对于钢带的压力是可调节的，可以通过电流表调节电流值，并将该值转换为压力值显示。

碱液刷洗采用刷辊的形式，这种刷辊可以除掉牢固粘附的污物（铁锈和污垢），同时可以使金属表面（特别是镀锌钢带）具有化学活性。刷辊转速为 200 ~ 1000r/min。刷洗装置可采用四辊两刷或八辊四刷的方法。刷辊必须与钢带支承辊交错布置，这样，刷辊才能施给钢带足够的压力。当刷较硬的污物如乳液膜、油膜或铬酸盐层时，刷辊的旋转方向应与钢带运行方向相反，以增大其摩擦力，正常情况下一般为同向，但不同步。

刷辊的配备数量多少要根据生产线速度和清洗段的长度来考虑。刷洗机工作时，应同时配有热碱溶液或清水的喷淋，碱浓度和温度与预清洗段的一样。

脱脂的第三工序碱液喷淋所需时间跟碱液预清洗一样一般也要 4 ~ 6s 左右，其他参数如浓度、温度和喷嘴压力等和施工方法与碱液预清洗相同。

钢带碱洗后，为了除掉残留在表面上的碱液和污物，钢带需要经清水漂洗，漂洗分为热水漂洗和冷水漂洗，属于钢带脱脂的第四、第五工序。热水喷淋和冷水喷淋所需时间一般都在1~3s左右，其中热水喷淋的温度控制在60~80℃之间，冷水喷淋为常温喷淋，两种喷淋形式的喷嘴工作压力也在100~400kPa之间。

整个脱脂段设备的槽体应独立分开，各槽之间设有挤干辊装置，这样既能方便连续地观察钢带的挤干和清洗过程，又能防止前一槽体的液体被带进后一槽体，影响后一槽体的浓度，特别是在第三工序的碱液喷淋与第四工序的热水喷淋之间，如果没有挤干装置，第三工序的碱液随钢带流到第四工序的清洗槽内，会造成重复碱洗的现象。挤干装置可以是双挤干辊或单挤干辊的形式，缝合缝通过时，上辊应能自动抬起，脱脂段出口处必须用双挤干辊，以便把钢带表面的水渍完全挤干。

各碱洗槽和漂洗槽均设有热电偶测温仪，并用记录器记录其实际温度值，通过对加热器的控制保持温度恒定。加热系统目前多用三种形式：蒸气加热、电热板加热或由固化炉废气焚烧系统输送过来的热气交换加热。

各槽体分别设有蒸气排放系统，将废蒸气抽出后汇总并排入大气。

以上所有工序都必须用脱盐水或软水来调配碱液或直接冲洗，脱盐水的好处是可溶解钢带表面的沉淀物，以便在脱脂段出口的钢带表面不会留下或只留下少量的盐，不至于影响化学成膜的处理。

如果脱脂段最后一工序是冷水清洗，钢带离开脱脂段时是处于常温状态，虽然在出口处已用双挤干辊将水分挤干，但钢带表面仍然留下一层极薄的水膜。如果不用热风烘干装置将水膜蒸发掉，这层水膜会影响随后的化涂液处理效果，所以在脱脂段的出口处一般装有一台热风烘干装置，热风烘干装置的喷管出口，其热风温度为80~100℃，空气加热方式可以是蒸气或电加热形式，风机的风量和风压的选取与生产线速度有关，一般情况下风量为7180m^3/h、风压为2428Pa左右。

碱洗脱脂段虽然是一种比较综合的清洗方法，现在常使用的脱脂剂除了能强力脱脂外，还可以清除钢带表面的少量的锈迹。但是，对于一些锈蚀较深的基板，特别是冷轧钢带和其他没有镀层的材料，碱洗脱脂液则不可能彻底清除。所以，一些彩涂机组在清洗段增设酸洗槽，以防要清洗锈蚀太深的基板。

7-17　清洗段内为什么要设置刷洗装置?

答：冷轧钢带若贮存时间太长，如3~4星期，油或乳化液粘附在钢带表面很硬，只用喷淋法化学碱洗是很难去除的，因此必须用刷辊刷洗，刷辊的另一个作用是去除镀锌钢带表面的铬化膜。

刷洗装置由刷洗箱、刷辊、刷辊支撑辊、刷辊压紧及调整装置、刷辊传动装置等部件组成（图7-4）。

刷洗箱中有四个刷辊和四个支撑辊，刷辊直径为$\phi300$，刷辊的结构为活动轴头与辊筒（图7-4）相连，辊筒表面一般镶有60mm长的摩擦材料，摩擦材料主要是以金刚砂或刚玉作研磨填料的聚酰胺或尼龙，每两个月应修磨一次。支撑辊直径为$\phi250$，辊芯为钢质，辊面衬氯丁或海帕伦橡胶。刷辊和支撑辊以相对式交错排列。

每个刷洗辊后有一排碱液喷嘴，喷嘴的喷射方向是朝向刷辊，工作时一边喷淋碱液一边刷洗。

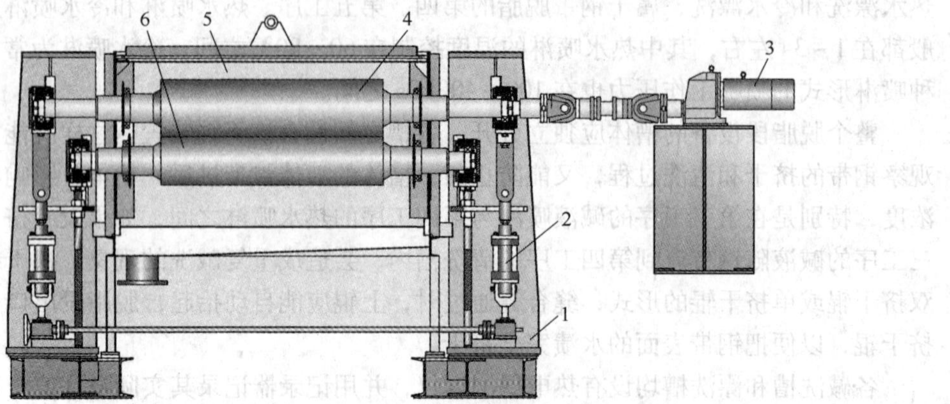

图 7-4　刷洗机结构示意图

1—机座；2—刷辊压紧及调整装置；3—刷辊传动装置；4—刷辊；5—刷洗箱；6—刷辊支撑辊

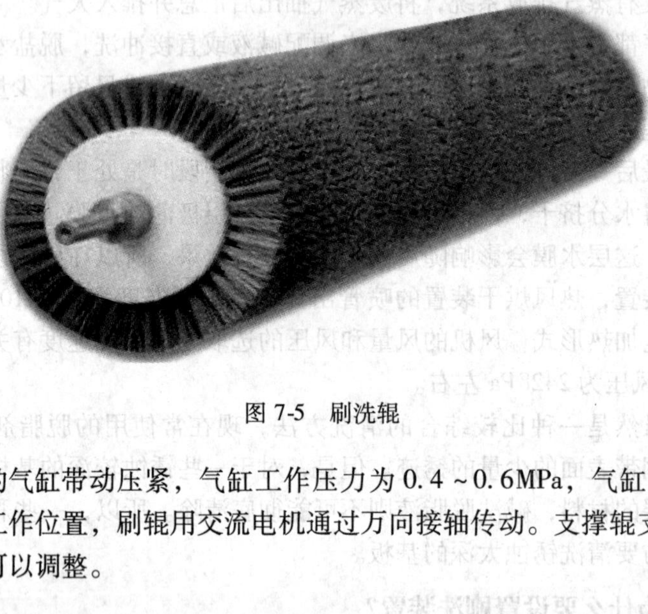

图 7-5　刷洗辊

刷辊由两端的气缸带动压紧，气缸工作压力为 0.4 ~ 0.6MPa，气缸支撑在升降机上，用于调整刷辊的工作位置，刷辊用交流电机通过万向接轴传动。支撑辊支撑或吊挂在调整螺杆上，其高度可以调整。

7-18　清洗段后的热风干燥装置起什么作用？

答：热风装置的设置主要是为了使钢带表面在进入化成处理前不带水雾，呈干燥状态，使化学处理膜涂层在烘干后的均匀度更好，密度更高。

热风干燥装置由喷管及支架、送风管道、风机及传动、热交换器及滤网组成。空气加热方式可以是蒸汽或电热管加热。

热风干燥装置的工作原理：一种结构比较简单的敞开式热风干燥装置（图7-6）是由风机把冷空气抽入热交换器，在此空气被加热至80 ~ 100℃，再以7000m^3/h左右的风量送至送风管道，在钢带的上下方直接吹向钢带，把从清洗段出来后还留存在钢带表面的水膜烘干。另一种结构较为复杂（图7-7）的是密封式热风干燥器，将烘干段做成箱体式的烘干通道，已加热的空气在钢带的上下方以反向于钢带运行方向吹入烘干通道，在通道的末端有一部分干燥热风被抽回循环系统，另一部分通过排气管排出厂房，空气加热温度和风

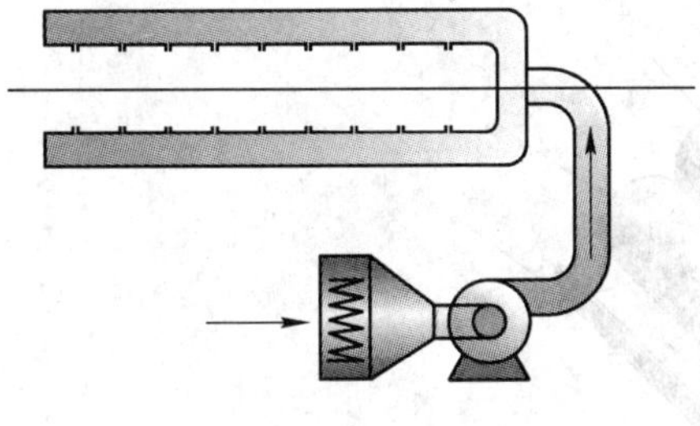

图 7-6　敞开式热风干燥器示意

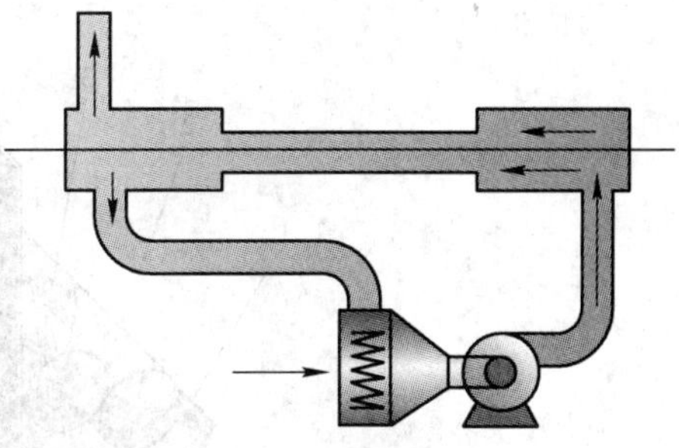

图 7-7　密封式热风干燥器示意

量与前者相同。

根据钢带表面状况和机组线速度的不同，该装置每小时汽化的水量约在 1 ~ 1.5m^3范围内。如果机组的清洗段最后为热水漂洗，也有不用该热风干燥装置，经过挤干辊后利用板温的余热自然蒸发水汽，即热水漂洗挤干后经过一小段自然空冷后就进入化学成膜工序。

7-19　化涂机在彩涂机组中起什么作用?

答：用铬酸盐溶液与金属作用在其表面生成三价或六价铬化层的过程，称为化成处理或铬化。多用于铝、镁及其合金的处理，对钢铁也能形成铬化层，钝化处理可以进一步提高钢带的耐腐蚀性能。

7-20　化涂机有哪几种形式?

答：彩涂机组中的化涂机一般可分为喷淋式化涂机和辊式化涂机，其中辊式化涂机根据钢带运行方向的不同，可以分为卧式辊涂（图 7-8）和立式辊涂（图 7-9）。

化涂机一般采用双涂头方式辊涂，可以正涂，也可逆涂。

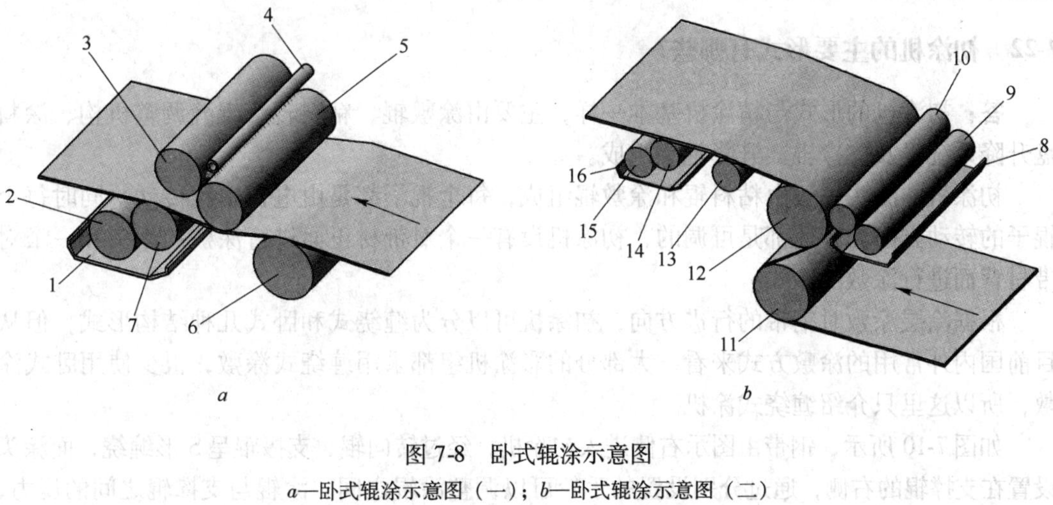

图 7-8　卧式辊涂示意图

a—卧式辊涂示意图（一）；*b*—卧式辊涂示意图（二）

1—化涂液料盘；2，15—背面粘料辊；3—正面涂均料辊；4—化涂液喷管；5，10—正面涂敷辊；6—提升辊；7，14—背面涂敷辊；8，16—料盘；9—正面粘料辊；11—转向辊；12—支撑辊；13—提升辊

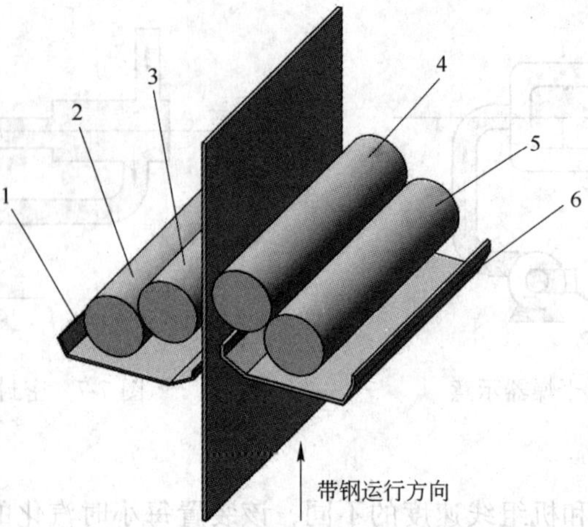

图 7-9　化成膜立式辊涂示意图

1，6—料盘；2，5—粘料辊；3，4—涂敷辊

7-21　初涂机的主要作用是什么？

答：现代国内外的彩涂机组对于带材的涂层施工，基本上都采用两次涂层和两次烘干的过程，即两涂两烘工艺，其中用于底漆（即涂敷于钢带表面的第一层漆膜）施工的涂机被称作初涂机。

初涂机主要用于带材正面和背面底漆的涂敷，同时根据生产工艺的要求，初涂机也可为带材的印花提供底漆。

一般来说，底涂层的厚度都比较薄，因此初涂机的底涂头和面涂头均采用二辊式涂头布置。另外影响到涂层表面质量的因素中，主要有涂料的黏度、稀释剂的比例以及湿膜的厚度，其中对涂机来说，通过调整涂头各辊之间、涂敷辊与支撑辊之间的辊缝压力，可以控制涂层的湿膜厚度。

7-22　初涂机的主要形式有哪些？

答：初涂机的形式与精涂机基本一样，主要由涂敷辊、粘料辊、辊缝调整机构、涂料盘升降系统以及支撑辊、升降辊等组成。

初涂机的涂头一般由粘料辊和涂敷辊组成，每个辊子都是由电机单独传动，同时每个辊子的转动方向和转速都是可调的，初涂机设有一个对带材正面进行涂敷的涂头和一个对带材背面进行涂敷的涂头。

根据涂层涂敷时钢带的行进方向，初涂机可以分为缠绕式和卧式几种结构形式，但从目前国内外常用的涂敷方式来看，大部分的彩涂机组都采用缠绕式涂敷，很少使用卧式涂敷，所以这里只介绍缠绕式涂机。

如图 7-10 所示，钢带由图示右侧进入初涂机，经过转向辊、支撑辊呈 S 形缠绕，面涂头设置在支撑辊的右侧，通过分别设置的手轮可以调整涂辊之间、涂辊与支撑辊之间的压力，涂头与机架之间装置有快开液压缸，可以通过手动、自动的方式，在钢带接头到达涂辊时，面涂头快速向右侧移动，使涂头与支撑辊之间脱离接触，以免钢带接头损伤涂敷支撑辊表

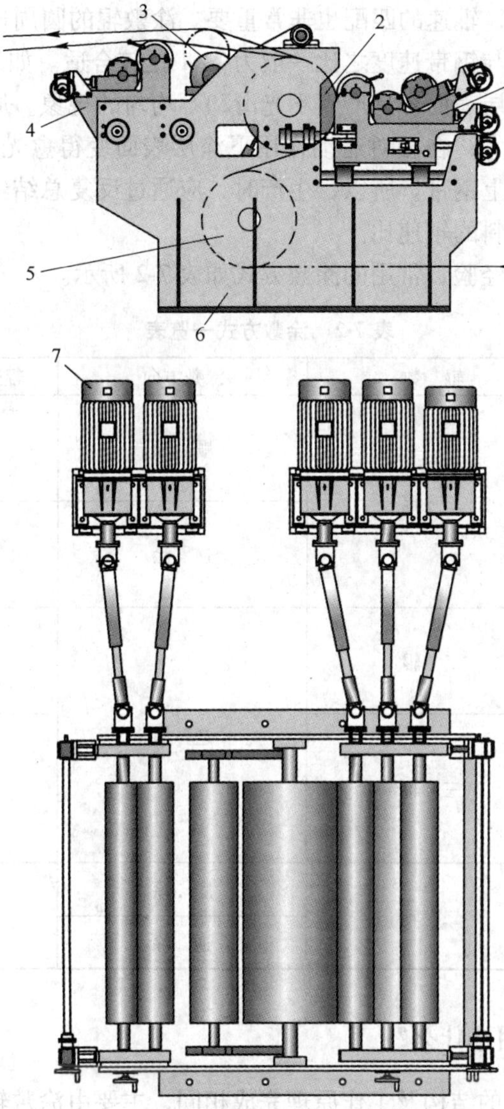

图 7-10　缠绕式辊涂机

1—面涂头；2—支撑辊；3—提升辊；4—底涂头；5—转向辊；6—机座；7—传动系统

面。底涂头设置在支撑辊左侧，钢带走钢线下部，与面涂头一样，底涂头也设置有调节涂辊之间压力的手轮，而底涂头与钢带之间的压力，则是通过调整提升辊的纵向位置来实现，提升辊下设置有快开液压缸，可以通过手动、自动的方式，在钢带接头到达涂辊时，提升辊向上提升，将钢带顶升，使其脱离底涂头，以免钢带接头损伤涂辊表面。面涂头、底涂头的各个辊子单独与变频电机连接，可以根据涂敷的需要，方便地设置其转速和转向。

7-23　初涂机、精涂机涂辊的旋转方向和旋转速度如何选定?

答：一般来说，底涂层的厚度和面涂层的背面漆厚度都较薄，干膜厚度小于 15μm，涂料黏度也较小，初涂机涂辊的旋转方向相对于钢带的运行方向，可以采用顺向涂敷或逆向涂敷。但精涂机涂敷的面漆厚度比较厚，干膜通常在 20μm 左右，所以要用逆涂方式。

在选定了涂敷方式后，辊速的匹配也非常重要。涂敷辊的圆周速度一般比生产线的线速要快，辊子的切向速度与钢带速度之比一般为2∶1比较合适。如果涂敷辊的圆周速度等于或小于钢带线速度，涂层表面容易产生不光滑和不均匀的现象。原则上，涂敷辊的圆周速度与钢带线速度之差愈大，在相对运动作用下涂层表面变得愈光滑。但速度差太大时，涂料又会很难连续性地涂上钢带。所以，生产时，应通过反复总结经验，才能确定出既能获得光滑表面又能充分供料的辊速比。

根据众多生产厂家的经验，常用的涂敷方式如表7-2所示。

表7-2　涂敷方式一览表

<table>
<tr><th>涂层名称</th><th>辊　数</th><th>涂敷方向</th><th>辊速（以生产线为100%计）</th></tr>
<tr><td rowspan="2">初涂（面、背面涂）</td><td rowspan="2">二　辊</td><td>顺　涂</td><td>$V_{生产线}=100\%$
$V_{涂}=50\%\sim150\%$
$V_{粘}=20\%\sim70\%$</td></tr>
<tr><td>逆　涂</td><td>$V_{生产线}=100\%$
$V_{涂}=130\%\sim150\%$
$V_{粘}=40\%\sim55\%$</td></tr>
<tr><td rowspan="2">精涂（面涂）</td><td>二　辊</td><td rowspan="2">逆　涂</td><td>$V_{生产线}=100\%$
$V_{涂}=130\%\sim150\%$
$V_{粘}=40\%\sim55\%$</td></tr>
<tr><td>三　辊</td><td>$V_{生产线}=100\%$
$V_{涂}=110\%\sim150\%$
$V_{粘}=150\%$
$V_{调}=10\%\sim30\%$</td></tr>
<tr><td rowspan="2">精涂（背面涂）</td><td rowspan="2">二　辊</td><td>顺　涂</td><td rowspan="2">$V_{生产线}=100\%$
$V_{涂}=130\%\sim150\%$
$V_{粘}=40\%\sim55\%$</td></tr>
<tr><td>逆　涂</td></tr>
</table>

7-24　精涂机的主要作用是什么?

答：精涂机和初涂机的结构及工作原理完成相同，主要由涂敷辊、粘料辊、辊缝调整机构和涂料盘升降系统所组成，差别仅为均料辊是否需要配置。

精涂机主要用于带材正面和背面面漆的涂敷。

一般来说，面涂层的厚度与底涂层相比，相对比较厚，所用涂料的黏度相对也较大，为了获得比较好的涂层质量，精涂机的底涂头和面涂头多采用三辊式涂头布置。另外影响到涂层表面质量的因素中，主要有涂料的黏度、固化剂的比例以及湿膜的厚度，其中对涂机来说，通过调整涂头各辊之间、涂敷辊与支撑辊之间的辊缝压力，可以控制涂层的湿膜厚度。

7-25　精涂机的主要形式有哪些?

答：精涂机主要有缠绕式和立式。

A　缠绕式精涂机

缠绕式精涂机主要由涂敷辊、粘料辊、辊缝调整机构和涂料盘升降系统所组成。还设有过接头用的提升辊装置和两根钢带转向辊，即S形转向辊，其中与面涂头在涂敷时所接触的上转向辊同时也起到钢带被涂敷时的支承作用，因此也叫钢带支承辊。通常情况下，缠绕式辊涂机的上涂头和下涂头分别布置在支承辊的左右侧。

机架为钢板焊接形式，左右两边机架用拉杆连在一起。

面涂头涂敷辊固定在机座上，粘料辊两端轴承座通过燕尾槽连接在两端机座上，用螺旋升降器调整粘料辊与涂敷辊的辊缝。机座用直线轴承连接在导杆上，液压缸拉动机座压紧和快速打开，一对升降器通过旋转螺杆带动螺母移动，为上涂头限位。

底涂头机架固定，粘料辊调整形式与面涂头相同。

提升辊是摆动结构，液压缸推动升降，螺旋升降机限位。辊子轴固定，辊子通过滚动轴承安装在轴上，辊子为自由辊。

涂料盘高度可以通过机械或液压机构调整。

涂敷辊、粘料辊和均料辊单独传动，传动装置包括变频齿轮减速电机和万向联轴器。辊子可以无级调整。

缠绕式辊涂机工作时，钢带缝合接头经S形转向通过支承辊后，首先是面涂头自动或手动靠向支承辊，对钢带正面施以连续涂层。当接头经过底涂头后，提升辊由液压缸带动向下移动，让钢带与底涂头的涂敷辊接触，使底涂头对钢带背面施以连续涂层。每逢钢带接头经过时，辊涂机的面涂头和提升辊要同时离开或升高，避免接头对各涂敷辊的损害。涂层的厚度可通过对粘料辊与涂敷辊之间的间隙、各辊的转速来调整。

B　立式精涂机

立式精涂机的结构和工作原理完全跟立式化学辊涂机一样，只是在面涂头上增加一套均料辊和螺旋升降器的步进装置，图7-11所示为立式辊涂机的现场实照。

图7-11　立式辊涂机

7-26　面漆颜色的快速切换的设备有哪几种形式？

答：实际生产过程中，根据客户的订货情况，需要生产不同颜色面漆的产品，这个时候能够实现彩涂板生产过程中面漆颜色的快速切换，对彩涂板机组是极其重要的。

为了实现彩涂板面漆颜色的快速切换，一般情况下都采用两套面漆涂头来实现，具体工艺布置中，可采用两台精涂机的方式，也可采用在一套精涂机上设置两套面漆涂头的方式。

A　双面涂头精涂机

双面涂头精涂机可实现快速更换面漆颜色的功能，是将精涂机的面涂头设置成活动式的、可互换的两个涂头，双面涂头的设置通常有几种常见的形式：

（1）纵向移动式。纵向移动式双涂头精涂机的结构（图7-12）：两个面涂头在垂直于钢带的运行方向上直线排列，涂头可在机座的轨道上来回移动，两个涂头分别配有一套传动系统。在生产过程中当需要在不停机的情况下更换涂料品种时，在线涂头连传动装置一起沿轨道移离钢带支承辊，已预先配好涂料的备用涂头也连传动装置一起随即从另一方向

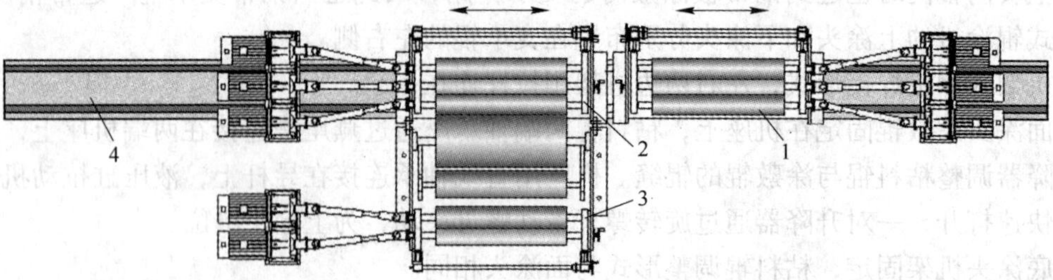

图 7-12　涂头快速更换装置

1—2 号面涂头；2—1 号面涂头；3—底涂头；4—机座移动轨道

移动到原在线涂头的位置并继续工作。

这种形式的双涂头装置操作方便、灵活，并且容易维护和清洗，但占地面积较大，多用于立式精涂机。

（2）横向移动式。横向移动式双面涂头精涂机的结构有两种形式：一是两个面涂头分别相对于两根钢带支承辊，呈上下重叠布置（图 7-13*a*），下方涂头底座设有移动轨道，并分别配置了一套传动系统，所有涂头和支承辊均安装在同一机座上，形成一整体形式。需要更换涂料时，上方涂头移离支承辊，已准备好的下方涂头随即合上使用。二是两个面涂头相对于同一根钢带支承辊，以支承辊的中点为界上下重叠布置（图 7-13*b*），涂头与机架是旋转摆臂式，需要更换涂料时，上方涂头摆离支承辊，已准备好的下方涂头随即合上使用。

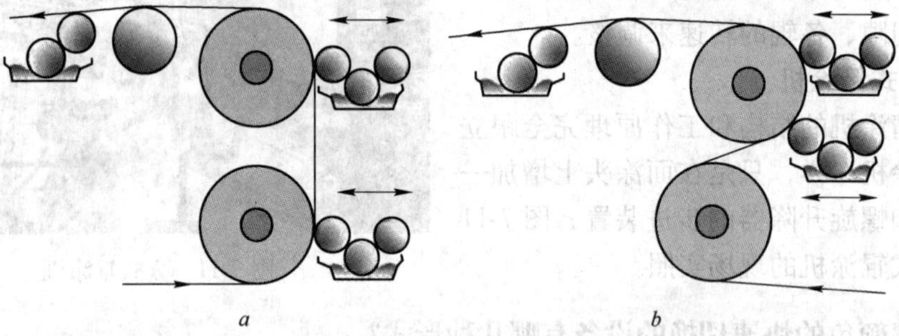

图 7-13　横向移动式双面涂头布置形式

这两种形式的双面涂头装置各有优缺点，优点是操作容易，占地面积小。但 *b* 形式结构由于两个涂头挨得太紧，涂头虽然设有摆动式机构，清洗和维护没有 *a* 形式方便。

（3）其他形式。目前已有许多机组不采用以上两种形式的双面涂头辊涂机，而是在生产线工艺布置时，在精涂机之前多布置一台单面涂头的辊涂机（见图 7-14），常称其为单面涂精涂机或 1 号精涂机，正常生产所使用的精涂机称为 2 号精涂机，1 号、2 号精涂机分布在不同的辊涂室内，相互独立。

单面涂精涂机是固定设置，其结构和工作原理与以上所介绍的普通辊涂机完全一样，但只能涂钢带的正面，是因方便换色而设，不需要更换颜色的正常生产时，1 号精涂机的涂头是处于离开的位置，这种形式可同时避免了涂头的纵向移动和横向移动的缺点，但要多增设一根支承辊。

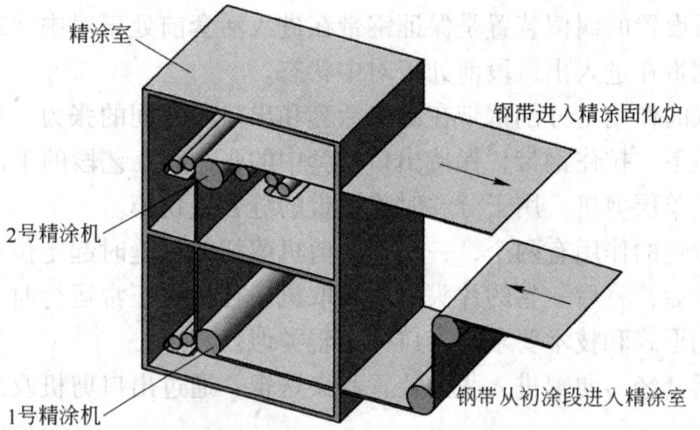

图 7-14　1 号、2 号精涂机布置形式

7-27　为什么需要对初涂炉后和精涂炉后的钢带进行雾化水淬冷却?

答: 钢带从固化炉出来后，膜层较软，特别是涂热塑性涂料时，出炉后的膜层更显弹性，如果不急速冷却让其表皮变硬，在随后的出口段中很容易使涂层因与较多辊面接触而受到损伤。另外，涂层的表面温度在炉子的出口处仍然处在 200℃以上，快速降温可以避免因生产线高速卷取，高温涂层因来不及散热在成卷以后，底、面之间相互产生粘联而出现漆膜剥落的现象，钢带在涂后冷却段的出口处温度必须在 50℃以下。因此对初涂炉后和精涂炉后的钢带进行雾化水淬冷却的作用主要有两个：一是要让钢带表面的膜层硬化；二是要降温。

7-28　出口活套的形式有哪些?

答: 与入口活套相比较，虽然在生产线上放置的位置不同，作用不一样，但基本形式一样。在彩涂生产线上普遍采用的是卧式活套和立式活套。

7-29　出口活套的作用是什么?

答: 出口活套的作用是：当出口段钢带因分卷或换卷需要停车时，活套充套储存钢带，以便维持工艺段的正常生产。因此，在机组正常运行时，出口活套不存储钢带，但当换卷操作或出口段因故障停车时，为保证工艺段的正常运转，由出口活套充套存储钢带，当卷取机缠绕钢带完成，出口段再启动时，卷取机以最高的速度运行，直到出口活套内的钢带被完全放空，出口段再与工艺段同步运行。

7-30　彩涂机组出口段的运行特点是什么?

答: 彩涂机组出口段的工艺布置、设备形式与其他钢带精整机组相同，为了使彩涂板在成卷、切头尾和换卷的过程中，机组工艺段的钢带仍能匀速涂层施工，出口段应配置卸卷小车、卷取机、出口夹送辊装置、横剪切机、出口张力装置、纠偏装置和出口活套等主要设备。

钢带从工艺段进入出口段时，首先是进入出口活套装置。

出口活套前所设置的纠偏装置是保证钢带在进入活套前处于对中状态；出口活套后的纠偏装置是保证钢带在进入出口段前处于对中状态。

出口张力装置的作用是分割钢带在出口活套和出口段之间的张力，当卷取机换卷或切分钢带时，压辊压下，拉住钢带，保持出口活套中的张力和工艺段的正常生产。

出口横切剪是单层剪机，用于分卷时将钢带的缝合缝切掉。

卷取机前夹送辊的作用有两个，一是在横剪机剪切缝合缝时起定位作用，二是在前一卷彩板成卷并卸下后，将后一卷的片头引入卷取机。在机组正常运行时，夹送辊呈打开状态。夹送辊的结构形式和技术要求与入口夹送辊类似。

钢带从出口活套经转向辊进入张力装置和夹送辊，通过出口剪机及出口转向夹送辊达到卷取机。

7-31 卷取机前夹送辊的作用是什么?

答：卷取机前夹送辊的作用有两个，一是在横剪机剪切缝合缝时起定位作用，二是在前一卷彩板成卷并卸下后，将后一卷的片头引入卷取机。在机组正常运行时，夹送辊呈打开状态。

7-32 卷取机的作用是什么?

答：卷取机的用途是将彩涂板卷取成卷状以便于储存和运输。

7-33 助卷器的作用是什么?

答：助卷器位于彩涂机组出口段，用于协助卷取机快速咬入钢带，并将钢带压紧在卷筒上而形成第一圈，只至钢带在卷筒上缠绕3圈左右，各圈钢带之间形成足够的摩擦力，可以实现张力卷取后退回原位。

7-34 卷取机如何防止成品彩涂卷出现塌卷事故?

答：卷取机在运行过程中，当卷筒径向压力达到某一限定值以后，卷筒产生缩径，引起带卷内层间的相对滑动或滑动趋势，在带材层间产生摩擦阻力，使得钢带内层能够支持外层，从而也限制了卷筒径向压力的增长；同时此径向压力在棱锥与扇形板接触面间产生摩擦阻力，摩擦阻力与胀缩油缸推力共同与卷筒轴向推力相平衡，保证卷筒的胀紧。

7-35 卷取设备如何实现彩涂卷齐边卷取?

答：彩涂机组出口段通过卷取机对边纠偏系统来实现钢带齐边卷取。此系统是通过控制卷取机的横向移动来保证钢带边部实现齐边卷取，其主要组成部件是：液压站、伺服阀、控制器和探测器等。探测器有光电式和数字式两种，目前多数采用数字式探测器。数字式探测器纠偏系统的工作原理是：在卷取机上安装一个位置传感器使系统成为闭环控制系统，钢带的横向位置变化和卷取机的位置可分别通过数字式探测器和位置传感器转化为电信号，并输入控制放大器。控制器比较这两个输入信号，若有任何偏差便输出一个偏差纠正信号至伺服阀，伺服阀将信号转化为大功率液压能，驱动液压缸推动卷取机作相应移动，直至位置传感器的输出与探测器的输出相等为止。如此连续往复动作，使卷取机能够连续跟踪进带位置，得到端部整齐的卷材。

也有使用光电式探测器纠偏系统的，其工作原理是：采用闭环伺服控制，通过一光电式对边探测器监测钢带卷取前的某一边，并将该位置变化转变为电信号输出至控制放大器。控制放大器将此信号和预先设定的纠偏零点信号相比较。若有任何偏差便输出一相应的纠偏信号至伺服阀，伺服阀将信号转换为大功率液压能，驱动液压油缸推动卷取机连同与之通过刚性固定臂连接为一体的对边探测器一起同步移动，直到探测器探测范围中心线重新和钢带监测边重合为止。如此连续往复动作，便可实现换取机对钢带带边的连续跟踪，最终得到端部整齐的钢卷。

7-36　为什么要在彩涂机组中设置钢带纠偏系统?

答：彩涂机组是连续作业机组，由于机组设备的安装精度、传动辊子的磨损，特别是钢带板形等因素的影响，钢带运行时往往会产生跑偏的现象。

钢带跑偏会影响带卷的质量，甚至损伤机组设备。因此，钢带跑偏控制是很重要的。为了减少钢带跑偏，除保证机组设备的安装精度和传动辊子的良好表面形状，改善钢带板形、提高带卷质量，及选择合适的机组工艺参数外，在机组中安装跑偏控制装置也就是纠偏系统，控制钢带跑偏在一定范围之内是一种有效的方式。

7-37　彩涂机组主要采用哪几种纠偏方法，各自的特点是什么?

答：彩涂机组主要采用以下三种纠偏控制方法。

A　开卷纠偏（对中）控制

为了使带材能准确地送入机组中心线，应在开卷机上设置纠偏（对中）控制设备，因为来料卷可能不整齐，有错层或塔形，或者在上卷过程中，带卷没有对准机组中心线。出现上述情况都需要在上卷过程中进行纠偏。

开卷纠偏一般有两种形式：一种是双检测光头系统，即对中系统，简称 CPC（Center-positioncontrol），如图 7-15 所示。两组检测光头，对称于机组中心线设置，通过一根正反扣螺杆，由一台步进电机带动作反向运动，即同步向内或向外运动。当带材开始穿带进入机组后，光头向内移动，当其中一个光头检测到带边时，说明带材已偏向了此方向，同时发出信号，移动开卷机带动带材移动，直到两边光头都检测到带材，两边输出相等时，光头停止移动，开卷机停止移动，带材已处于中心位置。

这种方式的优点是上卷操作时不需要考虑带卷宽度，系统可以做到自动对中心；另一种方式是通过检测带材的边部位置进行控制，使送入机组的带材边部位置固定，简称为 EPC（Edgepositioncontrol）。光头架装在机组传动侧。首先根据来料的宽度，预先设置好检测光头的位置。当开卷带材送入机组后，检测光头根据被带材遮盖情况（全盖、全亮、半盖的程度）发出信号，移动开卷机使带卷一边边部始终处在光头半遮盖位置。这种方式的优点是单光头，光头装置相对简单一些，但是在操作前必须根据不同的带宽，预先调节好光头的原始位置。

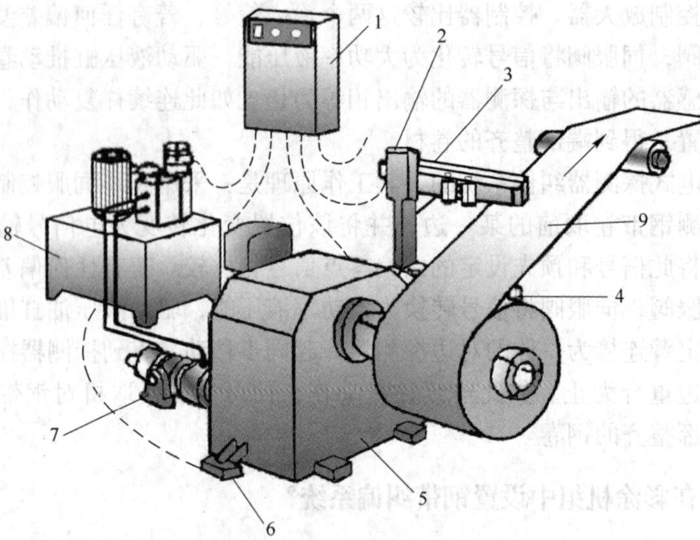

图 7-15　开卷纠偏装置

1—电控柜；2—位置控制检测器；3—C 型架；4—发送光源；5—开卷机；
6—中心位置检测器；7—移动液压缸；8—液压站/伺服阀；9—带材

B　卷取纠偏控制

对于卷取机，要求卷取的带卷边部比较整齐。边部平齐的带卷在运输和处理过程中不容易受到损伤，可减少由于受损而变为次品的可能性。为了达到卷齐通常是采用一组光头检测边部。检测光头的设置位置，可以在卷取机上伸出一个臂来安装光头，光头随卷取机一起移动（图 7-16）；也可以在机组出口偏导辊附近单独地设置一个光头座。一组丝杆通

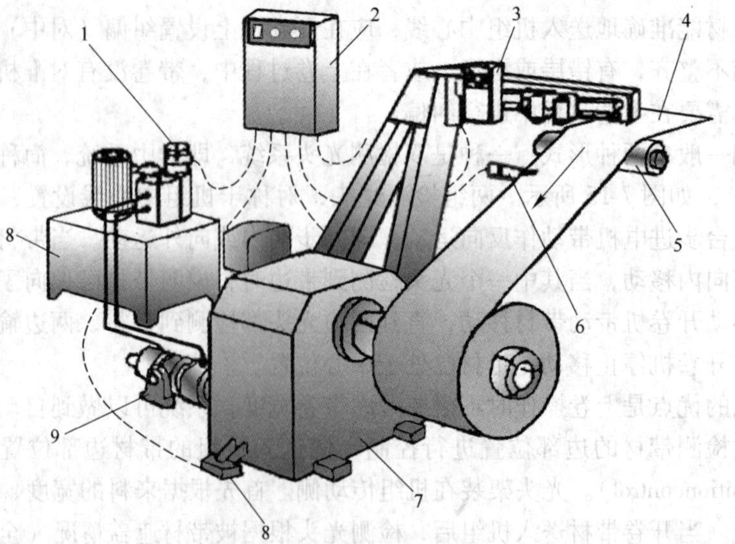

图 7-16　卷取纠偏装置

1—液压站/伺服阀；2—电控柜；3—位置控制检测器；4—带材；5—偏导辊；
6—发送光源；7—卷取机；8—中心位置检测器；9—移动液压缸

过一个步进电机带动光头，或者移动整个光头支座，在移动座上带有位置传感器。

这两种方式的工作过程是这样的：当带材送进到卷筒轴上并咬住头之后，检测光头送进，直到检测到带卷边部遮住一半光源为止，同时自动投入闭环控制系统。当带边位置发生变化时，检测光头继续跟随，并随时将偏移值输入控制系统，使卷取机纠偏移动油缸也同方向移动相同距离，最后达到卷齐的目的。

C　机组中间设置的纠偏控制

中间位置的纠偏是通过改变导辊或夹送辊的轴心线来实现的。其结构形式多种多样，可以归纳为以下三类：

（1）端头铰接的控制辊，积分效应辊。这种控制辊的结构简单，辊子以一端为支点（旋转点），另一端用液压缸调节辊子的角度。当钢带跑偏，可借助于液压缸调节辊子的角度。由于辊子角度的调节，从而强制运行中的钢带在辊子上做侧向移动，直到钢带与辊轴线呈90°的位置，当钢带突然跑偏，虽然可马上调整辊子的角度，但将钢带调整到新的位置需要一定的时间，是随时间逐步积分，达到新的钢带位置，称为积分效应辊。这种辊子的结构有两种形式，一种辊子的旋转中心在辊子的一端（图7-17），另外一种旋转点在辊子的中心（见图7-18）。

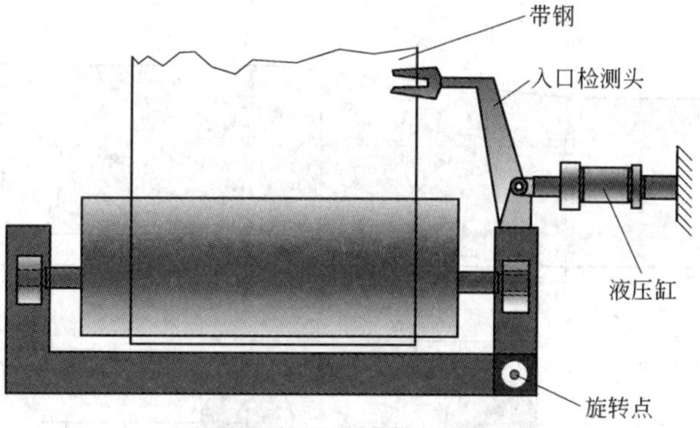

图 7-17　旋转中心在辊子的一端

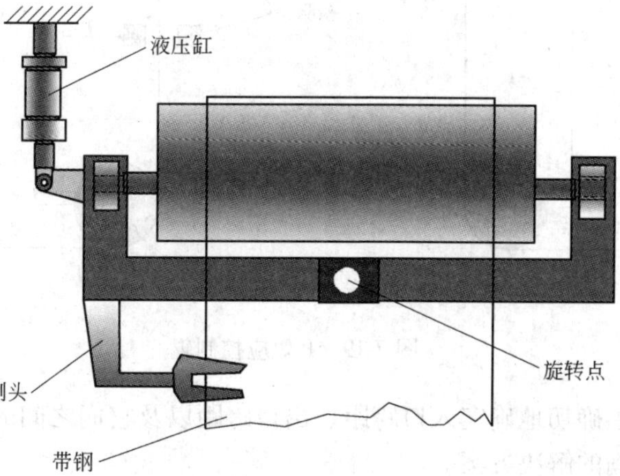

图 7-18　旋转中心在辊子的中心

由于积分效应辊在调整时有积分时间，动态性能差，故钢带速度在100m/min以下，以及钢带镰刀弯较小时，可使用这一系统。当钢带速度较高时以及钢带误差多变时不适用。

（2）P效应控制辊。所谓P效应控制辊，是当控制辊受控制信号控制后，有侧向调整位移量（P效应），钢带随即有一纠偏量。该控制辊动态性能好，没有滞后时间，但静态性能受比例系统的阻止及本身是一有差系统，而性能差。

这种控制辊可以是由一根或一组辊子组成，辊子装在旋转架上，以下面固定框架上的旋转点转动。同时，应该使钢带能180°包缠于这一控制辊或这对控制辊，这样控制辊移动的平面可以和入口跨距与出口跨距的平面垂直。如图7-19所示，纠偏量等于入口跨距与出口跨距之间的距离L乘以控制设备旋转的α角的正弦值。

$$C = L\sin\alpha$$

$$D_1 \text{ 或 } D_2 = 0.357W_a(EW_t/T)^{1/2}$$

式中　E——弹性模量，Pa；

　　　T——钢带张力，N。

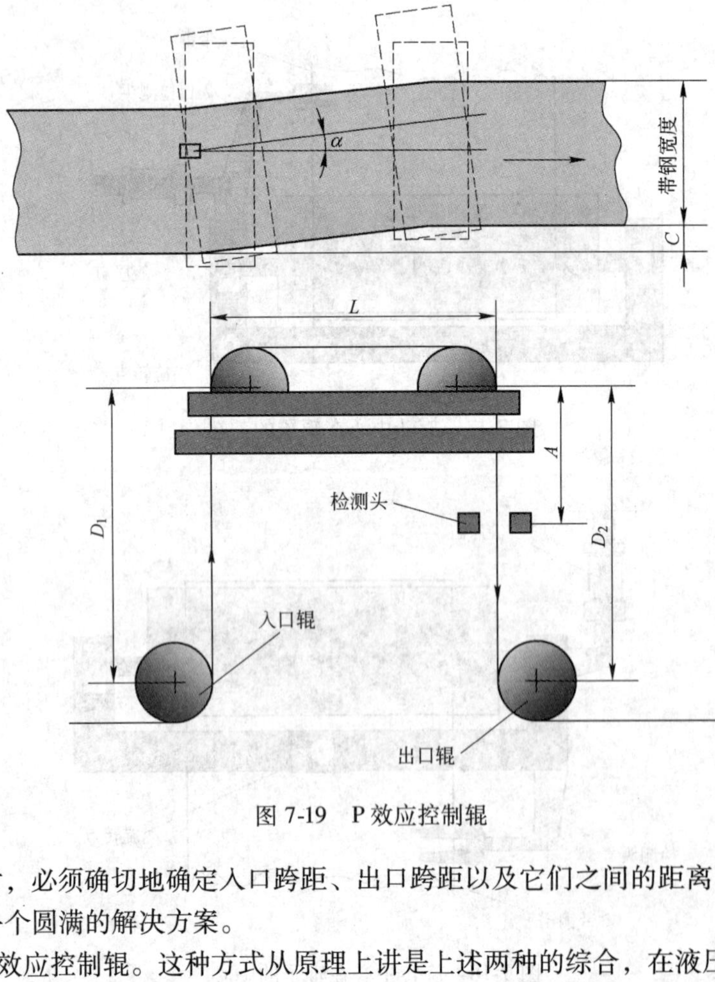

图7-19　P效应控制辊

在设计时，必须确切地确定入口跨距、出口跨距以及它们之间的距离，以便对于给定的纠偏量有一个圆满的解决方案。

（3）P-I效应控制辊。这种方式从原理上讲是上述两种的综合，在液压缸驱动调节下，既有侧向位移（P 效应），又有角度的改变（I 效应），综合调整的结果为 P-I 效应。它的动作原理，可以简化为图 7-20。导辊框架 2 可以通过油缸 4 带动回转，框架受两个可绕 O_1、O_2 回转的等径臂 O_1A_1、O_2B_2 约束，与导辊轴线 A_1B_1 构成一个三连杆机构。当油缸带动框架向左摆动时，则轴线 A_1B_1 向右倾斜至 A_2B_2。当油缸带动框架向右摆时，则轴线 A_1B_1 向左倾斜，使行进中的钢带产生平移而实现纠偏。

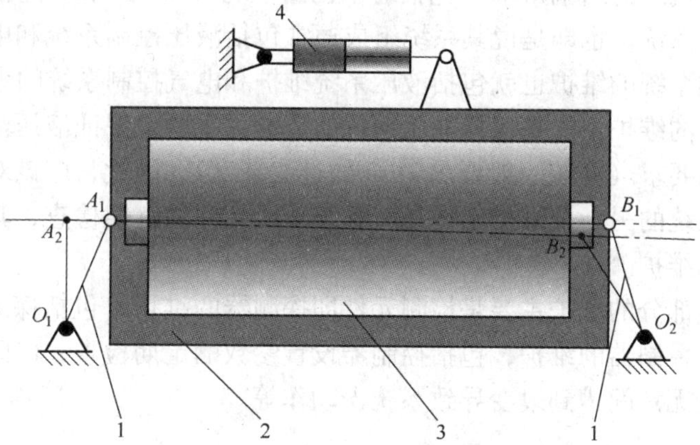

图 7-20　中间辊纠偏动作示意图

1—回转臂；2—框架；3—辊子；4—摆动液压缸

7-38　EPC 和 CPC 纠偏系统采用的是什么原理?

答： 由 EPC（Edge Positoin Control）及 CPC（Center Position Control）构成的系统，能够进行高精度的控制。

系统工作原理如图 7-21 所示。钢带位置传感器对钢带边缘进行检测，检测结果送入微控制器，微控制器计算出偏差信号并给出相应的控制信号，控制信号经伺服驱动器放大后送至伺服电机，电机带动智能换向阀，换向阀驱动油缸动作，从而驱动纠偏或对中执行机构移动，实现纠偏或对中。

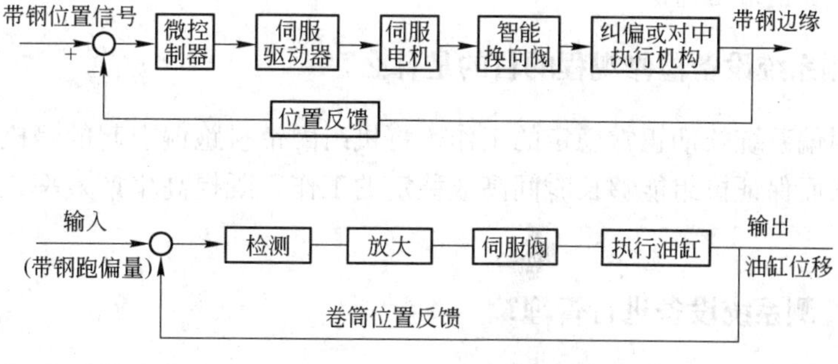

图 7-21　系统原理图

CPC 和 EPC 主要区别在于 CPC 对中控制系统是为了确保钢带始终保持在生产线的中心位置，所以它的位置传感器有两个，例如在开卷机上的对中系统中，位置传感器分别位于运行钢带的两个边缘位置，为了满足不同宽度钢带边缘检测的要求，装有一套传感器移动装置。而 EPC 纠偏控制系统的目的是保证在卷取时带卷边缘整齐，故而它的位置传感器有一个。如卷取机上装有一个位置传感器，位于运行钢带的一个边缘。此外，根据生产的实际情况，EPC 纠偏和 CPC 对中装置的系统配置也不会完全相同。

7-39 纠偏系统的维护主要有哪些方面?

答: 通常彩涂机组的纠偏系统（包括对中控制系统（CPC）和对边控制系统（EPC））都是电液伺服控制系统，也即是说其系统组成通常包括液压控制系统和电气控制系统两个部分。所以，纠偏系统的维护也就包括液压系统维护和电气控制系统的维护两个方面。

其中液压系统的维护主要是保持液压系统的清洁，主要是保证液压油的过滤精度始终需满足纠偏系统的要求（系统一般要求 7μm 的过滤精度），因此，应该对油品清洁度定期进行检验。液压系统的另一个维护工作是对系统液压元件的定期检查，其中最主要的是伺服阀的定期检查和维护。

纠偏系统电气部分的维护主要是检测元件即探测器的维护，包括探测器的校准、标定等等。另外就是，控制器的维护，包括控制器设置参数的定期检查，以防其他人员误操作致使系统参数设置无意间遭到改变导致系统误动作等。

7-40 检测系统对彩涂机组的运行起什么作用?

答: 可以说，检测系统是彩涂机组能正常运行的一个非常重要的前提条件，特别是对速度较高的彩涂机组，没有纠偏系统，由于钢带的跑偏无法得到及时纠正，这种机组基本上不可能维持长时间的连续正常运行。

7-41 如何保证检测系统的检测精度?

答: 纠偏系统的检测精度的保证包括四个方面：一是根据应用场合对纠偏精度要求的不同正确地进行纠偏系统探测器和伺服阀等组件的选型；二是纠偏系统必须正确的安装在机组中；三是与纠偏系统有关联的机组设备（如开卷机、纠偏架以及卷取机等）必须进行正确的设计、布置和安装；四是机组工艺参数如机组速度和张力等参数必须设定妥当，以保证纠偏系统能够正常工作。

7-42 编制检测系统设备检修规程的目的是什么?

答: 保证纠偏系统长期正常稳定的工作，将机组因带材跑偏引起的停机维修时间减少到最低程度，从而保证机组能够长时间高效稳定的工作，既提高生产效率，又节约生产成本。

7-43 如何对检测系统设备进行管理?

答: 系统的操作必须由经过培训的专门技术人员进行，其他人员不允许随意改变纠偏系统的设置。纠偏系统必须定期由专人进行维护，系统维护须严格按照供货厂商的系统维护说明书进行。

第八章　彩涂板生产线液压气动系统

8-1　液压系统在彩涂机组中起到什么作用?

答：液压传动是以液压油作为工作介质，通过液压泵将原动机的机械能变为液压油的压力能，再通过控制元件，然后借助执行元件（油缸或油马达）将压力能转化为机械能，驱动负载实现直线或回转运动。且通过对控制元件遥控操纵和对压力流量的调节，调定执行元件的力和速度。

在传递相同功率的情况下，液压传动装置的体积小、重量轻、惯性小、结构紧凑、布局灵活、传递的功率大。

8-2　液压系统有哪些常见故障的诊断方法?

答：液压系统常见故障的诊断方法有三种。

A　简易故障诊断法

目前采用最普遍的方法是：

（1）询问设备操作者，了解设备运行状况。其中包括：液压系统工作是否正常；液压泵有无异常现象；液压油检测清洁度的时间及结果；滤芯清洗和更换情况；发生故障前是否对液压元件进行了调节；是否更换过密封元件；故障前后液压系统出现过哪些不正常现象；过去该系统出现过什么故障，是如何排除的等，逐一进行了解。

（2）看液压系统压力、速度、油液、泄漏、振动等是否存在问题。

（3）听液压系统声音：冲击声；泵的噪声及异常声；判断液压系统工作是否正常。

（4）通过温升、振动、爬行及连接处的松紧程度判定运动部件工作状态是否正常。

B　液压系统原理图分析法

根据液压系统原理图分析液压传动系统出现的故障，找出故障产生的部位及原因，并提出排除故障的方法。结合动作循环表对照分析、判断故障就更容易。

C　其他分析法

液压系统发生故障时根据液压系统原理进行逻辑分析或采用因果分析等方法逐一排查，最后找出发生故障的部位，这就是用逻辑分析的方法查找出故障。为了便于应用，故障诊断专家设计了逻辑流程图或其他图表对故障进行逻辑判断，为故障诊断提供了方便。

8-3　怎样维护液压系统?

答：液压设备是机器设备的一部分，它与机器主体设备和电气设备联系很紧密。

液压装置是以液压油为介质传递功率，同时，工作油也起润滑的作用。由于金属磨损的粉末、铁锈等的增加和外界脏物的污染等等，使液压油的性能变坏。据统计，液压设备的大部分故障是由液压油维护不良造成的。因此液压油的维护十分重要，维护液压装置的首要条件是：一定要充分熟悉了解机器设备的特性和变化、使用条件、环境条件及设计制造上的问题等等。在此基础上才能决定适当的维护的方法。

对使用较长时间的旧机器、管路、仪表等，重点是检查寿命及安装螺栓的松动等。

新设备的重点是检查跑合情况和了解设备的性能。

A 新设备维护的重点

(1) 新设备使用初期的六个月应作为检查的重点，这个期间作为跑合运转期，对机器的安装、螺栓的松动、油温上升、油的污染、使用条件及环境条件等情况应特别注意。

(2) 启动液压泵，启动时应点动操作；启动后的 10 ~ 30min 内应无负荷运转。

(3) 观察油温的控制状况，检查最高温度、最低温度及升降状况，检查室温与油温的关系。了解冷却器的容量、油箱的容量相对周围条件和使用条件是否适当，冷却器的效率是否下降。

(4) 注意泵的异常声音，新泵由于跑合少，易受气泡和脏物的影响，产生高温、润滑不好，从而引起咬合等情况。

(5) 检查压力表的指针振摆情况和溢流阀的稳定性，努力发现加工误差和密封不良引起的阀的问题。

(6) 观察运行，注意动作情况。回路设计差和制造质量不好等在运行调试时不一定能发现，常在使用中由于条件的变化而暴露出来，应特别注意，稍有异常即与制造厂联系，研究解决。

(7) 注意阀的调整。对压力阀和流量阀的调整应在了解使用说明书后慎重进行。

(8) 检查滤油器的状况。对吸油滤油器、在线滤油器及旁路滤油器等每隔 1 ~ 2 星期取出，检查堵塞状况、附着物的质、量与大小等，可对系统的污染度的变化、污染源在何处进行判断确定。系统的污染在运行初期较为严重，应特别注意。

(9) 检查工作油的变化。每隔 1 ~ 2 个月分析一次工作油，调查劣化、污染度的情况及变色的程度。重点是污染度。掌握管路冲洗不够、配置不适当及周围环境、油箱结构等的影响。运转 3 ~ 4 个月后更换工作油。

对使用加热器和水冷冷却器的设备，重点调查一下工作油的劣化和水分是否混入的情况。

(10) 注意管路的漏油情况。管路配置得好不好要半年到一年后才能暴露出来，所以对漏油、振动、松动等应特别注意检查（特别注意运输途中的螺栓松动）。

B 旧设备维护的重点

(1) 油箱，管路、阀类等的铁锈脱落，会成为阀的动作不良，滤油器堵塞等原因，所以应对整个系统的各部分重点检查。

(2) 避免设备在高温下使用。泵、阀等元件如果其效率已下降很多，再在高温工作，便会引起速度迟缓及压力下降等的现象。

(3) 拆检时应判断和确定其寿命。这可从磨损状况、伤痕状态及变形等的分析研究中判断出余下的寿命。拆检时要准备并调换密封件。

（4）重点检查泵、阀的安装螺栓及管接头、支承部分等的松动情况。

（5）重点检查橡胶软管，蓄能器等重复激烈动作的元件。蓄能器重点检查漏气的情况，橡胶软管则细心调查溶胀、擦伤及接头的连接处的情况，并应提前予以替换。

（6）缩短定期检查机器性能的时间间隔。由于机器性能低下会影响工作能力，所以应及早发现并予以更换。为此，在拆检时根据其状态可决定缩短检查的时间间隔的实际长短。

（7）注意各处的漏油情况，由于密封件的磨损及变形，螺栓的松动，易发生漏油，所以应经常注意检查。受循环载荷的部分应定期地将螺栓用力矩扳手以定力矩拧紧。

（8）注意仪表的误动作。压力表、温度计及电气仪表由于振动等原因易引起误动作，所以不能完全相信读数，有时设备发热情况用了温度计检查，还需通过用手触摸进行双重检查。

（9）换油时，注意将整个系统进行清洗。为除去残留的油泥及污染物，可用溶解性强的油冲洗1~2次

8-4　液压设备要有怎样的维护管理?

答：与其他机械设备一样，要十分重视液压设备的大修管理，对大修要周密计划和详细安排。考虑到液压设备独有的特点，除按一般机械设备制订大修计划、方案和标准外，还要考虑：

（1）液压设备的大修周期一般比普通机械设备的大修周期要短，这主要是液压件的寿命都比较短，而液压件又是液压设备的核心。

（2）大修中的一些注意事项：

1）元件的更换标准：原则上应根据液压件生产厂推荐的寿命决定是否更换；一般情况下液压泵非换不可，压力阀五年左右换一次，换向阀不一定非要更换。系统中的软管最好全部更换，密封件全部更换。蓄能器中的应囊，滤油器的滤芯应予以更换。

2）各监测仪表（如压力表）要进行校验或更换。

3）设备档案是任何设备都必不可少的记录，除平时设备所出现的问题应作记录外，大修中元件和密封件的更换、调试情况，都应作详细记录并存档。

4）大修时要注意清洗与换油工作，不要在大修时就存留污染隐患。

8-5　液压系统安装清洗要注意哪些问题?

答：液压系统在安装和运行前必须进行严格的清洗，清洗的目的是去除液压系统内部的焊渣，金属粉末、锈片、密封材料的碎片、油漆和涂料等。否则液压系统无法正常工作，影响元件使用寿命，甚至造成重大事故。液压系统清洗分第一次清洗和第二次清洗两个顺序进行，清洗后必须符合规定的清洁度标准。

A　第一次清洗

液压系统的第一次清洗是在预安装（试装配管）后，将管路全部拆下解体进行的。对于新购的标准液压元件，则不必拆开清洗，而只是对加工制作的油箱、部件和元件以及管道进行清洗。

第一次清洗应保证把大量的、明显的，可能清洗掉的金属毛刺与粉末、砂粒灰尘、油

漆涂料、氧化皮、油渍、棉纱、胶粒等污物全部认真仔细地清洗干净。否则不允许进行液压系统的第一次安装。

第一次清洗时间随液压系统的大小，所需的过滤精度和液压系统的污染程度的不同而定。一般情况下为1~2昼夜。当达到预定的清洗时间后，可根据过滤网中所过滤的杂质种类和数量，再确定清洗工作是否结束。关于酸洗管道的程序与方法在8-7问管路安装要求中会详细叙述。

B　第二次清洗

液压系统的第二次清洗是在第一次安装联成清洗回路后进行的系统内部循环清洗。第二次清洗的目的是把第一次安装后残存的污物，如密封碎块、不同品质的洗油和防锈油以及铸件内部冲洗下来的砂粒、金属残留的粉末等清洗干净，然后进行第二次安装组成正式系统，以保证顺利进行正式的调整试车和投入正常运转。

第二次清洗的步骤和方法为：

（1）清洗油的准备　清洗油最好是选择被清洗的机械设备的液压系统工作用油或试车油。不允许使用煤油、汽油、酒精或蒸汽等作清洗介质，以免腐蚀液压元件、管道和油箱。

（2）滤油器的准备　清洗管道上应接上临时的回油滤油器。通常选用滤网精度为0.175mm（80目）、0.104mm（150目）的滤油器，分别供清洗初期和后期使用，以滤出系统中的杂质和脏物，保持油液干净。

（3）清洗油箱　液压系统清洗前，首先应对油箱进行清洗。清洗后，用绸布或乙烯树脂海绵等将油箱擦干净，才能盛入清洗用油，不允许用棉布或棉纱擦洗油箱。

（4）加热装置的准备　清洗油一般对非耐油橡胶有溶蚀能力。若加热到60~80℃，则管道内的橡胶泥渣等物容易消除。因此，在清洗时要对油液分别进行大约12h的加热和冷却。

另外，第二次清洗前应将安全溢流阀在其入口处临时切断。将液压缸进出油口隔开，在主油路上连接临时通路，组成如图8-1所示的清洗回路。对于较复杂的液压系统，可以适当考虑分区对各部分进行清洗。

清洗时，一边使泵运转，一边将油加热，使油液在清洗回路中自行循环清洗。为了提高清洗效果，回路中换向阀可作一次换向，泵可作转转停停的间歇运动。若备有两台泵时，可交换运转使用。为了促使脏物的脱落，在清洗过程中可用锤子对焊接处和管道反复地，轻轻地敲打，锤击时间约为清洗时间的10%~15%。在清洗初期，使用0.175mm（80目）的过滤网，到达预定清洗时间的80%时，可换用0.104mm（150目）的过滤网。

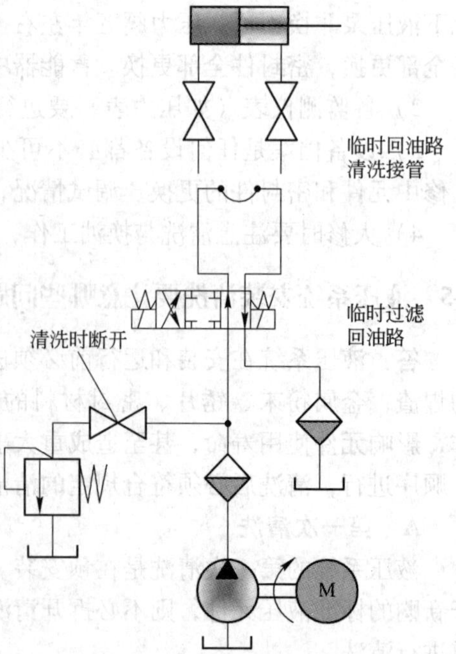

图8-1　液压系统第二次清洗回路

清洗时间根据液压系统的复杂程度、所需

的过滤精度和液压系统的污染程度的不同而有所不同，当达到预定的清洗时间后，可根据过滤网中所过滤的杂质种类和数量，确定是否达到清洗目的而结束第二次清洗工作。

C 清洗液压系统时应达到的清洁度

液压系统经过清洗后，清洁度一般采用颗粒计数法确定，并用清洁度代号表示，要达到一定的指标。经清洗后液压元件和液压系统应达到清洁度指标见表 8-1 和表 8-2。

表 8-1 液压元件的清洁度要求

液压元件	ISO 清洁度代号	
	5μm	15μm
叶片泵、活塞泵、液压马达	16	13
齿轮泵、齿轮马达、摆动液压缸	17	14
一般控制阀、油缸、蓄能器	18	15

表 8-2 液压系统应有的清洁度

系统类型	清洁度代号指标		1mL 油液中大于给定尺寸的微粒数目	
	5μm	15μm	5μm	15μm
污垢敏感系统	13	9	80	5
伺服和高压系统	15	11	320	20
一般机器的液压系统	16	13	640	80
中压系统	18	14	2500	160
低压系统	19	15	5000	320
大间隙低压系统	21	17	20000	1300

8-6 怎样进行液压传动系统的安装、试压和调试？

答： 液压传动系统的安装、试压和调试如下。

A 液压元件的安装

各种液压元件的安装方法和具体要求，在产品说明书中，都有详细的说明，在安装时必须加以注意。以下仅是液压元件在安装时一般应注意的事项：

（1）安装前元件应进行质量检查，若确认元件被污染需进行拆洗，并进行测试，应符合《液压元件通用技术条件》（GB/T 7935）的规定，合格后才能安装。

（2）安装前应将各种自动控制仪表（如压力计、电接触压力计、压力继电器、液位计、温度计等）进行校验。这对以后调整工作极为重要，以避免不准确而造成事故。

（3）液压泵装置安装要求如下：

1）液压泵与原动机之间的联轴器的型式及安装要求必须符合制造厂的规定。

2）外露的旋转轴、联轴器必须安装防护罩。

3）液压泵与原动机的安装底座必须有足够的刚性，以保证运转时始终同轴。

4）液压泵的进油管路应短而直，避免拐弯增多，断面突变。在规定的油液黏度范围内，必须使泵的进油压力和其他条件符合泵制造厂的规定值。

5）液压泵的进油管路密封必须可靠，不得吸入空气。

6）高压、大流量的液压泵装置推荐采用：

①泵进油口设置橡胶弹性补偿接管；

②泵出油口连接高压软管；

③泵装置底座设置弹性减震垫。

7）油箱装置安装要求如下：

①油箱应仔细清洗，用压缩空气干燥后，再用煤油检查焊缝质量。

②油箱底部应高于安装面150mm以上，以便搬移，放油和散热。

③必须有足够的支承面积，以便在装配和安装时用垫片和楔块等进行调整。

8）液压阀的安装要求如下：

①板式阀或插装阀必须有正确定向措施。

②为了保证安全，阀的安装必须考虑重力、冲击、振动对阀内主要零件的影响。

③阀用连接螺钉的性能等级必须符合制造厂的要求，不得随意代换。

④应注意进油口与回油口的方位，某些阀如果将进油口与回油口装反，会造成事故。有些阀件为了安装方便，往往开有同作用的两个孔，安装后不用的一个要堵死。

⑤为避免空气渗入阀内，连接处应保证密封良好。用法兰安装的阀件，螺钉不能拧得过紧，因为有时过紧反而会造成密封不良。必须拧紧时，原来的密封件或材料如不能满足密封，应更换密封件的型式或材料。

⑥方向控制阀的安装，一般应使轴线安装在水平位置上。

⑦一般调整的阀件，顺时针方向旋转时，增加流量、压力，反时针方向旋转时，则减少流量、压力。

B　其他辅件安装

（1）热交换器：

1）安装在油箱上的加热器的位置必须低于油箱低极限液面位置，加热器的表面耗散功率不得超过$0.7W/cm^2$；

2）使用热交换器时，应有液压油（液）和冷却（或加热）介质的测温点；

3）采用空气冷却器时，应防止进、排气通路被遮闭或堵塞。

（2）滤油器：

为了指示滤油器何时需要清洗和更换滤芯，必须装有污染指示器或设有测试装置。

（3）蓄能器：

1）蓄能器（包括气体加载式蓄能器）充气气体种类和安装必须符合制造厂的规定；

2）蓄能器的安装位置必须远离热源；

3）蓄能器在卸压前不得拆卸，禁止在蓄能器上进行焊接、铆接或机加工。

（4）密封件：

1）密封件的材料必须与它相接触的介质相容；

2）密封件的使用压力、温度以及密封件的安装应符合有关标准规定；

3）随机附带的密封件，在制造厂规定的贮存条件下，贮存一年内可以使用。

C　液压执行元件安装

（1）液压缸：

1）液压缸的安装必须符合设计图样和（或）制造厂的规定；

2）安装液压缸时，如果结构允许，进出油口的位置应在最上面，应装成使其能自动放气或装有方便的放气阀；

3）液压缸的安装应牢固可靠，为了防止热膨胀的影响，在行程大和工作条件热的场合下，缸的一端必须保持浮动；

4）配管连接不得松弛；

5）液压缸的安装面和活塞杆的滑动面，应保持足够的平行度和垂直度；

6）密封圈不要装得太紧，特别是U形密封圈不可装得过紧。

（2）液压马达：

1）液压马达与被驱动装置之间的联轴器型式及安装要求应符合制造厂的规定；

2）外露的旋转轴和联轴器必须有防护罩。

（3）安装底座：

液压执行元件的安装底座必须具有足够的刚性，保证执行机构正常工作。

系统内开闭器的手轮位置和泵、各种阀以及指示仪表等的安装位置，应注意使用及维修的方便。

8-7　怎样进行管路的安装与清洗？

答：管路的安装与清洗程序如下。

A　管道沟槽尺寸的确定

（1）主沟槽一般在宽度方向其最小间距（指管道附件之间的自由通道）等于1200mm，最小深度为2000mm。沟槽的地基见图8-2，必须根据管子的数量和规格来绘制。增加量按表8-3确定。

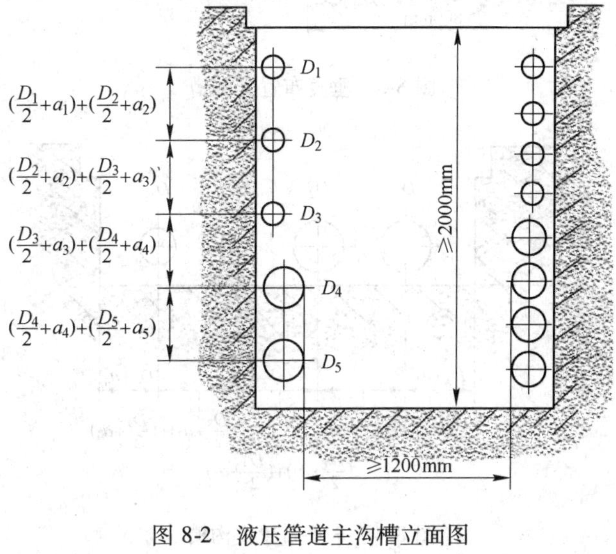

图8-2　液压管道主沟槽立面图

表 8-3 管道位置增加量

管道种类	管子外径 D	选用 JB/ZQ 4485、JB/ZQ 4463、JB/T 82.1（P_N = 1.6MPa 法兰）时，每根管道需要增加的位置量 a_i	管道种类	管子外径 D	选用 JB/ZQ 4485、JB/ZQ 4463、JB/T 82.1（P_N = 1.6MPa 法兰）时每根管道需要增加的位置量 a_i
高 压	≤50	30	低 压	≤168	40
	>50 ~ 114	50		>168 ~ 351	公称通径大于 150mm 管子的位置量必须根据托架（JB/ZQ 4518）和卡箍（JB/ZQ 4519）确定

注：1. 30mm 是选用 JB/ZQ 4485（高压法兰）时的数值。当选用 JB/ZQ 4462、JB/ZQ 4463（对焊钢法兰）时，该值至少还要增加 10mm。
2. 确定一般管道所需位置量时，对于回油管道应考虑有 3% 的斜度。
3. 当选用其他型号管接头时，a_i 应满足扳手空间或其他操作的要求。

（2）管子沿垂直方向布置的支沟槽如图 8-3 所示。在宽度方向的最小间距不小于 800mm，沟槽深度如表 8-3 所示。公称通径不大于 32mm 的管子沿水平方向布置的支沟槽如图 8-4 所示。深度不大于 400mm，宽度根据所铺设的管子数量和尺寸 a 来确定。

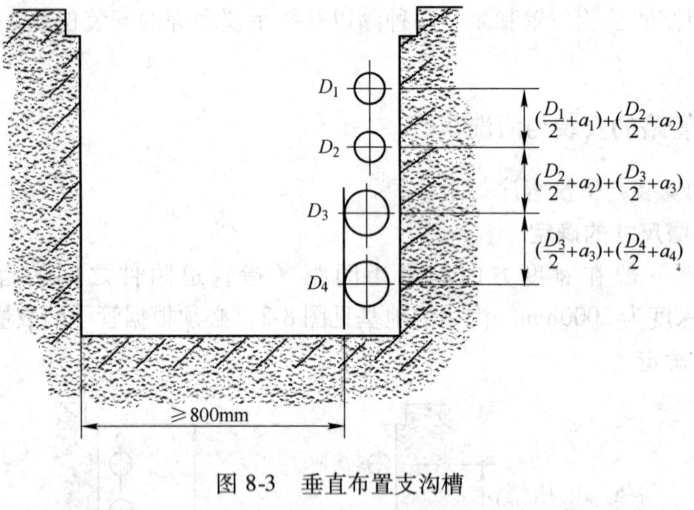

图 8-3 垂直布置支沟槽

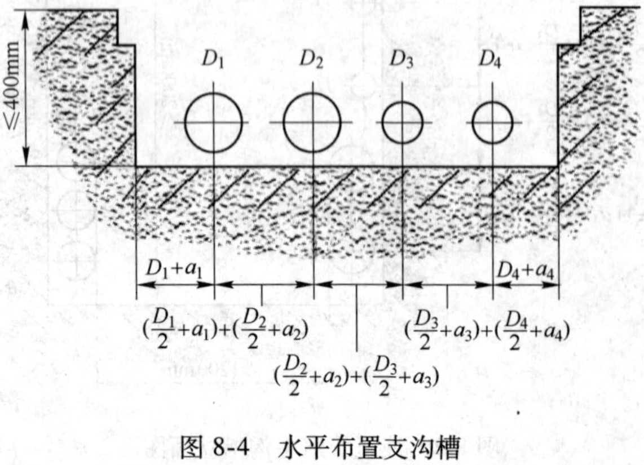

图 8-4 水平布置支沟槽

B　软管安装要求

（1）软管敷设应符合有关标准规定，如《软管敷设规范》（JB/ZQ 4398）等。

1）正确敷设：

软管长度由其相应结构尺寸确定。软管在压力作用下缩短或者变长请参照软管标准资料。长度变化一般在 +2% ~ -4% 左右。

应尽量避免软管的扭转，见图 8-5。软管安装时，应使在工作状态时经过本身重量使各个拉应力消失。

图 8-5　软管安装示意图

软管应尽可能装有防机械作用的装置，同时应按其自然位置安装，弯曲半径不允许超过最小允许值，见图 8-6。

软管弯曲开始处应为其直径 d 的 1.5 倍长，即长约为 $1.5d$，见图 8-7。同时应装有拆弯保护。

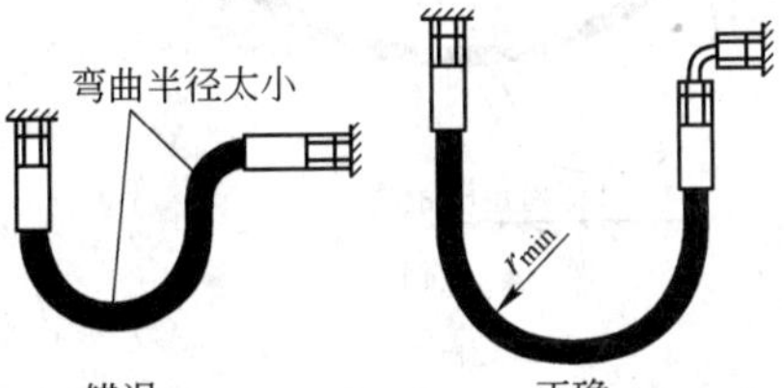

图 8-6　软管弯曲半径示意图

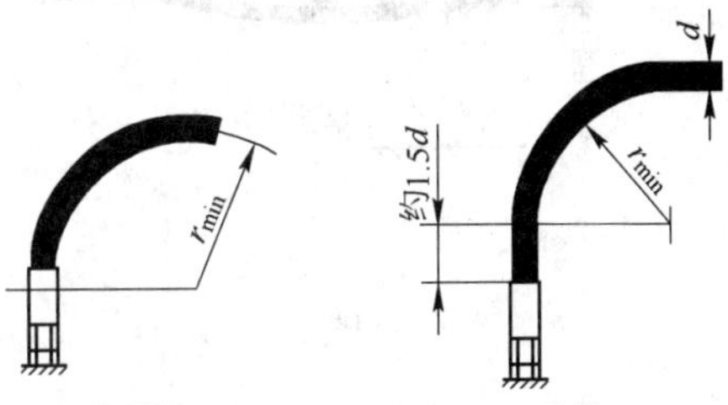

图 8-7　软管弯曲和初始半径

正确采用合适的附件及连接件可以避免软管的附加应力，见图 8-8。

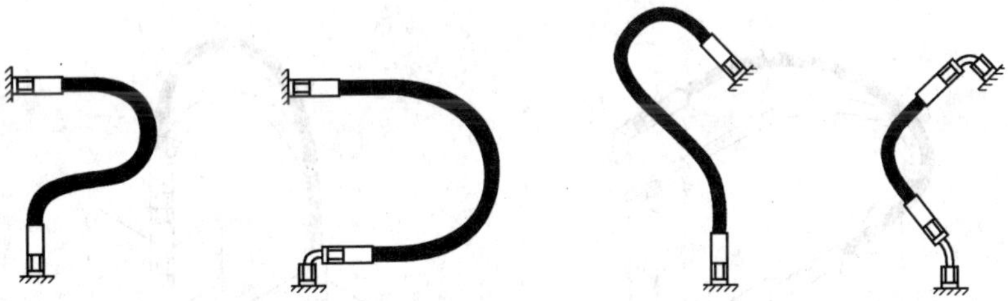

图 8-8　软管带不同连接件示意图

2）避免外部损伤：

外部机械对软管的作用，软管对构件的摩擦作用以及软管之间互相作用可以通过软管合理的配置和固定加以避免。

比如软管加外套保护，加防摩擦件等，见图 8-9。

另外，对在人行道上或车道上放置的软管，应用软管桥以防损伤和变形，见图 8-10。

3）减少弯曲应力：

联结活动部件的软管，软管长度应满足在其总的运动范围内不超过允许的最小半径，同时软管不承受拉应力，见图 8-11。

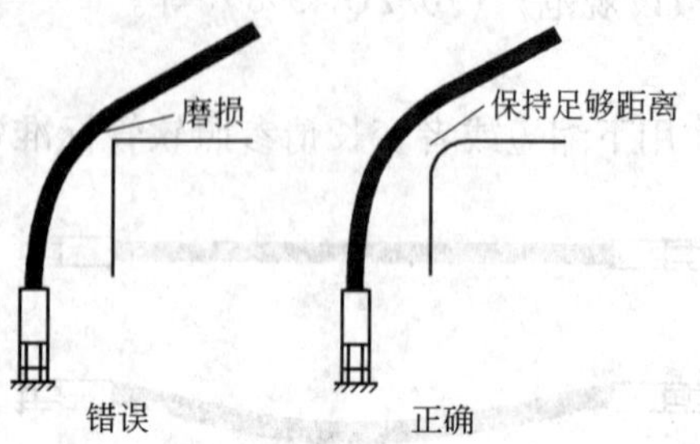

图 8-9　软管安装防摩擦示意图

图 8-10　软管在道路上防损的示意图

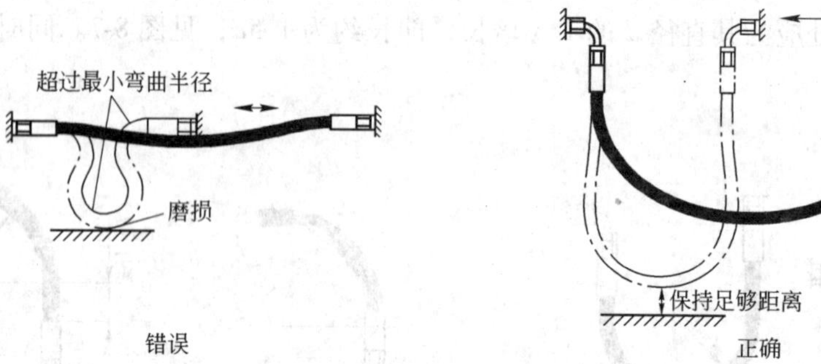

图 8-11　软管合理长度示意图

4）避免扭转应力：

联结活动部件的软管，应避免软管扭转，见图 8-12。可以通过合理安装或在结构上采取措施加以解决。

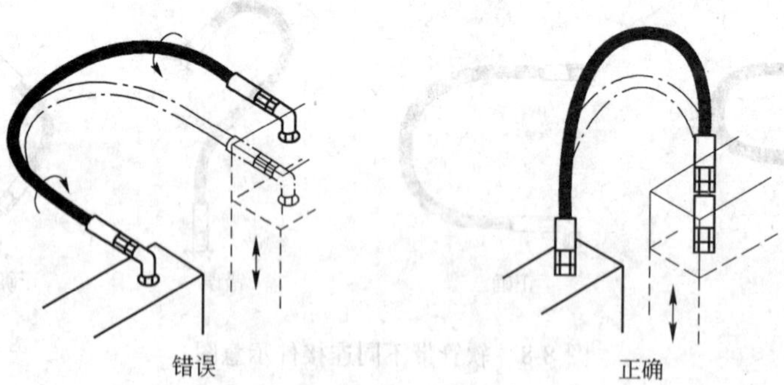

图 8-12　避免软管扭转示意图

5）加装辅件：

对于零散放置的软管可以装上合适的软管导向装置，以避免折弯，见图 8-13。

安装软管夹可以减少软管自然运动，见图 8-14，在此情况下，软管夹可以代替软管导向装置。

6）防温度作用：

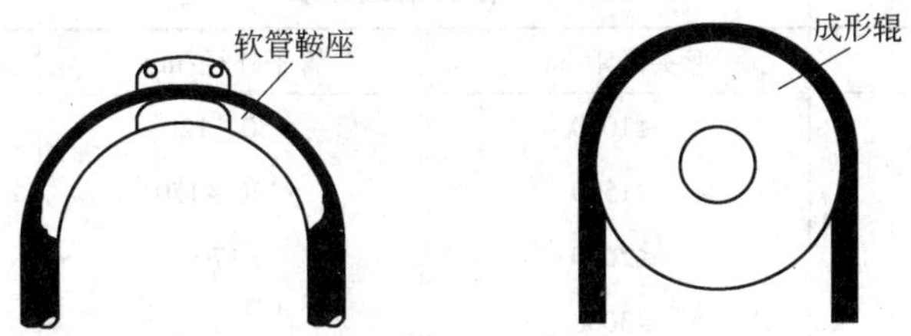

图 8-13　软管导向装置示意图

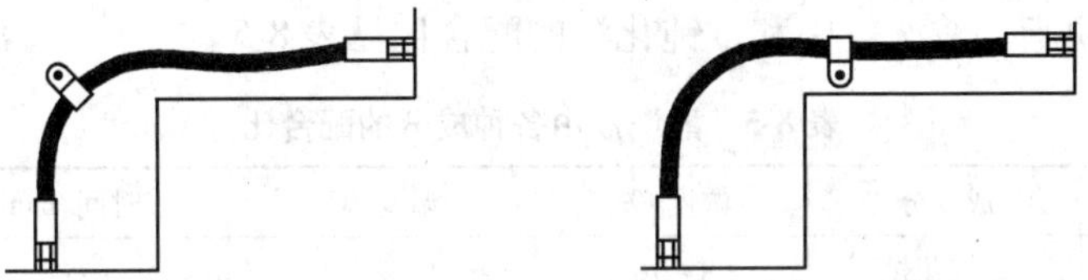

图 8-14　软管夹安装示意图

当出现不允许的高辐射温度时，软管应与热辐射构件有足够的距离，而且还要有合理的保护措施，见图 8-15。

(2) 软管必须在规定的曲率半径范围内工作。应避免急转弯，其弯曲半径 $R \geqslant (9 \sim 10)D$（D 为软管外径）。最小弯曲半径见 GB/T 3683 等规定。在可移动的场合下工作，当变更位置后，亦应符合上述要求。若弯曲半径只有规定的 1/2 时，就不能使用，否则寿命大为缩短。

(3) 软管的弯曲同软管接头的安装及其运动平面应该是在同一平面上，以防扭转。但在特殊情况下，若软管两端的接头需在两个不同的平面上运动时，应在适当的位置安装夹子，把软管分成两部分，使每一部分在同一平面上运动。

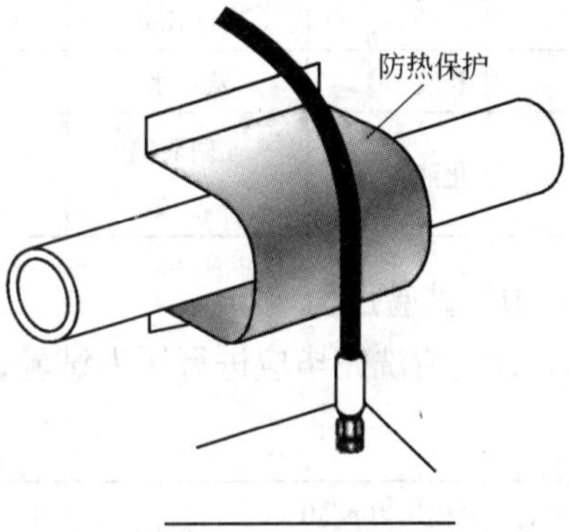

图 8-15　软管防温度辐射示意图

(4) 软管过长或承受急剧振动的情况下，宜用夹子夹牢。但在高压下使用的软管应尽量少用夹子，因软管受压变形，在夹子处会发生摩擦。

(5) 使长度尽可能短，以避免机械设备在运行中发生软管严重弯曲变形。

(6) 如软管自重会引起过分变形时，软管应有充分的支托或使管端下垂布置。

(7) 不要和其他软管或配管接触，以免磨损破裂。可用卡板隔开或在配管设计上适当考虑。

(8) 软管宜沿设备的轮廓安装，并尽可能平行排列。

(9) 当有多根软管需同时做水平、垂直或水平/垂直混合运动时，应选用合适的拖链来保护软管，也使软管排列整齐、美观。

(10) 如软管的故障会引起危险，必须限制使用软管或予以屏蔽。

(11) 软管加装管夹可以牢固支承，管夹间距标准应符合表 8-4 所示。

表 8-4 管夹间距标准

管子外径/mm	管夹间距/mm	管子外径/mm	管夹间距
≤10	≤1000	>80～120	≤4000
>10～25	≤1500	>120～170	≤5000
>25～50	≤2000	>170	5000
>50～80	≤3000		

C 管路的酸洗和冲洗液

酸洗液中的脱脂、酸洗、中和、钝化液的配合比见表8-5。

表 8-5 酸洗液中各种成分的配合比

溶 液	成 分	浓度/%	温度/℃	时间/min	pH 值
脱脂液	氢氧化钠	8～10	60～80	240 左右	
	碳酸氢钠	1.5～2.5			
	磷酸钠	3～4			
	硅酸钠	1～2			
酸洗液	盐 酸	12～15	常 温	240～360	
	乌洛托品	1～2			
中和液	氨 水	8～12	常 温	2～4	10～11
钝化液	亚硝酸钠 氨 水	1～2	常 温	10～15	8～10

D 试验压力

管路清洗完毕应进行压力试验，压力范围见表8-6。

表 8-6 管路压力范围

公称压力 p/MPa	≤16	16～31.5	>31.5
试验压力（公称压力倍数）	1.5p	1.25p	1.15p

E 调整和试运转

液压系统的调试应在相关的土建、机械、电气、仪表以及安全防护等工程确认具备试车条件后进行。

系统调试一般应按泵站调试、系统压力调试和执行元件速度调试的顺序进行，并应配合机械的单部件调试、单机调试、区域联动、机组联动的调试顺序。

(1) 泵站调试：

启动液压泵，进油（液）压力应符合说明书的规定；泵进口油温不得大于60℃，且不得低于15℃；过滤器不得吸入空气，先空转10～20min，再调整溢流阀（或调压阀）逐渐分挡升压（每挡3～5MPa，每挡时间10min）到溢流阀调节值。升压中应多次开启系统放气口将空气排除。

1) 蓄能器：

①气囊式、活塞式和气液直接接触式蓄能器应按设计规定的气体介质和预充压力充

气；气囊式蓄能器必须在充油（最好在安装）之前充气。充气应缓慢，充气后必须检查充气阀是否漏气；气液直接接触式和活塞式蓄能器应在充油之后。并在其液位监控装置调试完毕后充气。

②重力式蓄能器宜在液压泵负荷试运转后进行调试，在充油升压或卸压时，应缓慢进行；配重升降导轨间隙必须一致，散装配重应均匀分布；配重的重量和液位监控装置的调试均应符合设计要求。

2）油箱附件：

①油箱的液位开关必须按设计高度定位。当液位变动超过规定高度时，应能立即发出报警信号并实现规定的连锁动作。

②调试油温监控装置前应先检查油箱上的温度表是否完好；油温监控装置调试后应使油箱的油温控制在规定的范围内。当油温超过规定范围时，应发出规定的报警信号。

泵站调试应在工作压力下运转2h后进行。要求泵壳温度不超过70℃，泵轴颈及泵体各结合面无漏油及异常的噪声和振动；如为变量泵，则其调节装置应灵活可靠。

（2）压力调试：

系统的压力调试应从压力调定值最高的主溢流阀开始，逐次调整每个分支回路的各种压力阀。压力调定后，需将调整螺杆锁紧。压力调定值及以压力连锁的动作和信号应与设计相符。

（3）流量调试（执行机构调速）：

速度调试应在正常工作压力和正常工作油温下进行；遵循先低速后高速的原则。

1）液压马达的转速调试。液压马达在投入运转前，应和工作机构脱开。在空载状态先点动，再从低速到高速逐步调试并注意空载排气，然后反向运转。同时应检查壳体温升和噪声是否正常。待空载运转正常后，再停机将马达与工作机构连接，再次启动液压马达并从低速至高速负载运转。如出现低速爬行现象，可检查工作机构的润滑是否充分，系统排气是否彻底，或有无其他机械干扰。

2）液压缸的速度调试。液压缸的速度调试与液压马达的速度调试方法相似。对带缓冲调节装置的液压缸，在调速过程中应同时调整缓冲装置，直至满足该缸所带机构的平稳性要求。如液压缸系内缓冲且为不可调型，则须将该液压缸拆下，在试验台上调试处理合格后再装机调试。双缸同步回路在调速时，应先将两缸调整到相同的起步位置，再进行速度调整。

3）系统的速度调试。系统的速度调试应逐个回路（系指带动和控制一个机械机构的液压系统）进行，在调试一个回路时，其余回路应处于关闭（不通油）状态；单个回路开始调试时，电磁换向阀宜用手动操纵。在系统调试过程中所有元件和管道应无漏油和异常振动；所有连锁装置应准确、灵敏、可靠。速度调试完毕，再检查液压缸和液压马达的工作情况。要求在启动、换向及停止时平稳，在规定低速下运行时，不得爬行，运行速度应符合设计要求。系统调试应有调试规程和详尽的调试记录。

8-8　液压控制阀如何分类?

答：液压阀可按不同的特征进行分类，如表8-7所示。

表 8-7 液压阀的分类

分类方法	种类	详细分类
按机能分类	压力控制阀	溢流阀、顺序阀、卸荷阀、平衡阀、减压阀、比例压力控制阀、缓冲阀、仪表截止阀、限压切断阀、压力继电器
	流量控制阀	节流阀、单向节流阀、调速阀、分流阀、集流阀、比例流量控制阀
	方向控制阀	单向阀、液控单向阀、换向阀、行程减速阀、充液阀、梭阀、比例方向阀
按结构分类	滑阀	圆柱滑阀、旋转阀、平板滑阀
	座阀	锥阀、球阀、喷嘴挡板阀
	射流管阀	射流阀
按操作方法分类	手动阀	手把及手轮、踏板、杠杆
	机动阀	挡块及碰块、弹簧、液压、气动
	电动阀	电磁铁控制、伺服电动机和步进电动机控制
按连接方式分类	管式连接	螺纹式连接、法兰式连接
	板式及叠加式连接	单层连接板式、双层连接板式、整体连接板式、叠加阀
	插装式连接	螺纹式插装（二、三、四通插装阀）、法兰式插装（二通插装阀）
按其他方式分类	开关或定值控制阀	压力控制阀、流量控制阀、方向控制阀
按控制方式分类	电液比例阀	电液比例压力阀、电源比例流量阀、电液比例换向阀、电流比例复合阀、电流比例多路阀三级电液流量伺服
	伺服阀	单、两级（喷嘴挡板式、动圈式）电液流量伺服阀、三级电液流量伺服
	数字控制阀	数字控制压力控制流量阀与方向阀

8-9 溢流阀有哪些常见故障?

答：先导式溢流阀如图 8-16 所示，其常见故障及排除方法见表 8-8。

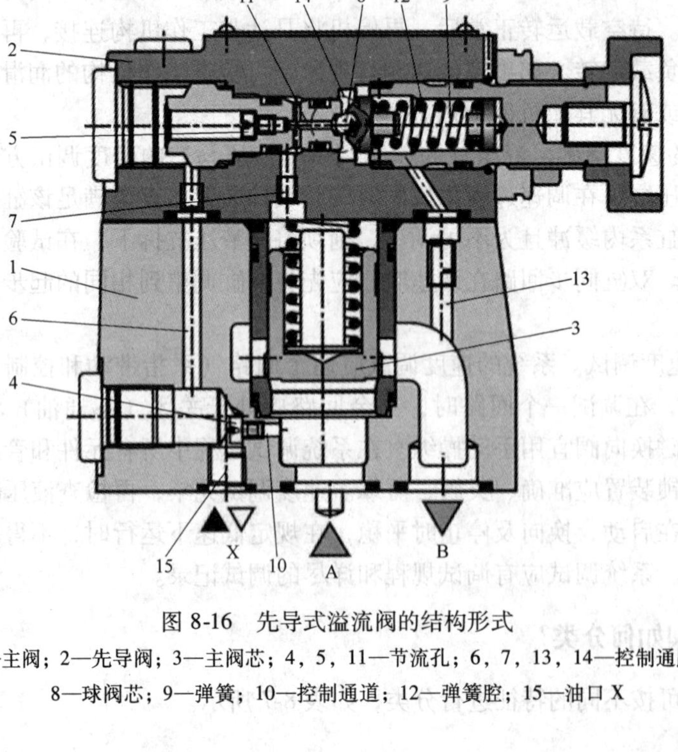

图 8-16 先导式溢流阀的结构形式

1—主阀；2—先导阀；3—主阀芯；4，5，11—节流孔；6，7，13，14—控制通路；8—球阀芯；9—弹簧；10—控制通道；12—弹簧腔；15—油口 X

表 8-8　先导式溢流阀故障及排除方法

故障现象	产生的原因	排 除 方 法
压力上不去	1. 压力调节手把松动;少许调节不良; 2. 弹簧设计不良；弹簧有缺陷（变形、歪斜、断裂）； 3. 先导阀座安装部松动（阀座与座孔配合不良）； 4. 由于安装歪斜的主阀芯与阀体单边接触； 5. 端盖与壳体的安装使阀芯卡住； 6. 主阀芯中心小孔堵塞； 7. 先导阀与阀座处粘有脏物，主阀芯侧面粘有脏物； 8. 泄油回路不好(遥控、卸荷等回路)； 9. 由于超过额定流量使复位不好； 10. 进出油口装反	1. 重新调整调节手把； 2. 改进弹簧设计，更换弹簧（弹簧压力可用手推压弹簧）； 3. 取下调节手把，用手压弹簧，或用棒从相反方向推一推，看看阀座安装情况，是否松动； 4. 将安装螺钉或管接头松动一下，试一试，将阀拆开，检查其单边接触情况； 5. 将墙盖安装螺钉松动，使端盖螺钉处于中心，然后均匀拧紧螺钉； 6. 油中污染物堵塞了阀芯小孔,可拆开检查,清洗； 7. 可拆开检查，清洗； 8. 检查泄油回路的换向阀和溢流阀是否动作良好； 9. 检查阀的额定流量和回路的瞬时最大流量； 10. 拆出、检查油源方向，重新安装
压力波动	1. 弹簧变形； 2. 钢球与阀座密合不良； 3. 油不清洁，阻尼孔堵塞； 4. 泄油回路不好； 5. 回路上调节不好，临时压力降低	1. 更换弹簧； 2. 检查钢球圆度、更换钢球、研磨阀座； 3. 疏通阻尼孔，更换清洁油液； 4. 检查泄油回路有关的元件和管路； 5. 对回路上的缺陷和元件效率低等进行检查
噪声及振动	1. 先导阀芯和阀座磨损； 2. 螺母松动； 3. 泄油回路不好； 4. 与其他元件产生共振； 5. 出油路中有空气； 6. 流量超过允许值	1. 对腐蚀（气穴引起）、磨损、接触面均匀与否进行检查，如发现腐蚀的情况，则进一步检查油中水分情况； 2. 紧固螺母； 3. 检查泄油回路的节流阀，检查先导溢流阀，泄油回路长时的阻尼增加； 4. 检查减压阀、顺序阀、安全阀等的设定压力，如与溢流阀的设定压力相近，则可能发生共振，应略为改变阀的设定压力值（如设定的压力值的差在 0.5MPa 以内时，则容易发生共振）； 5. 排出空气； 6. 更换与流量对应的阀
响应不好	1. 弹簧有缺陷； 2. 弹簧动作不良； 3. 压力表不好	1. 拆开检查弹簧的变形、断裂等情况； 2. 拆开检查推压弹簧时的动作情况； 3. 检查压力表的小孔是否被脏物堵塞
泄漏严重	1. 钢球与阀座的接触不良； 2. 主阀芯与阀体配合间隙过大； 3. 管接头没拧紧； 4. 密封破坏	1. 检查重新安装，钢球磨损时更换新的钢球； 2. 检查阀芯与阀体间隙； 3. 拧紧连接螺钉； 4. 检查更换密封

8-10　顺序阀有哪些常见故障?

答：顺序阀（图 8-17）有直动型和先导型两种，主要的故障是安装歪斜和工作油的污染引起的，重新安装和拆开清洗即可。

8-11　减压阀有哪些常见故障?

答：减压阀（图 8-18）的主要的故障主要与油液的压力有关，其产生的原因与解决方法见表 8-9。

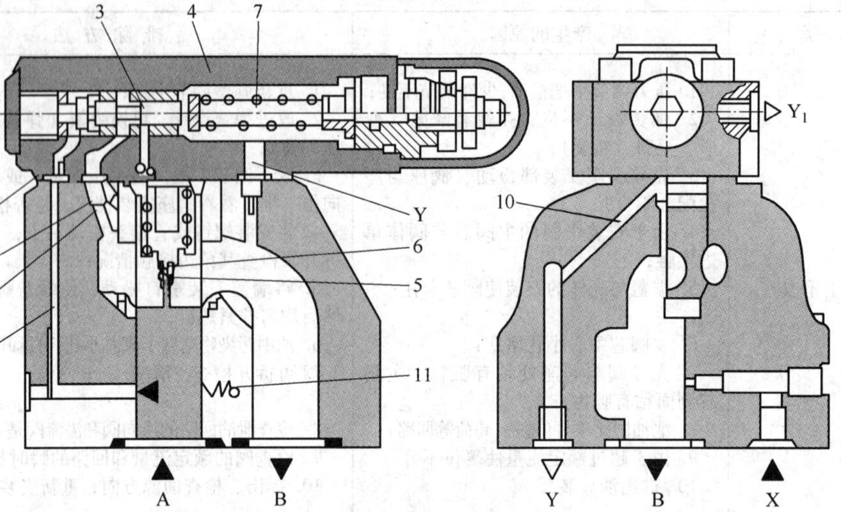

图 8-17　顺序阀的结构形式

1，5，8—阻尼孔；2—控制流道；3—先导阀芯；4—先导阀体；6—主阀芯；
7—调压弹簧；9—控制回油流道；10—泄漏油口；11—单向阀

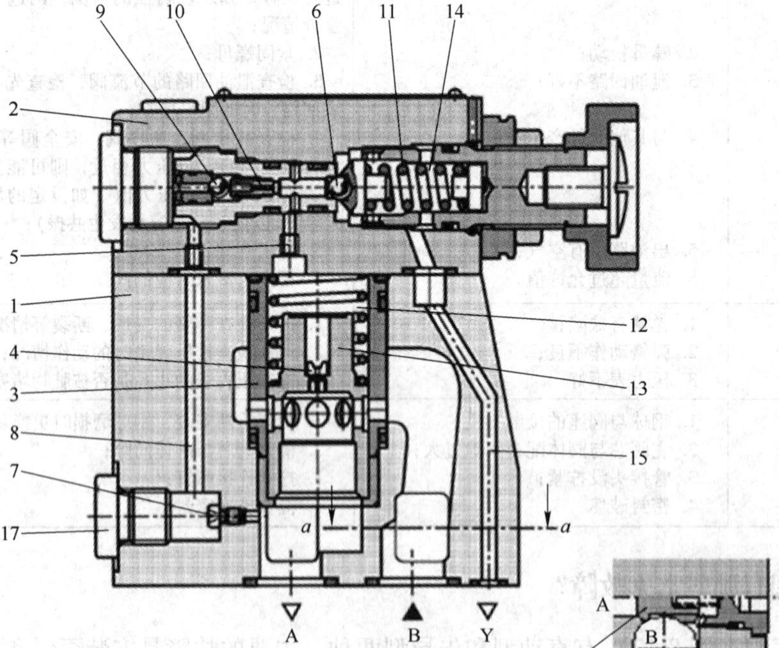

图 8-18　减压阀结构示意图

1—主阀；2—先导阀；3—主阀芯插件；4，7，10—节流孔；5，8，15—控制油口；6—球阀；
9，16—单向阀；11—弹簧；12，14—弹簧腔；13—控制活塞；17—压力表接口

表 8-9　减压阀故障及排除方法

故障现象	产生的原因	排除方法
压力不稳定	1. 工作油的脏物、铁屑等引起的阀芯卡紧； 2. 安装歪斜引起阀芯卡住	1. 检查油的污染情况； 2. 检查管路、安装螺钉的情况，先松动一下，然后检查其是否仍然卡住
压力不稳定	1. 油液中混入空气； 2. 阻尼孔有时堵塞； 3. 滑阀与阀体内孔圆度超过规定，使阀卡住； 4. 弹簧变形或在滑阀中卡住，使滑阀移动困难或弹簧太软； 5. 钢球不圆，钢球与阀座配合不好或锥阀安装不正确	1. 排除油中空气； 2. 清理阻尼孔； 3. 修研阀孔及滑阀； 4. 更换弹簧； 5. 更换钢球或拆开锥阀调整
二次压力升不高	1. 外泄漏； 2. 锥阀与阀座接触不良	1. 更换密封件，紧固螺钉，并保证力矩均匀； 2. 修理或更换
不起减压作用	1. 泄油口不通，泄油管与回油管道连通，并有回油压力； 2. 主阀芯在全开位置时卡死	1. 泄油管必须与回油管道分开，单独回入油箱； 2. 修理、更换零件，检查油脂

8-12　单向阀有哪些常见故障？

答：单向阀的结构（图 8-19）有管式及板式两种，其主要的故障及排除方法见表 8-10。

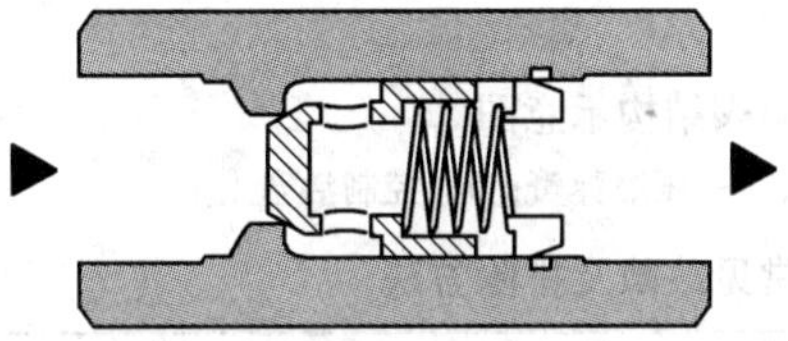

管式阀结构图

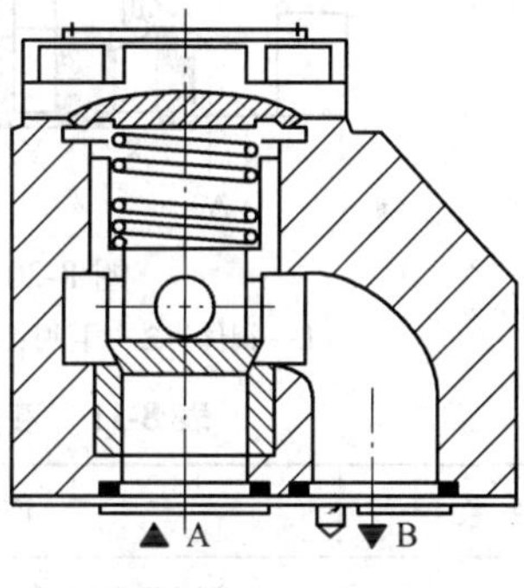

板式阀结构图

图 8-19　单向阀结构示意图

表 8-10　常见单向阀故障及排除方法

故障现象	产生的原因	排除方法
阀芯不好	1. 阀芯、阀座上粘有脏物或金属粉末； 2. 阀芯上有裂痕； 3. 安装歪斜引起单边接触	1. 拆开清洗 2. 拆开检查 3. 拆开检查阀芯侧面滑动处
活塞不好	1. 活塞有脏物附着； 2. 活塞咬死	1. 洗涤干净 2. 检查单边接触
弹簧断裂	1. 弹簧设计和加工差； 2. 疲劳寿命损坏	1. 检查弹簧 2. 检查弹簧
动作不良	弹簧的选择不良	测定开启压力
不稳定现象	回路不良	检查回路

8-13　液控单向阀有哪些常见故障？

答：液控单向阀（图 8-20）除了具有单向阀具有的故障现象外，还经常会出现反方向不密封有泄漏和反向打不开等动作故障，其产生的原因及排除方法见表 8-11。

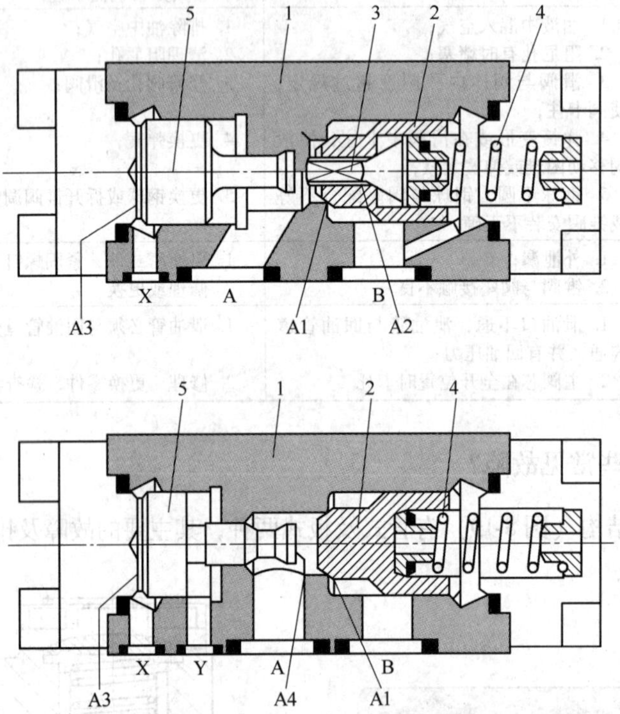

图 8-20　液控单向阀结构示意图

1—阀体；2—主阀；3—先导阀；4—压缩弹簧；5—控制活塞

表 8-11　液控单向阀常见故障及排除方法

故障现象	产生的原因	排除方法
油液不逆流	1. 控制压力过低； 2. 控制油管道接头漏油严重； 3. 单向阀卡死	1. 提高控制压力使之达到要求值； 2. 紧固接头，消除漏油； 3. 清洗
逆方向不密封，油漏泄	1. 单向阀在全开位置上卡死； 2. 单向阀锥面与阀座锥面接触不均匀	1. 修配，清洗； 2. 检修或更换
动作不良	1. 由于泄油被压大； 2. 先导压力太低	1. 检查泄油管； 2. 检查回路先导压力

8-14　电磁换向阀有哪些常见故障？

答：电磁换向阀（图 8-21）的常见故障主要有：主阀芯不运动，阀芯换向后通过的流量不足，压降大，液控换向阀芯换向速度不易调，电磁铁过热或线圈烧坏，电磁铁吸力不够，有冲击与振动等几种，其产生的原因及排除方法见表 8-12。

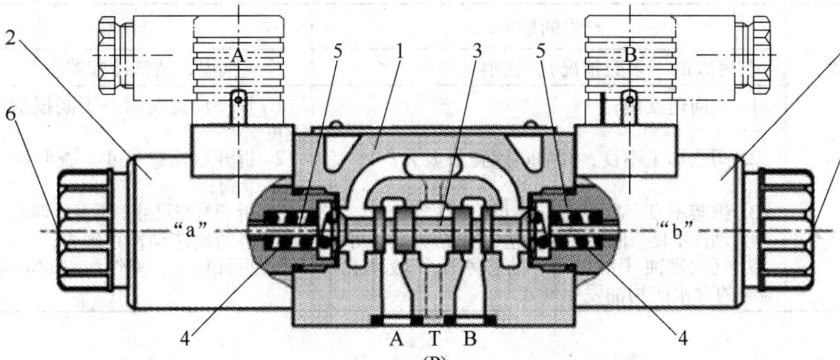

图 8-21　电磁换向阀结构示意图

1—阀体；2—电磁铁；3—阀芯；4—复位弹簧；5—推杆；6—应急按钮

表 8-12　电磁换向阀常见故障及排除方法

故障现象	产生的原因	排 除 方 法
弹簧不复位	1. 阀芯与壳体黏附，黏附由毛刺、铁锈、脏物等引起； 2. 弹簧断裂　断裂是由于弹簧设计不良，材质缺陷，及由于压缩量大而疲劳损坏而引起； 3. 安装歪斜　由于阀安装板变形，安装螺钉一面拧紧及受连接管路应力的影响而引起	1. 从外部以手推动阀芯也不动，拆开清洗，除去毛刺、铁锈； 2. 拆开，更换弹簧； 3. 安装螺钉少许松动一下，再试一下动作，拆开时阀芯一面接触消除歪斜的原因
全部不动作	1. 阀芯咬住　由沙子等大颗粒硬质粒子混入而引起； 2. 装入顺序和位置有误； 3. 油孔连接有误； 4. 泄油管未直接接油箱，背压太高，在规定值以上； 5. 阀的通径太小　流量超过规定值； 6. 黏度高的油引起滑动阻力和背压； 7. 电磁铁导线安装有误或松动	1. 阀芯的伤痕、残片，伤痕深的换去； 2. 拆开再装配； 3. 检查各孔的连接是否正确； 4. 低压时动作，高压时发生问题，检查修改外部泄漏管； 5. 流量少时能动作,将阀换成较大通径； 6. 高黏度油或冬季寒冷地发生，换油或提高油温； 7. 检查重新接线
动作不确实	1. 电磁铁不好； 2. 电磁铁烧坏； 3. 推杆变形、剪断　在额定压力以上使用，循环次数太快，材料热处理不好，寿命已超过； 4. 可动铁芯永久变形； 5. 推杆处 O 形圈　由于高压而变形或被切断； 6. 电磁铁动作不正确，电压变化在规定范围以外； 7. 推杆处 O 形圈阻力大（由于背压使 O 形圈的滑动阻力增大）； 8. 由于流量超过额定流量，阀芯动作时振动	1. 噪声、振动声　更换电磁铁； 2. 电阻大，有臭气，更换电磁铁； 3. 更换推杆； 4. 更换电磁铁； 5. 更换 O 形圈； 6. 测定电压，调整电压； 7. 测定背压或泄漏压力、调查管路阻力，降低泄油的压力； 8. 从外部用手感来检查，减少流量或更换大流量的阀
由于内部漏损而使效率低下	1. 阀芯磨损　阀芯转动（进油孔加工不良）； 2. 污染粒子侵入产生磨损； 3. 阀芯和壳体有伤痕　组装时砂粒或泵中来的脏物； 4. 变形　高压时漏损严重； 5. 阀体铸件缩孔等毛病（铸造不良）	1. 拆开检查　换向阀整体更换； 2. 检查阀台肩部磨损情况　换向阀和油全部更换； 3. 拆开检查先导阀、各阀肩，换向阀整体更换； 4. 从低压到高压，漏损显著增大，调查额定压力，更换阀； 5. 检查铸件，更换阀

续表 8-12

故障现象	产生的原因	排除方法
高温时漏损多	黏度太低（多数情况），伤痕	检查油温，清洗冷却器管子
内部漏损大	1. 换向速度慢； 2. 阀孔加工不良，阀肩负遮盖量太大； 3. 组装不良　阀芯方向装反； 4. 动作不良　阀芯在换向途中停住(换向不好)； 5. 气穴腐蚀　水包油、油包水工作液或在高温时的含水矿物油发生气穴	1. 快换向速度看一下漏损情况　加速换向速度； 2. 拆开后检查尺寸　查明原因、更换零件或整个阀； 3. 拆开检查尺寸　拆开后调查组装是否正确； 4. 弄清阀芯动作正确否； 5. 拆开检查　腐蚀严重的情况予以更换

8-15　电液换向阀有哪些常见故障?

答：电液动换向阀（图 8-22）的常见故障通常为：先导阀不能动作阀体与阀芯咬合，阀芯卡住，弹簧断裂，换向情况不好，内部泄漏等几种，其产生原因及排除方法见表 8-13。

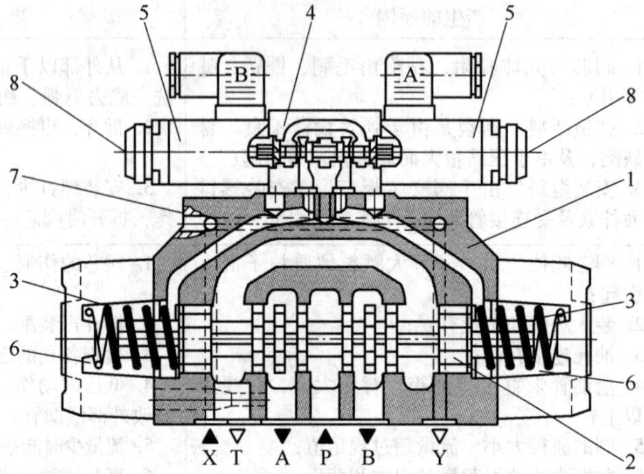

图 8-22　电液动换向阀结构示意图

1—主阀体；2—主阀芯；3—复位弹簧；4—先导阀；5—电磁铁；6—弹簧腔；7—通道；8—应急按钮

表 8-13　电液动换向阀常见故障及排除方法

故障现象	产生的原因	排除方法
先导阀不能动作阀体与阀芯咬合	四通阀做三通使用，接油箱管路背压低，阀体安装歪斜或管路安装歪斜，金属小片、毛刺、铁屑进入	保持 0.35 ~ 0.5MPa 的背压，检验阀芯的片面接触，将阀体安装正确，检查阀芯与阀体的伤痕，用砂纸和油石修光伤痕，严重者应更换
阀芯卡住	毛刺、微粒的影响	拆开清洗，防止油的污染（调换油），加强弹簧钢度
弹簧断裂	弹簧设计不良或热处理不好，动作次数频繁	检查弹簧和阀的复位情况，更换弹簧
换向情况不好	液动力（流量超过额定流量时）	检查额定流量和实际使用流量，加大阀的通径
内部泄漏	1. 精度低（由于温度高）； 2. 阀芯、阀体有伤痕； 3. 磨损； 4. 动作不良	1. 检查油温，将油更换成高黏度油或降低油温； 2. 拆开检查，修整或更换； 3. 拆开检查，测定阀芯的尺寸（各部分）； 4. 拆开后检查有无片面接触，铁屑卡住及阀体内的局部磨损

8-16　截流阀有哪些常见故障？

答： 截流阀（图 8-23）常见故障有：截流部分有腐蚀、调节螺钉松动及调节不良、不能节流等几种，其产生原因及排除方法见表 8-14。

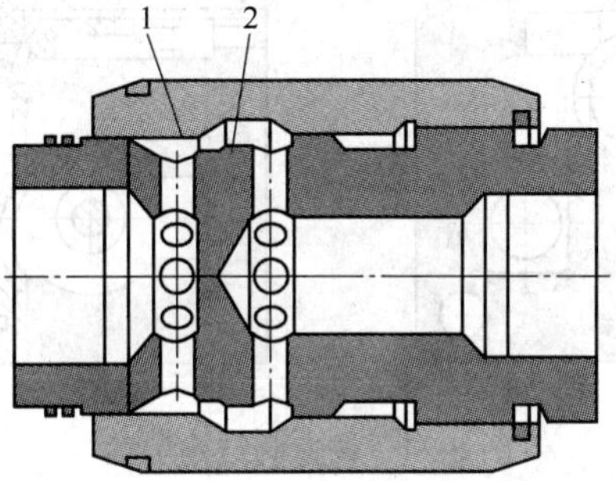

图 8-23　截流阀结构示意图

1—调节套；2—阀套

表 8-14　截流阀常见故障及排除方法

故障现象	产生的原因	排除方法
截流阀截流部分的腐蚀；	由气泡、水分、水基工作液造成；	
调节螺钉松动及调节不良；	锁紧不良、振动、由于结构形式不同调整手把的转向错误；	
不能截流；	管路连接错误（未注意壳体上箭头所指的自由流动方向）；	重新安装管路；
漏油	弹簧形成断裂，阀座不好或密封件损坏	更换弹簧

8-17　调速阀有哪些常见故障？

答： 调速阀（图 8-24）常见故障为：初期流量大、压力补偿阀动作不良、流量调好后、流量随时间而发生变化、手把空回转、刻度板的误差、流量变化等多种，其产生原因及排除方法见表 8-15。

表 8-15　调速阀故障产生原因及排除方法

故障现象	产生的原因	排除方法
初期流量大（跳跃现象）；	阀的初期响应不良；	拆开检查；
压力补偿阀动作不良；	弹簧、阀芯损坏；	更换；
流量调好后，流量随时间而发生变化；	工作油中脏物的影响；	在阀前加滤油器；
手把空回转；	节流部分安装不好；	拆开修理；
刻度板的误差；	安装不好；	重新安装；
流量变化	使用条件（油温、压力、流量）和型号选择不配	更换合适的阀型

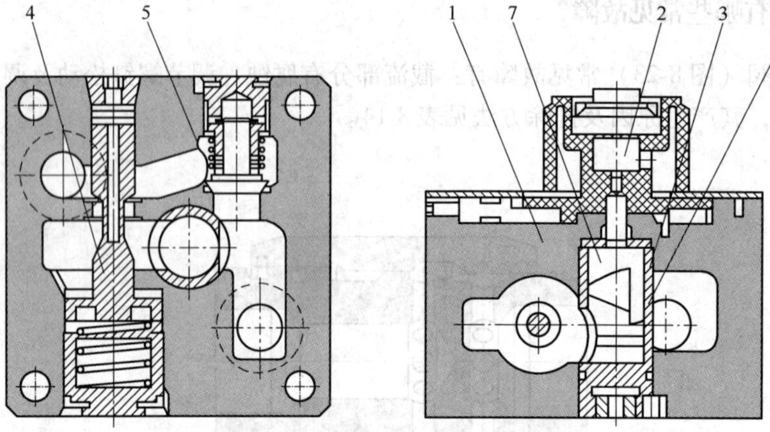

图 8-24 调速阀结构示意

1—阀体；2—调节件；3—节流体；4—压力补偿器；5—单向阀；6—节流口；7—转动柱销

8-18 气动系统应用在彩涂机组中有什么好处?

答: 气动系统应用在彩涂机组中有如下好处:

(1) 气动系统（见图 8-25）用后空气排入大气，不必设回气管，不污染环境；

(2) 气动反应快，动作迅速，维护简单，管路不易堵塞；

(3) 气动元件结构简单，易于制造、标准化、系列化、通用化；

(4) 气动系统在恶劣工作环境中，安全可靠性优于液压等系统；

(5) 气动系统可实现过载保护，可压缩性气体便于贮存能量；

(6) 气动设备可以自动降温，长期运行也不会发生过热现象；

(7) 空气取之不尽，节省购买、贮存、运输的费用。

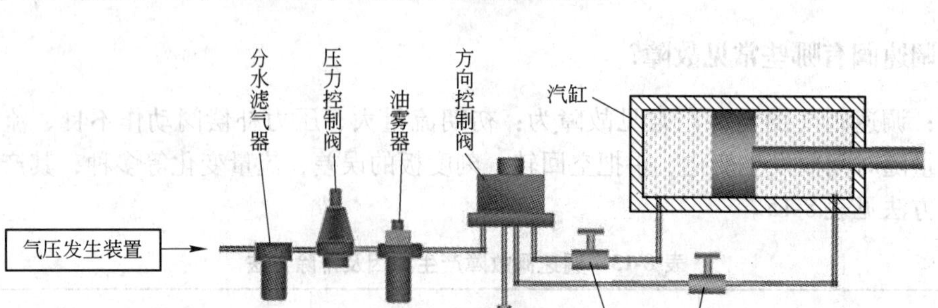

图 8-25 气动系统的典型组成

8-19 气动系统维修检查的主要部位和内容是什么?

答: 气动系统维修检查的主要部位有管路、过滤器、减压阀、油雾器、电磁阀和汽缸。维护的中心任务是保证供给气动系统清洁干燥的压缩空气；保证油雾润滑元件得到必要的润滑；保证气动元件和系统得到规定的工作条件（如压力、流量、电压等）；保证气动系统的密封性；保证执行机构按预定的要求工作。

维护工作可分为日常的维护工作与定期的维护工作：

日常性维护工作的主要任务时冷凝水的排放，检查润滑油和空压机系统的运行。冷凝水的排放涉及到整个气动系统，从空压机、后冷却器、储气罐、空气过滤器、干燥机、管道系统等。在工作结束时，应将各冷凝水放掉，以防夜间温度低于0℃引起冷凝水结冰。由于夜间管道内温度下降，会进一步析出冷凝水，所以，气动装置在每天工作前，应将冷凝水排出。注意检查自动排水器是否正常工作，水杯内不应存有过量水。在气动装置工作时，应检查油雾器的润滑是否符合要求（一般油滴不低于5滴/min），油中不应混入灰尘和水分等，空压机系统的日常管理工作是：是否做到向后冷却器提供了冷却水（指水冷式空压机）；空压机有无异常声音和异常发热，润滑油位是否正常。

定期的维护工作的主要内容见表8-16。

表8-16　气动系统的定期维护工作

<table>
<tr><td rowspan="18">每周的维护工作</td><td colspan="2">每周的维护工作主要内容是漏气检查和油雾器管理。漏气检查应在白天进行。这时气动设备已停止工作，车间内噪声小，但管道内还有一定的空气压力，根据漏气的声音可知何处存在漏气。漏气应及时处理并做好记录</td></tr>
<tr><td>泄 漏 部 位</td><td>泄 漏 原 因</td></tr>
<tr><td>空气过滤器的排气阀</td><td>混入灰尘</td></tr>
<tr><td>空气过滤器的水杯</td><td>水杯破裂</td></tr>
<tr><td>减压阀阀体</td><td>紧定螺钉松动</td></tr>
<tr><td>减压阀的溢流孔</td><td>灰尘混入溢流阀座，阀杆动作不良，膜片破裂（恒量排气式减压阀有微泄是正常的）</td></tr>
<tr><td>油雾器器体</td><td>密封圈不良</td></tr>
<tr><td>油雾器油杯</td><td>油杯破裂</td></tr>
<tr><td>油雾器调节针阀</td><td>针阀阀座损伤、针阀未紧固</td></tr>
<tr><td>换向阀排气口</td><td>密封不良、弹簧折断或损伤、混入灰尘、汽缸的活塞密封不良，气压不足</td></tr>
<tr><td>快排阀漏气</td><td>密封圈损坏、混入灰尘</td></tr>
<tr><td>安全阀（溢流阀）出口侧</td><td>压力调整不合要求、弹簧折断、密封圈损坏，混入灰尘</td></tr>
<tr><td>汽缸缸体</td><td>密封圈损坏，螺丝松动，活塞损伤</td></tr>
<tr><td>软管</td><td>软管破裂或拉脱</td></tr>
<tr><td>管子连接部位</td><td>连接部位松动</td></tr>
<tr><td>管接头连接部位</td><td>接头松动</td></tr>
<tr><td colspan="2">给油雾器补油时应该注意油量减少的情况。若耗油量太少，应重新调整滴油量。调整后的油量仍少或补滴油，应检查油雾器进出口是否装反、油道是否堵塞，所选油雾器规格是否恰当，每月或每季度的维护工作应比每日每周的工作更仔细，但仍然限于外部检查的范围。其主要工作内容是仔细检查各处泄漏情况，紧固松动的螺钉和管接头，检查换向阀排出空气的质量，检查换向阀切换动作的可靠性，检查各调节部分的灵活性，检查各指示仪表的正确性，检查汽缸活塞杆的质量以及一切外部能检查的内容</td></tr>
</table>

续表 8-16

<table>
<tr><th></th><th>元 件</th><th>维 护 内 容</th></tr>
<tr><td rowspan="15">每月或每季的维护工作</td><td>过滤器</td><td>过滤器进、出口的压差是否超过允许压降</td></tr>
<tr><td>自动排水器</td><td>能否自动排水，手动操作装置能否正常动作</td></tr>
<tr><td>减压阀</td><td>转动手柄,压力能否调节。当系统压力为零时,观察压力表是否回零</td></tr>
<tr><td>电磁阀</td><td>检查电磁线圈的温度，检查阀的切换动作是否正常</td></tr>
<tr><td>换向阀的排气口</td><td>查油雾喷出量，查有无冷凝水排出，查有无漏气</td></tr>
<tr><td>汽 缸</td><td>查汽缸运动是否平稳，速度及循环周期有无明显变化，汽缸安装架有无松动和异常变化、活塞杆部位有无漏气、活塞杆表面有无锈蚀、划伤、偏磨</td></tr>
<tr><td>空压机</td><td>入口过滤网眼是否堵塞</td></tr>
<tr><td>安全阀</td><td>使压力高于设定压力、观察安全阀能否溢流</td></tr>
<tr><td>压力开关</td><td>在最高和最低设定压力时，观察压力开关能否正常接通和断开</td></tr>
<tr><td>调速阀</td><td>调节截流阀开度检查能否对汽缸进行速度控制</td></tr>
<tr><td>压力表</td><td>各压力表的指示是否在规定范围内</td></tr>
<tr><td colspan="2">检查漏气时可采用各检查点涂肥皂液的办法，其显示漏气的效果比听声音更灵敏。检查换向阀排出空气的质量时应注意：一是了解不应该排气的排气口是否有漏气，少量漏气预示元件的早期损伤（间隙密封阀出现微泄是正常的）；二是了解排气中所含润滑油量是否适量，其方法是将一张洁净的白纸放在换向阀的排气口附近，阀在工作三到四个循环后，若白纸上只有很轻的斑点，反映润滑良好；三是了解排气中是否有冷凝水。若润滑不良，应考虑油雾器安装位置是否合适，所选的规格是否恰当，滴油量调节是否合理，管理方法是否符合要求。若有冷凝水排出，应考虑过滤器的位置、各类除水元件设计选用是否合理，冷凝水管理是否符合要求。泄漏的主要原因一般是阀内或缸内密封不良、复位弹簧生锈或折断、气压不足引起的。间隙密封阀的泄漏较大时，可能是阀芯、阀套磨损造成的</td></tr>
<tr><td colspan="2">使电磁换向阀反复切换，从切换声音能判断阀的工作是否正常。对交流电磁阀，如有蜂鸣声，可能是动铁芯与静铁芯没有完全吸合，吸合面有灰尘，分磁损坏或脱落等</td></tr>
<tr><td colspan="2">安全阀、紧急开关阀等，平时很少使用，定期检查时，必须认定他们动作的可靠性</td></tr>
<tr><td colspan="2">汽缸活塞杆经常露在外面。观察活塞杆是否被划伤、锈蚀和存在偏磨。根据有无漏气，可以断定活塞杆与导向套，密封圈的接触情况，汽缸是否存在横行载荷、压缩空气处理质量等</td></tr>
<tr><td>大 修</td><td colspan="2">一般说来，一年到二年间大修。在清洁元件时，必须使用优质的煤油，清洁后涂上润滑油（黄油或透平油）再组装。尽量不使用能对橡胶、塑料构成的零、部件有损坏的汽油、柴油等有机溶剂进行清洗</td></tr>
</table>

8-20 怎样维护气动三联件?

答: 通常说的气动三联件包括过滤器、减压阀和油雾器，维护的方法见表 8-17。

表 8-17 气动三联件的维护方法

过滤器	定期检查：杯内有无污物，滤芯是否堵塞，自动排水器能否正常动作
减压阀阀体	紧定螺钉松动
减压阀的溢流孔	灰尘混入溢流阀座，阀杆动作不良，膜片破裂（恒量排气式减压阀有微泄是正常的）
减压阀	转动手柄，压力能否调节。当系统压力为零时，观察压力表是否回零
减压阀输出压力低	调节减压阀至使用压力
油雾器器件	密封圈不良
油雾器油杯	油杯破裂，油滴是否正常
油雾器调节针阀	针阀阀座损伤、针阀未紧固

第九章　彩涂板生产线设备及生产管理

9-1　什么叫设备管理，搞好彩涂线设备管理有何意义？

答： 设备管理是通过技术、经济和组织措施，对企业生产设备进行综合的管理，是对设备进行全面规划、合理配置、择优选购、正确使用、精心维护、科学检修、适时改造和更新直到报废等一个完整的处理过程，因此，设备管理也叫设备的全过程管理。

彩涂线投产以后的设备管理中主要是以上所提到全过程管理中以正确使用、精心维护、科学检修为主线的管理阶段。使设备经常处于良好的技术状态，充分发挥其生产效能。

搞好彩涂线设备管理的最终目的是保证彩涂板的出品质量。

9-2　彩涂车间设备管理员应具备怎样的行为规范和职责？

答： 设备管理员应具有技术类大专以上文化素质，熟悉彩涂工艺，掌握机械、电气知识，吃苦耐劳，有创新和勇于承担责任的精神。具体工作内容和权限如下。

工作内容：

（1）执行本单位的《企业工作标准》。

（2）指导有关人员贯彻国家和上级部门关于设备管理的相关规定。

（3）组织和审核彩涂机组的各项规章制度、工艺技术标准的编写工作。

（4）组织制订提高生产设备管理水平的规划和措施。

（5）组织培训工人，监督各项政策、计划的贯彻执行。

（6）组织对彩涂车间事故的调查处理。

责任与权限：

（1）对车间服从上一级有关规定负责。对保证按期、按质完成设备管理计划负责。有权检查考核车间各岗位工作，进行批评表扬，提出奖惩方案或意见。

（2）对车间设备的运行状况负责。有权检查和指导，对发现有违犯有关规章制度和规程标准的，有权批评、制止或提出处理意见。

9-3　如何进行彩涂机组的设备管理？

答： 既然前一问答提到彩涂线投产以后的设备管理是以正确使用、精心维护、科学检修为主要内容的管理阶段，那么要搞好彩涂机组的设备管理工作，设备管理员就应从这三方面着手，按照设备管理的原则去制定一系列可操作的规章制度。

（1）正确使用。机组投入运行前，最好先编写设备操作规程。工人上岗前都应该按操作规程进行理论和实操两个阶段的培训，使他们的操作过程有章可循，不会出现损害机器的野蛮操作，保证机组处于正常工作状态。

（2）精心维护。编写生产线设备的维护规程。培养维修工人对机组所有设备的责任心，能够定期对设备进行清洁、润滑、精度检查调整和技术状态检查等保养措施。

（3）科学检修。编写各台套设备的检修规程。以便计划性地对设备进行大、中、小修理，使用预检修方式取代传统的事后维修方式定期对设备的隐患进行排查和修理，这样可以把故障隐患消灭在萌芽状态，避免大量严重故障事故的发生，也减少了因事后维修造成的停机损失。

9-4 编制设备操作规程的要素是什么？

答：操作规程也叫运行规程，它的编制是根据设备使用说明书和工艺要求制定的，是用来指导正确操作使用设备的法规。设备操作规程的内容一般包括有：

（1）设备技术性能和允许的极限数。如最大负荷、压力、温度、电压、电流等。

（2）设备交接班的规定。两班或三班连续运转的设备，岗位人员交接班时必须对设备运行状况进行交接，内容包括：设备运转的异常情况、原有缺陷变化、运行参数的变化、故障及处理情况等。

（3）机组全线联动时各段的操作步骤和单台设备的操作步骤。包括操作前的准备工作和操作顺序。

（4）紧急情况处理的规定。

（5）设备使用中的安全注意事项。主要是关于非本岗位操作人员，未经批准不得操作本机，任何人不得随意拆掉或放宽安全保护装置等的规定。

（6）设备运行中一些紧急故障的排除方法。

9-5 编制生产线维护规程的要素是什么？

答：维护规程的编制是根据设备维护说明书和设备传统的磨损周期制定的，是用来指导维修人员正确维护设备的法规。维护规程的内容一般包括有：

（1）设备传动示意图和电气原理图。

（2）设备润滑“五定”图表和要求。

以彩涂机组的开卷机为例，“五定”图表如图9-1、表9-1所示。

表9-1 开卷机润滑“五定”表

五 定	定 点		定 质	定 量	定 期	定 人
序 号	润滑部位	润滑方式	润滑剂	油量/kg	周期	润滑分工
1	卷筒	油枪	锂基脂	1	每班一次	操作工
2	压辊轴承	油枪	锂基脂	0.2	每班一次	操作工
3	压辊托架轴承	油枪	锂基脂	0.2	每班一次	操作工
4	主轴齿轮箱	油壶	全损耗系统用油	按出厂说明书	每半年更换一次	润滑工
5	对中移动螺杆	油枪	钙基脂	0.2	每班一次	润滑工
6	底座移动导轨	油枪	液压导轨油	数 滴	每班二次	操作工

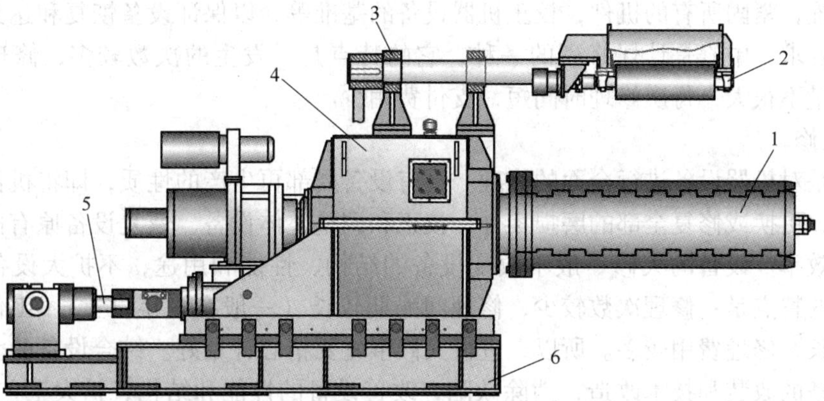

图 9-1　开卷机润滑“五定”图
（序号 1 ~6 的说明见表 9-1）

（3）定时清扫的规定。

（4）设备维护过程中的各项要求。包括路线、部位、内容、标准状况参数、周期（时间）、检查人等。

（5）运行中常见故障的排除方法。

（6）设备主要易损件的报废标准。

（7）设备维护过程中的安全注意事项。

9-6　编制生产线检修规程的要素是什么?

答：检修规程的编制是根据设备零件的磨损、振动、疲劳、腐蚀等程度而制定的，是用来保证设备完好率的一种特定的预防性计划。检修规程的内容一般如下。

A　设备按维修重点分类

设备的检修是以设备的全效率为最高目标。在既节省检修资金又达到这一目标的前提下，对全套机组设备进行等级分类，对一些价格便宜、利用率不高、出了故障不直接影响生产、容易修复的非关键设备定为低等级，而对那些价值昂贵的、出了故障对生产和安全造成重大损失的关键设备定为高等级。目前国内在设备管理系统中，通常采用 A、B、C 三个等级。A 类设备是重点设备，它是预防检修的重点，要求精心维护、定期检查、认真修理。B 类次之，C 类是普通设备，可采用事后修理。

B　定出检修类型和修理周期

设备的检修类型，一般可按对设备性能的恢复程度、修理间隔期的长短、修理费用的多少等来划分，无论是对 A、B 类或是 C 类设备，通常将各台设备的检修类型分为以下的小修、中修、大修等三种。

a　小修

小修是指日常的零星修理或对机器设备的局部维修，通常指更换或修复少量的磨损零件，排除障碍或清洗设备，零部件松动的紧固与调整等。小修理的特点是：修理次数多，工作量小，可结合日常的检查与维护保养工作一道进行。

b　中修

中修是要更换或修理机器设备的主要零部件和数量较多的其他磨损零件，检查调整整个机械系统，紧固所有的机件，校正机器设备的基准等，以保证设备恢复和达到应有的标准和技术要求。中修是计划修理的一种，它的特点是：发生的次数较多，修理间隔期较短，工作量不很大，每次修理时间短，支付费用少。

c　大修

大修是对机器设备进行全面的修理。具有设备局部再生产的性质，即将机器设备进行全部拆卸，更换或修复全部的磨损零件，校正和调整整体设备，恢复设备原有的精度、性能和生产效率。设备的大修一般不改变设备的结构、性能和用途，不扩大设备的生产能力。大修的特点是：修理次数较少，修理间隔期较长（一般在一年以上），工作量大，修理时间较长，修理费用较多。所以，进行大修事先要精心计划好。结合设备的大修，可同时进行设备的改装和技术改造，消除缺陷，改善设备的性能和结构，扩大工艺使用范围，提高其效率和先进性。

所谓修理周期，是指两次大修理之间的间隔时间，而修理周期结构，是指在一个修理周期中，按规定的顺序进行的不同规模的计划维修或保养维护次序，如定期检查、小修、中修、大修等。

对于不同设备，按照其磨损程度和维修工作量的不同，确定不同的修理类型及其顺序、间隔时间。设备的修理周期结构可以用数字代码或字母代码表示，如一台设备以1-2-6-9表示其修理周期结构，示意图如图9-2所示。

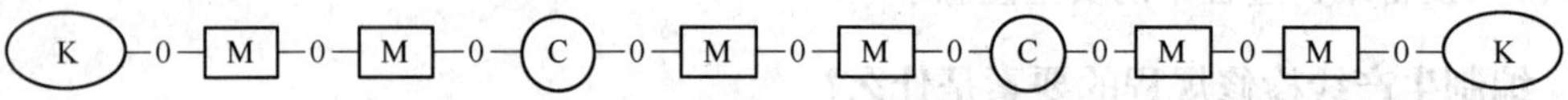

图9-2　设备修理周期示意图

上图中符号意思表示一次大修（K）周期中，两次中修（C），六次小修（M），还在每两次检修间隔期中安排一次检查调整（O），根据以上提到的大、中、小修次数共有九次检查调整。所谓检查调整，是要对每台设备依据其结构和运行方式确定出检查的部位（巡检点）、内容（检查什么）、正常运行参数标准（允许的值），并针对设备的具体运行特点对设备的每一个巡检点确定出检查周期。设备操作人员负责一般设备的巡检，维修人员负责对重点设备的巡检，每次检查后都应将结果填入设备日常巡检表，以作为大、中、小修的检修依据。

C　定出检修内容

将所有的检修项目具体列出并分好类，以确定出大、中、小修的检修范围。

D　某彩涂机组开卷机检修规程范例

某彩涂机组开卷机检修规程范例如下。

《彩涂线开卷机检修规程》

1. 设备等级

A类

2. 检修周期

类　别	小　修	中　修	大　修
周　期	不定期	1~2年	4~5年

3. 各轴承标准

编　号	型　号	规　格	占用量	技术标准	
				径　隙	轴　隙
1	2097140	$\phi200/310\times152$	1		0.17~0.22
2	2097960	$\phi300/420\times150$	1		0.28~0.34
3	212	$60\times110\times22$	2	0.013~0.04	
4	Z90510		2		0.10~0.12
5	XQZ-30	$L=45$	2		0.02~0.05
6	XQZ-35	$L=50$	1		0.02~0.05

4. 拆卸应注意的事项

（1）首先停电、停油，拆卸各油管接头、保护好放在安全的地方。

（2）压辊处于打开位置并插入安全销，以防止压辊自由落下。

（3）拆卸卷筒扇形块时，切记将小车升高并运行至卷筒下，将要拆的扇形块托住。拆除连接在扇形块端部的压板，则此扇形块可倾斜沿下形槽滑出。

（4）若要检修卷筒轴的轴承，需要松开箱体两端轴承压盖的螺栓，拆除两端的轴承盖，拆掉压辊才能松开上下箱体连接螺栓，打开箱盖。

5. 安装时注意事项

（1）拆卸后重装前要将所有部件清洗干净。

（2）封盖或紧固螺丝前要检查好润滑线路和箱内情况，所有工作面要涂润滑油，并确定密封良好。

（3）各紧固螺栓要作防松处理，但不能焊死。

（4）各部件需要按图纸要求和技术标准正确处理，保证其在正常使用周期内。

6. 几个重要部件的调整规则

（1）链条需要张紧时松开磁粉制动器及其底板的连接螺栓，通过调节螺丝，调整链轮的位置。

（2）机组运行一段时间后，需要调整开卷机的滑道间隙。拧开导板连接螺栓通过顶丝调整导板位置，然后拧紧导板连接螺栓以达到合适的导向间隙。

（3）在保证卷筒扇形块组成的外圆直径最小 $\phi468$mm、最大 $\phi520$mm 的条件下，确定胀缩缸活塞杆与心轴轴端螺纹的连接深度。

7. 检修内容

（1）小修内容：清洗、检查轴承、液压缸、油泵、油箱、各种阀门的情况、电机检修、限位器。

（2）中修内容：小修＋调整更换车轮、轮轴、轴承、托架支点的钢轴、轴套。调整卷筒的胀缩精度。

（3）大修内容：中修＋更换电机、油缸、油泵、油马达（油管、油压调整）。更换齿轮箱，更换卷筒滑块等。

9-7 如何进行彩涂设备的备品备件管理?

答: 在设备维修工作中,为了恢复设备的性能和精度,保证加工产品的质量,用新制的或修复的零件来更换已磨损或老化了的机器旧件,通常把这些新制的或修复的替换零件称为配件。为了缩短设备修理的停歇时间,使故障损失减少到最低限度,就需要在备件库内预先储备一定数量的配件,通常把这种配件称为备件。

彩涂设备的备件管理是指备件的计划、生产、订货、供应、储备的组织与调配。要搞好这项工作,设备管理员首先要清楚彩涂线的工艺和生产流程,才能确定机组中哪些是备件,线上各种备件应如何分类和如何储存。

A 备件的确定

备件应与设备、低值易耗品、材料、工具等区分开来。但是,少数物品难于准确划分,各企业的划分范围也不相同,只能在方便管理和领用的前提下,根据企业的实际情况确定。所以,备件的确定要区别情况,具体分析。彩涂机组的备件可参照下列原则确定:

(1) 所有外购零件,如滚动轴承、电器、皮带、链条、油封等,可列为备件。属于低值易耗品的标准紧固件如螺栓螺母等,不应列入。

(2) 消耗量大的易损零件列为备件。但有些易损零件,容易加工,可不列为备件。

(3) 对容易损坏而且制造周期长、工序多、加工复杂、需要铸锻毛坯的零件,列为备件。

(4) 经常受冲击,容易损坏的零件,如缝合机的模具等。

(5) 机型相同,台数较多的设备,其零件应列为备件,并应视其使用情况的要求,可多选择一定的品种的备件。如聚氨酯涂敷辊、橡胶转向辊、挤水辊等。

(6) 变速箱内的部分零件,如变速箱的齿轮、轴、拨叉等,应根据传动情况,列为备件。

(7) 起保持设备精度作用的主要运动零件,如主轴、轴瓦、丝杆、七级精度以上的齿轮、蜗轮副,空压机的曲轴、活塞、锤杆、钻杆等,列为备件。

B 备件的分类

备件分类的方法很多,这里主要介绍几种常用的分类方法。

a 按备件使用情况分

(1) 生产消耗件,是指直接参与生产技术操作过程,与产品直接接触的备件,如涂敷辊,转向辊、压辊、挤水辊、缝合机模具等。

(2) 设备备件,是指不直接参加生产技术过程,不直接接触产品的设备零件或部件,它的损坏主要由于机械磨损、高温烧损、化学腐蚀、氧化等原因。

b 按备件使用特性分

(1) 常用备件,是指使用频率高、设备停机损失大、单机比较便宜的需经常保持一定储备量的零件,如消耗量大的配套零件、关键设备的保险储备件等。

(2) 非常用备件,是指使用频率低、停机损失小和单价昂贵的备件。

c 按备件的来源分

(1) 自制备件,依靠本单位的加工技术可以制造的专用零件。

（2）外购备件，是指需要向外单位订购的或订造的配套产品。

d　按备件的规格分

（1）标准备件，如空压机、风机、机床备件以及其他国家通用标准设备的备品备件。标准件又称通用件。

（2）非标准备件，通常也叫异型备件。

C　备件的储存

备件在确定和分类以后，就应进入备件的储存管理阶段，其实施过程如下：

（1）收集、测绘、整理备件的图纸，进行备件图册的编制；进行各类备件统计卡片和储备定额等基础资料的设计、编制及备件卡的编制工作。

（2）提出备件的自制计划或外协、外购计划，提出个别备件的加工计划和提出某些备件的修复计划。

（3）备件的出入库账目的建立及管理。

9-8　如何区分设备故障和设备事故?

答：设备故障和设备事故区分标准如下。

A　设备故障

设备故障是指设备整体及其零部件在规定的使用条件下不能完成规定功能的事件。也可以认为：设备的某一结构、机械或零件的尺寸、形状或材料发生改变而不能满意地执行预定的功能，称为设备故障（失效）。这种现象多发生在设备投入使用初期，故障发生的原因与设计缺陷、制造加工缺陷、选材不当、装配缺陷、使用缺陷、维修缺陷等多种因素有关。设备故障也叫设备小事故，很多企业将其定位为：因设备原因造成停机时间5min以上4h以下者，虽未直接影响生产系统停机，但发生设备修复费或产生不良影响者均作为设备故障。常见的彩涂线设备故障的类型主要有表9-2所列的几种。

表 9-2　一些零件的故障判断标准

零件名称	故障判断标准	继续使用可能引起的后果
轴	裂纹、花键磨损、弯曲、不同心度	振动、损坏其他零件、加剧磨损
齿　轮	齿断裂、裂纹	碎片落入啮合处、损坏其他零件
滑动轴承	磨损、擦伤、减摩层脱落	润滑条件恶化、擦伤加剧
滚动轴承	断裂、烧结、保持架损坏、磨损	损坏部分落入齿轮中间、损坏其他零件
摩擦片	损坏、磨薄	丧失接合力或制动能力、机械打滑
联轴器	固定螺丝钉断裂、键损坏	机械不能运转
密封件	损坏、烧结	破坏密封性、液体涌出、进入灰尘、其他零件加剧磨损
烘炉传感器	不起作用	不能正确监测炉温、使安全装置不起作用、容易引起炉内爆炸
涂敷辊	裂纹、磨损、断落	影响钢带涂层表面质量
出入口剪机刀片	裂纹、易钝	钢带片头、尾毛刺大，刮伤转向辊
缝合机模具	裂纹、易钝	钢带缝合口因加张而撕裂，容易引起断带

B 设备事故

机组设备在正常使用过程中因非正常损坏造成停产或效能降低，甚至伤害到操作工人，停机时间4h以上24h以下，经济损失超过1万元以上者称为设备事故。常见的彩涂线设备事故的划分主要有以下两类和六种形式。

a 按维修费用或停产时间分

（1）一般事故。修复费用在1万元以下的；或因设备事故造成全厂停机、供电中断10～30min。

（2）重大事故。修复费用一般设备达1万元以上；关键设备达3万元以上；或因设备事故使全厂停机、供电中断30min以上。

（3）特大事故。修复费用达50万元以上；或因设备事故造成全厂停机、供电中断1周以上。

b 按发生的性质分

（1）责任事故。因人为原因造成的设备损坏，如违反操作规程、野蛮操作、擅离工作岗位、故意超负荷运行、忽视安全措施等原因导致设备损坏停产或效能降低。

（2）质量事故。因更换的零部件加工工艺不合理、维护修理不良、安装不当原因造成设备损坏停产或效能降低。

（3）自然事故。因遭受自然灾害而造成的设备事故，如洪水、地震、台风、雷击等导致设备损坏停产或效能降低。

9-9 如何进行设备的故障管理?

答：设备的故障管理是生产现场设备技术状态管理的重要内容。所谓故障管理，就是对故障的要素，包括故障部位、现象、程度、发生时间、频率、原因等进行有效的监测、分析，并采取相应的措施以消除故障的隐患。彩涂机组的设备故障管理可以参照一些比较成功的管理案例进行，也可按以下几个步骤实施：

（1）收集原始资料。对机组中的重要设备如开卷机、卷取机、初精涂机、化学辊涂机、烘干炉等，建立故障日志记录制度。将每一次不论大小的故障发生时间、停机时间、故障排除时间和检修者处理方式等情况详细记录下来。这样，经过长时间的积累，对被记录的设备的整体状态如何，今后还可能发生什么故障等情况比较清楚，有利预测下一次故障发生的类型。

（2）故障统计。通过故障收集，定期对设备的停机次数、停机时间、故障是否重复性或多发性等情况进行记录、统计、归纳、汇总。

（3）故障分析。根据故障统计资料，找出一些故障发生频率高、停机时间长的设备，由设备管理员会同技术人员、维修人员、生产操作工等一起进行故障分析，找出引起故障频繁发生的真实原因，以彻底解决问题。

（4）处理准备。通过分析找到故障的真正原因后，根据不同的设备状态提出处理方案。对操作、工艺和设备选型不合理而造成的故障，应该向有关部门提出改进或解决的申请；对于维修不当而产生的故障，应尽快落实修理级别和修理时间。

（5）检修实施。有关部门根据制订出的处理计划安排部门或个人，按计划予以检修实施。

（6）效果检查。对检修的结果进行专人检查并作出评价。

9-10　如何进行设备的事故管理？

答：发生设备事故必然会给企业的生产经营带来不同程度的损失，甚至会危及职工的人身安全，为此，企业及设备主管应重视设备事故的管理。

彩涂线的设备事故管理可以按以下几个步骤进行。

A　设备事故分类

设备事故类型的划分可按9-8问介绍的原则进行。

B　分析事故原因

引起设备事故的原因主要有如下几点：

（1）机械的不安全状态。

1）防护、保险、信号等装置缺乏或有缺陷。如无防护或防护罩未在适当位置，设备电气未接地，绝缘不良等。

2）设备、施工、工具、附件有缺陷。如设备的结构设计不当，制动装置有缺陷。设备带病运转或超负荷使用等。

3）个人防护用品、用具——防护服、手套、护目镜及面罩、呼吸器官护具、安全带、安全帽、安全鞋等缺少或有缺陷。

4）生产现场环境不良。如照明光线不足、通风不良、作业场所狭窄或杂乱等。

5）操作工序设计或配置不安全，有冰雪，地面有易滑物如圆柱形管子、料头、滚珠等。

6）贮存方法不安全，堆放过高、不稳等。

（2）操作者的不安全行为。

1）操作错误、忽视安全警告。

未经许可开动、关停及移动机器，或开动、关停前未给信号，开关未锁紧造成意外转动等。

2）使用不安全设备。拆除了安全装置或安全装置失去作用，拉临时线路。临时工作梯不牢固或无安全装置的设备。

3）用手代替工具操作。用手代替手动工具，用手清理切屑，不用夹具固定，用手拿工件进行机械加工等。

4）物体存放不当。成品、半成品、材料、工具和生产用品等存放不当。

5）不使用防护用品或穿不安全装束。在必须作用个人防护用品、用具的作业或场合中，忽视其使用，如未戴各种个人防护用品。

6）无意或为排除故障而接近危险部位。如在无防护罩的两个相对运动零部件之间清理卡住物时、机械运转时加油、修理、检查、调整、焊接或清扫等。

（3）技术上的缺陷。

工业构件、建筑物、仪器仪表、工艺过程、操作方法、维修检验等的设计和材料作用等方面存在的问题。

（4）员工培训缺陷。

操作工业务素质低、未经培训上岗，缺乏安全知识和自我保护能力，工作时注意力不集中，工作态度不负责，受外界影响而情绪波动，不遵守操作规程。

（5）管理缺陷。

劳动制度不合理、规章制度执行不严，对现场工作缺乏检查或指导，缺乏监督。无安全操作规程和安全规程不完善。对事故隐患调查整改不力等。

C　事故的处理

设备事故发生后，应立即切断电源，保持现场，按设备分级管理的有关规定上报，并及时组织有关人员根据“三不放过”原则（事故原因分析不清楚不放过、事故责任者未受教育不放过，没有防范措施不放过）进行调查分析，严肃处理，吸取教训。

事故发生后，一般由主管负责人组织有关人员进行事故处理，处理过程一般由以下步骤组成：

（1）现场事故分析。

1）分析工作要尽早进行，原始证据和数据要保存好。

2）保持事故发生现场，不移动或接触事故部位的表面。

3）如需拆卸发生事故的部件，要避免使零件再产生新的伤痕或变形等情况。

4）除注意发生事故部位外，还要详细了解周围环境，多访问有关人员，以便得出真实情况。

（2）搞好抢修，控制损失。

事故原因分析后，应积极组织抢修，尽可能减少修复费用。事故抢修需外车间协作加工的，必须优先安排，物资部门保证用料的供应，尽可能减少停机的天数。

（3）事故上报。

事故发生后，一般在三日内认真填写事故报告单，报送设备主管部门。一般事故报告单由设备管理部门签署处理意见，重大事故及特大事故由厂主管领导批示。特大事故报上级主管部门。

（4）做好设备事故的原始记录。

1）设备编号、名称、型号、规格及事故概况。

2）事故发生的前后经过及责任者。

3）设备损坏情况及发生原因，分析处理结果。

4）事故设备修复前后的主要精度、性能测试等。

（5）奖罚制度。

造成设备事故和经济损失的职工，根据情节轻重，分别追究经济责任和行政责任，构成犯罪的，由司法机关追究刑事责任。

对防止事故发生，或减轻事故损失的有功人员，应给予奖励。

（6）设备事故损失的计算。

1）停产和修理时间的计算。停产时间从设备损坏停工时起，到修复后投入使用时为止。

2）修理费用的计算。修理费 = 修理材料费 + 备件费 + 工具辅材费 + 工时费。

3）停产损失费用计算。停产损失 = 停机小时 × 每小时生产成本费用。

4）事故损失费用的计算。事故损失费 = 停产损失费 + 修理费。

9-11　如何进行机械设备的安全管理?

答: 安全是任何企业永恒的主题。彩涂生产过程中，机械设备的安全直接关系到每个工人的生命安危和国家财产的安全，关系到企业的兴衰和存亡。要保证生产顺利进行，彩涂线投产后的安全管理应包括以下几个方面。

A　正确使用，及时保养，“管用养修”相结合

机械危险是指由于机械设备及其附属设施的构件、零件、工具、工件或飞溅的固体和流体物质等的机械能（动能和势能）作用，可能产生伤害的各种物理因素以及与机械设备有关的滑绊、倾倒和跌落的危险。为此，在机械设备的使用过程中，操作工一定要按照相关设备的操作规程正确使用该设备。

同时，企业在保证操作工正确使用机械设备的基础上，为了进一步预防机械事故的发生，管理部门或管理员在“管好、用好、养好、修好”的同时，推行机械设备的风险评价工作。机械风险评价是指以生产线上机械设备为研究对象，分析并估计设备使用阶段可能产生的各种危险、一切可能的危险状态，以及在危险状态下可能发生损伤或危害健康的危险事件，并对危险事件的概率和程度进行全面评价的过程。

机械的风险评价工作综合考虑了可能影响机械设备安全性能的因素，加强保养工作，严格要求操作工按标准、规范要求做好设备每天开机前、作业中和停机后的“一日三查”的保养工作，发现问题和隐患及时予以排除，这样既确保了设备在完好状态下安全运行，又有效地控制了设备的维护成本，更使机械事故的源头得到根本上的控制。

B　做好特种设备的安全检测

特种设备就是与人身、财产安全，人体健康密切相关的承压和载重设备的总成，在生产过程中，它比一般性生产设备具有更大的潜在危险性。彩涂机组的特种设备一般设定为蒸汽锅炉、空气压缩机、液化气站和固化炉等。

这些特种设备必须经技术检测部门检测合格取得合格证后才能投入使用，对目前已经投入使用的特种设备（包括劳务协作单位）逐一进行调查登记，对未取得检测合格证的特种设备必须立即停止使用，并区别对待，需要继续使用的必须立即进行检测，取得合格证后才能继续投入使用，不合格的坚决清退出场。对那些已经超过使用期限，又无法检测合格的设备应强制报废。

C　人员培训，持证上岗

对机械的操作和维修人员，不仅要对其进行安全技术理论方面的培训，还要确保其实际操作技能的培训落到实处，重点是提高操作人员的安全操作技能和预防事故发生的实际能力以及设备危险性意识和处理事故的能力，有效控制特种设备事故的发生。

对新添置机械设备的使用和维修，企业应邀请设备生产厂家的技术人员开专题讲座并到使用现场，对机械操作人员和机械维修人员进行指导或培训。在操作人员上岗之前，达到正确操作，安全驾驭的要求。

D　老旧设备淘汰

随着企业经营年限的增长，要及时引进新设备，淘汰旧设备，不能抱丝毫侥幸的心理去继续使用。设备报废的标准可参考以下几点：

（1）到设备使用年限，折旧已提足，技术性能已达不到国家规定和安全操作规程要求的。

（2）因事故等原因设备主要结构性能损坏严重，无修复可能或修复费用超过更新设备价60%的。

（3）能耗高、功率低、污染严重、经济效益差，技术改造又不经济的。

（4）国家和有关部门规定淘汰的。

（5）自制非标准专用设备，无继续使用价值的。

机械设备的安全管理是一个复杂的综合性课题，除了把好管、用、养、修关之外，还必须做到领导重视，各级机械管理人员、机械操作人员、维修人员及相关配合人员之间责任明确，做到有章可循、有据可查、记录清晰、有人操作、有人监督、奖惩分明，专管与群管相结合，并注重强化设备管理员的安全意识，提高业务素质和技术水平，使用、维护、保养严格，按规程办事；只有持之以恒，常抓不懈，保持居安思危的忧患意识，真正做到“预防为主”，就一定能够杜绝重大机械设备事故的发生，保障机械设备安全优质高效地为生产服务。

9-12　如何进行彩涂线的涂敷辊管理?

答： 生产线的辊子管理本来归属于备品备件管理范围，但由于彩涂线上的涂敷辊很重要，他在生产时始终与钢带表面接触，直接影响到产品的外观质量，所以此处作为一个问题来详细阐述，其他辊子如挤干辊和各种转向辊、压辊的维护均可参照涂敷辊的管理方法。

彩涂线上的涂敷辊一般是用聚氨酯作为辊面材料，聚氨酯是一种以硅橡胶为主的化学材料，有弹性良好、易脆、耐腐蚀的特性。聚氨酯之所以用作涂敷辊的面料，其最大的特点是耐腐蚀，因为目前彩涂线所使用的大部分有机涂料都含有一定比例的溶剂成分。

涂敷辊的管理应包括以下几方面。

A　生产过程中的维护

生产过程中的维护主要是换辊和洗辊两个操作过程。保证辊面免受碰撞，始终处于完好的状态。关于换辊和洗辊的两个操作准则在后面有详细介绍。

B　磨削过程中的维护

辊子的磨削必须使用专用的外圆磨床或磨辊车床，为了保证涂敷辊有较高的精密度，磨削工具应由专人管理和专人操作，除了用于磨辊，严禁挪作他用。

涂敷辊的磨削管理通常分三个阶段，每个阶段都有比较详细的规程。

（1）磨辊前：

1）用干净布清洁磨床主要部位的尘埃。

2）准备好用于磨削的刀具和砂纸。

3）将辊子吊装上磨床并严格对中定位和紧固，要掌握好前后顶头的松紧度，不能太松或太紧，否则易影响磨削质量。

4）检查辊子的紧固情况并确认辊子已紧固。

5）检查待磨辊子的辊面情况，计划好粗磨和精磨的磨削量和磨削速度。

（2）磨辊中：

1）正确启动辊子、磨床的砂轮、吸尘器、工作台和电器开关。

2）严格按照先粗后精、辊子转速先慢速后高速的顺序进行磨削。

3）磨头行进速度选择要合理（粗—快、精—慢）。

4）遇到设备故障或辊子刨伤面太大太深时，应立即与设备管理员联系，待问题解决后才继续进行。

5）磨好的辊子表面不管手感或目测都不能有明显的条纹状存在。

（3）磨辊后：

1）在辊子吊离磨床前，先用较厚的塑料薄膜包封好辊面。

2）将辊子吊往辊架存放，并做好辊子的编号、记录修磨日期、说明存在哪些特殊缺陷等，如果刮印太深磨不掉，则应写上“用于初涂机”等建议。

3）清擦磨床，导轨加润滑油，用较厚的塑料薄膜覆盖。

4）清扫磨辊间现场。

5）离场前关好门窗和照明用电。

C　存放和运送

涂敷辊的存放方法也非常重要，在生产过程中，涂敷辊属于高值易耗品，为保证连续生产，厂家通常要备有一定数量的涂敷辊，因此，如何存放和运送涂敷辊，就成了一个较重要的管理环节。

存放涂敷辊的装置有多种，国外有些厂家在存放架和运送架上均安装了低速电机和接头，当辊子连同轴承从涂敷机上卸下后，无论是在运送过程中还是吊装到存放架上都保持其处于运转状态，以使溶剂能彻底挥发，保证辊面的圆柱度。但这种方式的成本较高，因此国内目前大多数厂家的存放架和运送车仍然是如图 9-3 和图 9-4 所示的简单形式。

图 9-3　辊架

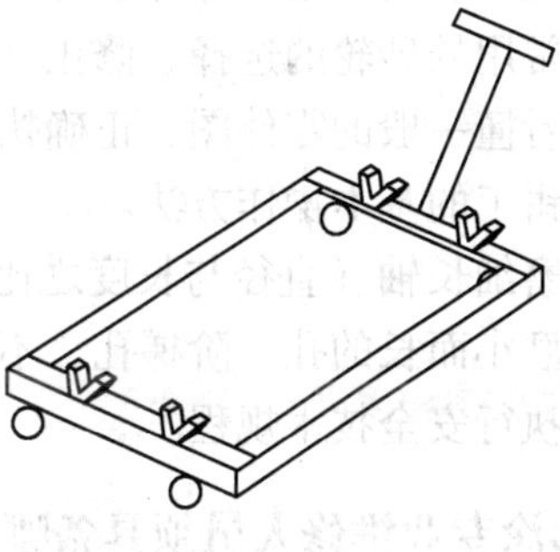

图 9-4　运辊车

D　辊面质量判断

涂敷辊肩负着钢带的底、面漆均匀涂布的使命，是涂层的重要环节，因此辊面质量的判断非常重要。判断辊面质量通常有两个目的，一是判断辊子能否上机涂敷，另一个是通过判断找出其他引起辊面质量不合格的因素，如辊面材料的硬度、密度、耐机械力、耐腐蚀的能力、磨工的磨削水平甚至磨床的精度等，因此后者要求判断能力更高，判断者要经过多年的经验积累才能胜任。

辊面的上机质量通常要求目测光滑平整，无明显的横向和纵向辊纹，无磨损或凹凸不平的痕迹，硬度计检测合格（肖氏 40～45 度）。另外，手感要有良好的弹性，这样的辊子不容易被硬物刮伤或碰伤，即使被刮伤也容易修复。

辊子上机后涂层前，应检查涂敷辊与粘料辊之间横向各点的辊面间隙是否一致，防止辊子因加工或磨削不当出现锥度或不圆柱度，在转动过程中产生互相之间的阻力而使产品表面产生横纹。

9-13 磨辊工最基本的技能是什么?

答:（1）应知:

1）外圆磨床的性能、结构、传动系统、润滑系统及使用和维护保养方法。

2）磨橡胶辊常用砂轮的种类、牌号、规格、性能、用途、使用和维护保养方法。

3）砂轮的制造和配料的知识及防止砂轮出现裂纹的方法。

4）常用橡胶材料的机械性能、磨削性能和胀缩知识。

5）常用工、夹、量具的使用和维护保养方法。

6）机械制图的基本知识。

7）热处理的一般知识。

8）分度头的构造、传动和各种分度的计算方法。

9）磨工有关应用数学的计算知识。

10）橡胶辊磨削加工余量的知识及对工件加工质量的影响。

11）电气的一般知识。

12）磨工安全一般知识。

（2）应会:

1）正确操作和维护保养自用磨床或磨辊车床，并能作精度的调整。

2）正确使用和维护保养各种常用的工、夹具及精密万能量具。

3）常用的砂轮的选择、修正（包括简单的成形砂轮）和装置平衡。

4）看懂一般的零件图，正确执行工艺规程。

5）钳工的基本操作方法。

6）磨细长轴（直径与长度之比在1∶10以上）精度IT6，粗糙度0.8。

7）磨小而长的孔、阶梯孔、不通孔，精度IT6，粗糙度0.8。

8）执行安全技术规程。

9-14 彩涂专业维修人员须具备哪些专业技能和素质?

答: 首先，机械维修人员应持有技工学校或中专以上学历，并在上岗前经过技术培训考核，取得机械主管部门或劳动局核发的《机械维修技术等级证书》，持证上岗。机械维修人员的技术等级，按照国家有关规定进行考评实行初级、中级、高级三级制。

其次，由于当今钢板彩涂技术的发展已经完全机械化、电子和电气化。因此，对维修人员的技术水平提出了较高的要求：除了有一定的文化基础，还要懂彩涂工艺、懂彩涂设备的机械原理、懂电脑技术、懂电子技术、懂利用仪器设备进行诊断。否则，一旦机组发生故障，维修人员将会一筹莫展，所以，要想做一个机电一体化的人才就必须具备较高的技能和素质。

维修工应具备一定的主观能动性，对彩涂机械故障具有特殊的逻辑分析能力。在诊断过程中要求诊断人员懂原理、会分析、能推理。对于一个不会推理、不会逻辑分析的人是很难成为一名好的修理工的。

另外，修理工必须了解彩涂机组的构造、工作原理，并对使用性能了如指掌。随着科技水平的不断发展，彩涂线的设备配置也在不断提高，有些新功能因操作工还不太熟悉而容易造成故障。此时，修理工有责任指导操作工如何正确使用。这种情况在有涂后工艺的机组出现的较多，因此，就要求修理人员要跟上科技发展的脚步。

再者，维修工还必须具备一定的责任心。这种责任心不仅是指维修工本人，还要求维修工要考虑其对企业尽职尽责。因为许多生产操作工在使用设备时不负责任或因不熟练而经常出现误操作行为，这就要求维修人员多与操作工沟通，甚至要起到监督作用，以保证生产线的正常运行，修理人员在这里也就起着举足轻重的作用。

9-15　如何进行彩涂机组公辅设施的管理?

答：彩涂机组的公辅设施有：车间吊车、空气压缩机、蒸汽锅炉、废水处理系统、液化气站等。目前，关于如何对这些设施进行管理，国家有比较完善的规章制度和培训机制，本章9-11问如何进行机械设备的安全管理中也有比较详细的介绍。

9-16　什么是生产管理?

答：一个企业内的生产管理，是依客户需求或销售数据（销售预测），结合工厂内的生产能力（人员，设备）和各部门的配合调整，制定生产计划并进行资材调配的一系列流程。在生产过程中，需要对它的品质、成本额、交货期进行计划和把握控制，监督作业状况，处理异常，完成生产计划的一系列管理手段。

生产管理与前已述及的设备管理有着承前启后的关系。设备管理作用是保证设备处于完好状态，生产管理的作用是保证用完好的设备资源生产出合格的产品。

9-17　怎样进行彩涂板生产管理?

9-16问答的生产管理概念是相对于整个企业，而此处提及的彩涂板生产管理主要是针对彩涂车间的生产管理，即从基板材料进入车间到彩涂板包装运离车间的整个过程的生产管理。因此，彩涂板的生产管理可以解释为：通过一系列的控制手段，使某彩涂板的生产过程可以按预先制定的各类规程实施，且最终产品的质量达到预期目标的管理过程。

生产管理和其他如设备管理、质量管理一样是产品生产的重要环节。彩涂板的生产管理也如此，要实现最优化的彩涂板生产管理目标，应在机组经验收后正式投产前，制定出各类可保证生产顺利进行和产品质量合格的技术措施，并组织实施。

要搞好彩涂板的生产管理至少要具备三个基本要素。

首先要有具备一群既有专业知识又有熟练操作技能的生产管理人员和操作人员，即需要训练有素的技术精英力量。

其次要制定适合本企业生产的各类标准。如：规程、规定、规则、要领等管理文件，这些规范形成文字化的东西统称为标准。彩涂板生产的标准主要有文件化的工艺技术规程（有些企业将工艺技术规程细分为工艺规程与技术规程），机组设备操作规程、操作人员和操作环境的安全规程、生产记录和技术操作培训制度等。

另外要实行标准化管理。制定标准后依标准付诸行动称之为标准化。在生产标准化过程中通过非常有效的监控手段来保证标准化的实施，例如对生产全过程和相关措施的落实进行交接班记录、违反标准（规程）的奖惩制度等，称为标准化管理。标准化管理是保证生产按预定工艺规程进行，产品质量达到预期水平的过程。

9-18 什么叫彩涂板生产的工艺技术规程?

答：是规定彩涂板的生产工艺过程和操作方法的工艺文件。它简要地描述了彩涂板的加工工序，各工序所规定的技术和工艺数据，例如选用基板材料、脱脂剂材料和涂层材料的技术要求及涂层过程中必要的操作方法等。因此，彩涂板工艺技术规程具有指导实际生产和组织工艺准备的作用，是生产中必不可少的技术文件。

9-19 彩涂板生产工艺技术规程的制定和实施有何意义?

答：使彩涂板的生产过程标准化，通过对主要操作条件、能耗、安全环保等方面的描述，成为生产运行必须遵守的原则。并通过生产实际应用，使员工了解和全面掌握彩涂板生产的工艺条件和特点，驾驭机组的运行，优化操作，实现文明产生。另外，作为技术标准，工艺技术规程既是彩涂板生产的蓝图，也是制订其他管理文件的重要依据，它应涵盖有关各项质量标准及工艺控制参数。

例如：某彩涂板生产车间在每天或每一批彩涂板生产前，都预先按工艺技术规程的要求制定一份工艺单（表9-3），规定全线的每个段或每台重要设备的工艺执行数据，并下发到各段的负责人处，使各岗位的操作人员在生产过程中，对所有设置值或控制值均都有章可循，保证生产过程秩序井然，提高产品质量和降低能耗。

表 9-3 生产工艺单

<table>
<tr><td>钢卷参数</td><td colspan="2">材质：</td><td>规格：</td><td>产地：</td></tr>
<tr><td rowspan="2">生产线速度参数</td><td colspan="2">入口换卷： m/min</td><td colspan="2">出口换卷： m/min</td></tr>
<tr><td colspan="4">生产线工艺段速度： m/min</td></tr>
<tr><td rowspan="5">清洗段参数</td><td colspan="2" rowspan="2">1号、2号碱洗</td><td>温度： ℃</td><td>喷淋压力： N（kg）</td></tr>
<tr><td colspan="2">游离碱度： 点</td></tr>
<tr><td colspan="4">碱刷洗投入：是□，否□</td></tr>
<tr><td colspan="2" rowspan="2">1号、2号热水洗</td><td>温度： ℃</td><td>喷淋压力： N（kg）</td></tr>
<tr><td colspan="2">电导率： ≤ μs/cm²</td></tr>
<tr><td rowspan="2">化涂参数</td><td colspan="2">化学液名称：</td><td colspan="2">产地：</td></tr>
<tr><td>温度： ℃</td><td>浓度：</td><td colspan="2">干膜重 mg/m²（双面）</td></tr>
<tr><td rowspan="3">初涂参数</td><td colspan="3">涂料名称：</td><td>湿膜厚： μm</td></tr>
<tr><td colspan="3">涂敷方式：逆涂□，顺涂□</td><td>黏度： S（涂4号杯）</td></tr>
<tr><td colspan="4">线速比：生产线/涂敷辊/粘料辊 = / /</td></tr>
<tr><td rowspan="3">精涂背面参数</td><td colspan="3">涂料名称：</td><td>湿膜厚： μm</td></tr>
<tr><td colspan="3">涂敷方式：逆涂□，顺涂□</td><td>黏度： S（涂4号杯）</td></tr>
<tr><td colspan="4">线速比：生产线/涂敷辊/粘料辊 = / /</td></tr>
</table>

续表 9-3

<table>
<tr><td>钢卷参数</td><td>材质：</td><td>规格：</td><td colspan="2">产地：</td></tr>
<tr><td rowspan="3">精涂正面参数</td><td colspan="2">涂料名称：</td><td colspan="2">湿膜厚： μm</td></tr>
<tr><td colspan="2">涂敷方式：逆涂□，顺涂□</td><td colspan="2">黏度： S（涂4号杯）</td></tr>
<tr><td colspan="4">线速比：生产线/涂敷辊/粘料辊/均料辊＝ / / /</td></tr>
<tr><td rowspan="6">炉区控制参数</td><td>化涂炉</td><td>炉温：</td><td colspan="2">炉压：</td></tr>
<tr><td rowspan="2">初涂炉</td><td colspan="3">炉温：Ⅰ段 ℃，Ⅱ段 ℃，Ⅲ段 ℃</td></tr>
<tr><td colspan="3">炉压：Ⅰ段 Pa，Ⅱ段 Pa，Ⅲ段 Pa</td></tr>
<tr><td rowspan="2">精涂炉</td><td colspan="3">炉温：Ⅰ段 ℃，Ⅱ段 ℃，Ⅲ段 ℃，Ⅳ段 ℃</td></tr>
<tr><td colspan="3">炉压：Ⅰ段 Pa，Ⅱ段 Pa，Ⅲ段 Pa，Ⅳ段 Pa</td></tr>
<tr><td>焚烧炉</td><td>炉压： Pa</td><td>入口温度： ℃</td><td>排气温度： ℃</td></tr>
<tr><td rowspan="2">车间动力参数</td><td colspan="2">蒸汽压力： MPa</td><td colspan="2">空气压力： MPa</td></tr>
<tr><td colspan="2">石化气压力： MPa</td><td colspan="2">冷却水压力： MPa</td></tr>
<tr><td>备 注</td><td colspan="4"></td></tr>
</table>

工艺负责人：__________

9-20 编制工艺技术规程时必须具备的资料有哪些？

答：机组的整套工作图；产品检验的质量标准；产品的生产纲领和生产类型；源材料的供应条件与制造情况；本厂的生产条件；国内外该行业生产技术的发展概况。

另外，负责组织或参与编写的人员必须是具有足够的彩涂板知识的技术人员和具有丰富的关于彩涂板生产经验和质量管理的人员。编写后，应由质量管理部门组织相关的专业人员进行审核，经主管生产和质量的负责人批准签字后方可执行。

9-21 如何编制彩涂板生产的工艺技术规程？

答：工艺技术规程虽没有千篇一律的格式，但从彩涂板生产和实践来看，通常的编写方式是按工艺流程从生产线入口至出口的顺序以每个段或每台设备为单位进行的。如果该彩涂机组除了生产涂层板以外还可以生产压花板、印刷板和层压板，那么在编写时可按不同的生产品种进行，一些涉及通用部分的可只体现文件号。

一般彩涂工艺技术规程应由以下几部分组成：

（1）封面与首页。封面上应明确本工艺技术规程是某一产品的生产工艺技术规程，明确编制人、审核人、批准人签字及日期等。

（2）目录。工艺技术规程可分若干单元，每一单元可代表一个工艺段或一组设备，并且可以细分，目录中应注明单元标题及所在页码。

（3）正文。正文是工艺技术规程的核心部分，应根据本企业的产品和国家关于彩涂板标准的要求来分别制订从原料到产品包装的整个工艺执行过程。

（4）补充部分。指附录和附页，一方面对正文化内容所作的补充，另一方面是用以帮助理解标准的内容，以便于正确掌握和使用。

编制工艺技术规程时除按以上几步进行外，还须注意如下事项：

（1）内容全面。如从彩涂板生产控制的方法到各种质量标准直到该品种工艺规程变更的登记等。

（2）有较多内容相同或重复时，可采取将相同内容汇编等形式，集中为一个或几个文件，工艺技术规程中可只体现版本号或文件号。

（3）以体现生产方法为原则，不必过细；但可形式多样化，以实用和能作为其他文件的重要依据为原则。

（4）修订与更改。工艺技术规程一经批准，不得任意改动，各级操作人员和管理人员都应严格执行。对不符合工艺的指令或无批准手续的要求，操作人员应该拒绝执行。当机组在运行一段时间后，因设备的更新和改造而出现工艺变化时，应立即对原规程进行修改。一般企业的工艺技术规程通常是3～5年修订一次。

9-22　什么叫彩涂板生产的操作规程？

答：操作规程是指用以指导操作的管理文件。是用于控制生产过程中生产工人的规范化操作、提高生产效率和产品质量并保证设备的正常运行和人身安全。同类设备的操作和维护，可以使用同一个操作规程，因此，操作规程具有通用性的特征。在生产管理中，通常来说，每一项独立的生产作业都应分别制订相应的标准操作规程，以规范作业活动。另外，操作规程是一线员工和新员工最重要的岗位培训教材。

彩涂板生产的操作规程是从生产彩涂板的工艺要求出发，制定控制彩涂板生产工人规范化操作的作业指导文件。

一般来说，操作规程的制定必须以工艺规程为依据，只有与工艺规程配合使用，才能达到以上所说的提高生产效率、提高产品质量的效果。

9-23　彩涂板生产操作规程的制定和实施有何意义？

答：彩涂板生产操作规程的制定和实施为彩涂板生产提出了应遵循的要求和准则，但它的制定仅适应本企业的生产品种、环境特点、技术状态。

彩涂板的生产过程本身是一项工艺性要求较高的工作，而产品质量又与生产工艺息息相关，因此，彩涂板生产操作规程除了前一问答已提到的好处外，它的制定还是一项提醒操作工人在生产过程中时刻遵守工艺规程的制度。

另外，彩涂板操作规程，是一个可靠的追溯系统，也是设备管理员以及生产操作工的培训教材之一。对进行标准化的生产管理非常有利，能使生产管理人员对彩涂板生产有一个非常明确的现场管理目标或方向，便于对整个生产系统的梳理和控制，对促进彩涂板行业进行规范化管理和健康发展有重要的现实意义。

9-24　编制操作规程时必须具备的资料有哪些？

答：具有足够的彩涂板工艺知识和机械、电气知识的技术人员；具有丰富的关于彩涂板设备管理和生产经验的管理人员。

机组整套技术图纸，由制造单位提供的机组运行顺序和电气控制说明书；生产彩涂板所需要的各种原材料或辅助原料供应厂家所提供的品种、规格型号和质量鉴定方法的说明材料；机组公辅设施供货商的技术资料等。

已完成的机组工艺技术规程和设备管理规程；国家关于彩涂板和其他原材料的质量标准；国家关于涂装作业的操作工人和操作环境的安全标准。

本机组所能生产的产品品种、规程；本车间的生产环境和条件；本企业现有的生产管理状况，国外同类型设备的先进经验。

9-25　如何编制彩涂板生产的操作规程？

答：操作规程的内容虽不同于工艺技术规程，但也分为封面与首页、目录、正文和补充几个部分，其中封面、目录、补充部分与正文内容有不同的侧重。从彩涂板生产实践来看，通常的生产操作规程编写顺序也是按工艺流程从生产线入口至出口的顺序以每个段或每台设备为单位进行的。如果该彩涂机组除了生产涂层板以外还可以生产压花板、印刷板和层压板，那么在编写时可按不同的生产品种分别进行，一些涉及通用部分，例如张力装置、初精涂辊涂机、清洗段各段之间等结构相同的设备，均可只体现文件号。

一般彩涂板生产操作规程应由以下几部分组成：

（1）生产流程简介。

（2）操作岗位或操作法名称。

（3）编号、颁发部门、生效日期。

（4）所属生产（或管理）部门、产品、岗位、适用范围。

（5）设备操作步骤（或工作方法）及程序。

（6）采用原、辅材料的名称、规格。

（7）采用工器具的名称、规格及用量。

（8）操作人员数目。

（9）附录。

编制时务必要注意：对要进行的工序操作应给出一个合适的、贴切的名称，对要达到的目的和本作业的职责规定应明确，工作程序最好按先后顺序流程化，并明确由谁作业、作业内容是什么、作业所应达到的标准，如何达到，谁来监控等等。

以下范例为某彩涂机组辊涂室的操作规程：

辊涂室操作规程

编号：××　颁发部门：××厂生产管理科　生效日期：2006 年 12 月 20 日

本规程属于彩涂车间涂层室操作人员的作业指导书，适用于涂层室内涂料上机前的搅拌、测量黏度、涂层厚度测量、装卸和清洗涂敷辊等操作规范。

1. 开机前准备

配液：

操作工应至少在开机前 1h 按工艺任务单要求到涂料仓库领取涂料和稀释剂，吊、运过程中切忌倾斜、碰撞，应远离烟火。配制工作液程序如下：

（1）以一干净的空油筒作配液槽，按比例先倒入一定量的涂料，然后再倒入一定量的稀释剂，倒入速度不宜过快，以免溅入眼睛。

（2）启动气动搅拌器。涂料搅拌时间取决于涂料体积，一般情况下每 1L 涂料要搅拌 2min。

（3）用干净布料清洁所有辊的辊面和接液盘，做好涂料上盘的准备。

涂料上机前黏度检测：

（1）涂料搅拌均匀后，在规定的温度下装入规定的黏度杯中（根据涂料的特性选择合适的黏度杯），以涂料流出时间表示黏度值。用4号Ford黏度杯为例：充分搅拌待测涂料，并使涂料温度控制在25℃+0.1℃，先用手指堵住杯底，把涂料放入杯中，并使其过量，用直尺刮去多余的部分，然后放开手指使涂料从杯中流出，并且同时用秒表记录涂料流出至流到第一次中断的时间。

（2）用实际黏度值与工艺单要求的标准值比较，根据其偏差确定增加涂料或稀释剂的数量。不断检测至实际值与标准值接近为止。

（3）在接液盘入口处的内侧套上过滤袋，启动气动泵，涂料上盘，供液系统形成。

2. 启动初、精涂机

（1）供液系统启动后，目测方式观察供液情况，如涂料输送管是否有堵塞、泄漏、供液不畅顺；检查各辊面是否有损伤、裂纹、凹陷等现象。

（2）合上“上涂头逆涂”、“下涂头逆涂”按钮（顺涂或逆涂方式由工艺调试后定出）。

（3）用“手动”方式确认提升辊升降动作、底面两涂头移动动作正常。然后打至“自动”方式。

（4）合上“生产就绪”按钮。

3. 开机后的涂膜厚度控制

每班开机后应及时测量钢带的湿膜厚度，根据所测的厚度与工艺单要求的厚度相比较，微调螺杆手轮，直至两值相等。湿膜测厚步骤如下（以圆盘导轮型湿膜测厚仪为例）：

（1）确认湿膜测厚器垂直于被测表面；

（2）用两手指握住导轮两侧的中心点；

（3）从最大读数点开始把圆盘压着试验面滚动到零；

（4）读取导轮表面刚好接触膜处的数值即为湿膜厚度。

4. 洗辊程序（班前、班后）

（1）确认涂头工作状态为“逆涂”方式；

（2）关闭供液系统，将接液盘和管道内的涂料流回配液槽；

（3）用橡胶刮板把残留在接液盘的涂料刮回配液槽；

（4）倒入适量溶剂于接液盘，用不含毛质的布料在辊面上来回轻轻擦洗；

（5）确认辊面干净后，用干布料把辊面溶剂液体吸干，让所有辊子继续转动半小时，让渗在辊面内的溶剂分子充分挥发；

（6）把接液盘内的溶剂涂料混合液倒入另一个干净的油筒，经沉淀后的溶剂可复用；

（7）用塑料胶布把辊子包好密封，待用。

5. 换辊程序

生产过程中或每班开机前，用目测方式检查涂敷辊的辊面情况，一旦发现有损伤、裂纹、凹陷等现象时，应及时换辊，换辊步骤如下：

（1）洗辊，抹干辊面；

（2）用塑料膜包好辊面，预防运辊过程中被碰伤；

（3）确认涂头退出并停止运转；

（4）打开轴承盖，用钢丝绳套住辊子两端轴颈（辊面与轴承位之间），将辊子连同轴承一起吊离机座；

（5）运辊车将辊子运至磨辊间修磨，修磨后存放在专用辊架待用。

注意：在换辊、吊运、装拆的整个过程中，辊面应保持平行，不要倾斜，并严禁与任何东西接触或碰撞。

9-26 什么叫彩涂板生产的安全规程？

答：所谓安全规程，就是指在生产经营活动中，为避免发生造成人员伤害和财产损失的事故而制定的相应的操作指导文件。

彩涂板生产的安全规程是进行彩涂板生产所应遵守的基本的安全规则。目前国家颁布的《安全生产法》是作为工业安全生产的基本法律，仅是原则性的规定，不可能包罗万象。因此，企业内部必须制定一些具体详细的有针对性的安全规定，使彩涂板生产的安全操作步步有章可循，处处受法规的约束，才能显示法律的效力。所以说，彩涂板生产安全规程是国家关于安全生产法律的具体化。

9-27 彩涂板生产安全规程的制定和实施有何意义？

答：冶金生产线的操作过程都带有一定的危险性，彩涂生产线也不例外。由于彩涂板生产安全规程是通过对生产实践中的经验总结、对彩涂板的生产工艺的认识和运用而制定的安全标准和规定，因此，在执行过程中可以起到保证设备、操作工人身安全，预防危害安全事故隐患的作用，更是提高生产效率的基本保证。

9-28 编制安全规程时必须具备的资料有哪些？

答：具有足够的彩涂板工艺知识和机械、电气安全知识的技术人员；具有安全生产管理经验的管理人员。

国家颁布的《安全生产法》；国家关于涂装作业、涂装作业环境通风的安全标准；危险性较大的特种设备包括锅炉、压力容器、起重机械、厂内机动车辆、防爆电气等的作业安全标准。

本企业已完成的彩涂机组工艺技术规程、操作规程和设备管理规程。

本机组所属车间的生产环境和条件；本企业现有的生产管理状况等。

9-29 如何编制彩涂板生产的安全规程？

答：安全规程的编制方式有多种多样，编制时主要参照本企业其他规程的格式进行，以体现出本企业管理文件的风格和统一性。安全规程中正文部分通常像操作规程一样，其编写顺序也是按工艺流程从生产线入口至出口的顺序以每个段或每台设备为单位进行的。如果该彩涂机组除了生产涂层板以外还可以生产压花板、印刷板和层压板，那么在编写时可按不同的生产品种分别进行，一些涉及通用部分例如张力装置、初精涂辊涂机、清洗段各段之间等结构相同的设备，均可只体现文件号。

以下范例为某企业彩涂板生产车间关于辊涂室的安全规程：

《辊涂室安全规程》

1. 辊涂室衣着应严格要求

（1）安全帽的绳子要系紧；

（2）工作服的所有钮扣系好、袖口钮扣系紧，不能把衣袖卷起，不能穿缺纽扣的衣服；

（3）不能系各种类型的领带；

（4）不能穿钉底鞋。

2. 生产操作安全守则

（1）辊涂室内地面和空间应保持干净；

（2）发现料盘或辊面有污物时，不能采取用手抹擦的办法处理；

（3）不能用手直接清除已涂钢带表面的杂物；

（4）禁止在辊涂室内吸烟和进行一切有产生火花的作业，禁止带一切易燃物进入辊涂室；

（5）生产前应确认通风系统启动。生产期间，辊涂室门窗应关闭，防止可燃气体外逸；

（6）测量湿膜厚度要采用湿膜仪，不准用手感测量法；

（7）生产线运行期间，不准接近传动轴或转动辊；

（8）不论进行何种作业，都应有同伴在场协作。

3. 洗辊安全守则

（1）洗辊前先将辊速降至最低转速（以刚能转动为准），并确认粘料辊和涂敷辊处于“逆涂”状态；

（2）料盘应调节至最低位置方可开始进入洗辊工序；

（3）只能擦洗辊子的上部（图9-5），不能擦洗辊子的下部（图9-6）；

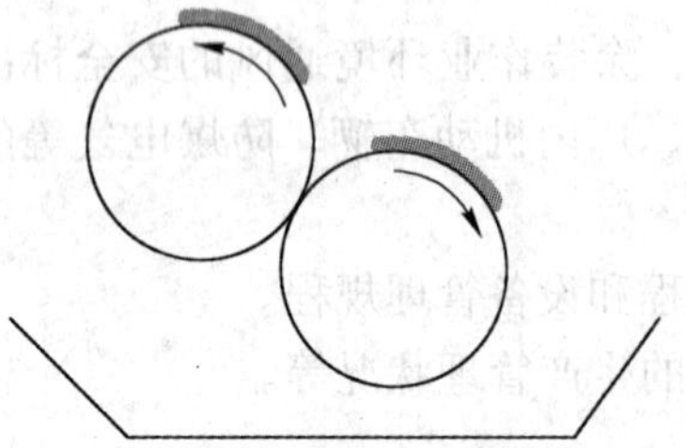

图9-5

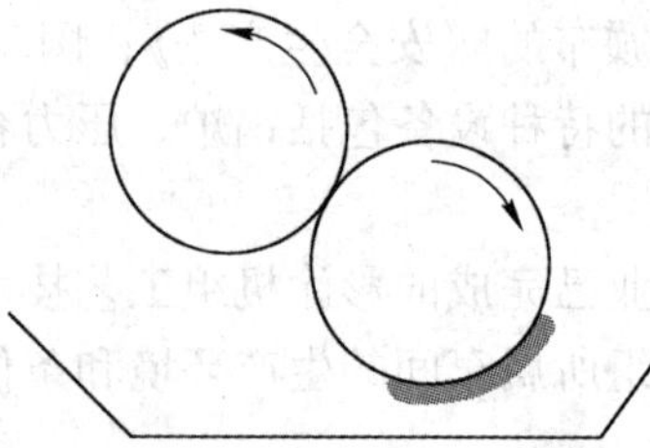

图9-6

（4）在确认生产线完全停止、失张后才能清洗下涂头的辊子；

（5）洗辊完毕，辊子在空转完毕后，粘料辊和涂敷辊必须调节一定间隙和确认辊速处于停止状态方可离开辊涂室；

4. 换辊安全守则

（1）换辊前，确认涂敷辊和粘料辊完全停止和分开；

（2）确认操作台辊子选择按钮开关打至“停止”位置，同伴守候在操作台至换辊完成（或挂上"禁止操作"牌）；

（3）辊子吊离辊涂室过程中，辊的正下方严禁站人；

（4）辊子安装后，需再次确认所有轴承座和万向接手的螺丝不松动方可启动涂辊。

9-30　什么是生产记录？

答：生产记录是监督工艺技术规程、安全规程和操作规程的实施情况的一种管理手段。有人说工艺规程是制定操作规程的基础，操作规程是制定生产记录的基础，因此，生产记录与前已述及的三个规程有着相辅相成的关系。一批合格的彩涂板出厂，除了有完善的工艺技术规程、安全规程和操作规程之外，还必须有一套详尽的生产记录制度。

所谓生产记录是在连续工艺生产或按批生产彩涂板时，生产过程和质量控制过程中阶段性或时间性的记录，所记录的每批产品生产和质量控制相关的所有信息应方便查询。生产记录应具有可追溯性，填写的内容应与所制定的工艺技术规程以及相关的操作规程和安全规程相符合。

生产记录通常包括以下两类：

（1）指令性文件，即发至生产车间的生产指令或技术、质量控制文件。

（2）记录性文件，即完成彩涂板批生产、包装或暂存等重要操作步骤后所获得的各种记录。记录文件的内容应包括：

1）产品名称、生产批号、批次量、生产日期；

2）每批原料如钢卷、涂料、清洗剂、化学液等编号或批号；

3）生产过程中所用其他物料的数量（重量或其他计量单位）；

4）对化学液、清洗段液槽取样过程的详细描述；

5）中间产品（每卷清洗后、初涂前、精涂前）控制或实验室控制的结果记录；

6）各操作步骤完成的日期和时间，操作者、复核者的签名；

7）生产重要步骤（化涂炉、固化炉的炉温、炉压、风量等）操作记录；

8）包装记录；

A. 最终产品检验记录；

B. 特殊问题如停机、断带记录；

C. 质量调查、评估等内容记录。

9-31　彩涂板操作工上岗前培训的内容有哪些？

答：上岗前的教育和培训内容主要包括职业道德教育、岗位技能教育和安全教育等三项。

职业道德教育主要是对操作工进行思想政治方面的教育，教育他们热爱企业热爱工作，培养他们的团队精神和集体主义精神，让他们从思想上重视起来，自觉主动地去学习，去把握，提高企业的凝聚力。企业才有希望，职工才会不断进步，技术水平才会不断提高。

岗位技能的培训主要组织新员工进行工艺技术规程、操作规程的培训，应由相关管理部门或直属车间进行理论或实际操作的讲授，并组织有经验、有技术的在职操作工人进行传、帮、带的教学，让新操作工人在上岗前已基本掌握彩涂板生产的操作技术。

安全教育是上岗前培训的重点，是保证从业人员具备必要的安全生产知识，熟悉有关的安全生产规章制度和安全操作规程，掌握本岗位的安全操作技能。企业对新入职员工的安全教育通常分三个部分进行。

A 三级安全教育

所有新上岗的职工，上岗前都必须经过厂级、车间级、班组级的安全教育。

（1）厂级安全教育主要学习国家有关安全生产法令、规定和劳动安全卫生法律、法规。本厂安全生产的特点和特殊危险部位的介绍，典型安全事故及教训，预防事故的基本知识。

（2）车间级安全教育主要学习本车间的安全生产概况，本车间主要危险、危害因素及安全事项。安全规程和安全生产制度，安全设施、工具、个人防护用品，急救器材及其性能和使用方法，预防工伤事故和职业病的主要措施等。

（3）班组级安全教育内容主要为本班组、岗位的安全生产概况，本岗位的生产流程及工作特点和注意事项，本岗位安全操作规程，本岗位预防事故及灾害的措施，安全防护设施的性能和作用。

B 特殊安全教育

彩涂板生产线的特殊安全教育主要是对从事电气、锅炉、空压机、焊工、天车工的作业人员进行专业性的安全教育，培训必须由本企业与劳动局主管业务的部门组织进行，操作工经考试合格，取得特殊工种安全作业证书，方可上岗工作。

以上特殊工种的作业人员，应按劳动部门的有关规定，定期参加培训和复审，成绩记入个人安全教育卡片。

C 日常安全教育

生产线正常运行期间，班组、车间必须定期展开安全日活动，组织学习有关安全生产的文件、安全技术规程及其他安全技术知识，对近期发生的安全事故进行分析和总结，开展预防性的岗位练兵和进行安全规章制度执行情况和检查等。

9-32 彩涂生产的安全管理除了操作工方面外还应注意哪几个方面？

答：操作工安全操作的管理仅是整个彩涂生产安全管理中的基础部分，要真正达到安全生产，还必须进行车间环境的安全管理和其他如防爆、三废处理等多方面的制度。

9-33 制定彩涂车间环境的安全标准可参考我国哪些有关的法律文件和标准？

答：可参考以下九个文件和标准：

（1）《轧钢安全规程》冶金工业部（87）冶安环安第805号文；

（2）《涂装作业安全规程——涂漆工艺安全》GB 5614—86；

（3）《涂装作业安全规程——涂漆工艺通风净化》GB 5615—86；

（4）《采暖通风与空气调节设计规范》（GB 50019—2003）；

（5）《工业企业设计卫生标准》（GBZ 1—2002）；

(6)《工作场所有害因素接触限值》(GBZ 2—2002);
(7)《室内空气质量标准》(GB/T 18883—2002);
(8)《环境空气质量标准》(GB 3095—1996);
(9)《大气污染物综合排放标准》(GB 16297—1996)。

9-34　彩涂车间化验室是否需要防爆设施?

答: 彩涂机组的检化验室一般都散发涂料的挥发成分，需要设置通风换气设施，并且通风换气设施满足防爆要求。

9-35　在生产过程中如何排除能够引起火灾的隐患，需要采取的措施是什么?

答: 彩涂机组中的初涂机室和精涂机室会放散可燃有机化合物，当达到极限浓度后甚至会发生爆炸，所以在初涂机室和精涂机室一般都设置强通风设施，以满足防爆和卫生的需要。生产中应该注意设备的清洁，及时清理油污并避免在车间内堆积易燃物。在生产时也可能因为电气故障引起火灾，所以在操作时应严格按照操作规程进行操作，并按时对电气设备进行检修。

9-36　彩涂机组的什么部位需要符合国家颁布的哪一类型的防爆标准?

答: 彩涂机组中的初涂机室、检化验室和精涂机室由于放散可燃有机化合物，需要设置防爆设施，可参考国家标准《涂装作业安全规程》和《建筑设计防火规范》(GBJ 16—87)。

9-37　彩涂机组生产过程产生废气的部位主要有哪几个?

答: 彩涂机组产生废气的部位主要有:
(1) 脱脂化成段废烟气;
(2) 辊涂室有机废气;
(3) 烘干固化炉有机废气;
(4) 焚烧炉有机废气。

9-38　为什么要对辊涂作业的废气进行处理?

答: 辊涂作业的废气中含有很多能参加光学反应的有机化合物，也就是 VOC，它们能危害生物并能影响到大气层。我国对涂料中的 VOC 有限量标准为小于 200g/L。

9-39　彩涂机组生产过程中产生的废气，通常处理的方法有哪些?

答: 目前，对彩涂机组生产过程中产生的废气处理方法主要有:焚化、催化燃烧、冷凝回收、吸附和吸收等。

9-40　彩涂机组生产过程中产生废水的部位主要有哪几个?

答: 彩涂机组的废水排放点主要集中在预处理段和辊涂室。预处理段各工序所使用的处理液更新时要排出一部分暂时较浓的废液，另外在生产过程中还必须排出各工序的水漂洗操作所产生的废水。辊涂室的废水类型主要是清洗辊子后的废溶剂和废涂料，还有涂料用后沉在筒底部的沉渣。

9-41 为什么要对彩涂机组生产过程中产生的废水进行处理?

答：各种废水对环境的危害如下：

（1）酸碱污染的危害。水体遭受酸、碱的污染后，酸、碱度发生变化，水中微生物受到抑制，致使水体的自净能力受到阻碍。同时，鱼类及水生物也难以生存，对生态系统产生不良影响。含酸、碱废液还可腐蚀水中建筑物和船舶等。

（2）油污的危害。含油污的废液排入水体，油污漂浮于水表面形成油膜，使大气与水面隔绝，破坏正常充氧条件，导致水体缺氧，破坏水生物的氧气和光合作用，对水生物有很大影响。

（3）磷酸盐的危害。磷酸盐排入水体会使水质过肥，水藻类大量繁殖，导致水体缺氧，使水中生态平衡被破坏，使船舶航行受到影响。

（4）重金属离子的危害。重金属不能被生物降解为无害物，它在环境和生物体内积蓄，对人体和生物产生长远的影响。在人体富集时会使人中毒死亡。

（5）氟化物的危害。氟会抑制人体骨组织对钙离子的吸收，引起低血钙、氟斑牙等病症，对人体产生危害。

（6）有机废水的危害。即使在浓度低的情况下，有机物也可能对人体健康和环境造成严重的甚至不可逆的影响。具有生物积累性和三致作用（致癌、致畸、致突变）或慢性中毒，而且分布面积广。

9-42 怎样对彩涂机组生产过程中产生的废水进行处理?

答：废水的处理方法根据废水的类型不同而不同。

A 脱脂废水

碱性脱脂剂含有氢氧化钠、硅酸钠、碳酸钠等碱类物质，表面活性剂以及脱脂处理用的含有少量溶剂的溶液，经过脱脂操作后在溶液中常混有脱脂后的油垢及其他污浊物等。所以脱脂废液需要处理的项目有 pH 值、BOD（生物化学需氧量）、COD（化学需氧量）、SS（悬浮物质）、碘值、含油量等。

通常，浓度较低时，一般采用硫酸、盐酸等中和即可，或者用酸洗废液直接中和，使 pH 值为 6 ~ 9。但当脱脂废液浓度较高时，特别当含有较多的稳定的非离子表活性剂时，则废液的白浊很难处理。可使用比正常用量多的絮凝剂或使用活性炭来消除白浊，但费用较高。

存在于脱脂废水液面的油污，直接溢流分离，但在废液中，仍有大量的油污呈白色乳化状态分散，必要时应采取破乳、油水分离、水质净化的方法。

（1）破乳。通常采用盐析方法，添加 $CaCl_2$、$MgCl_2$、NaCl 等药剂，使之破乳析出。为了使油和其他悬浮物尽快分离，并使之絮凝，还需投入混凝剂或助凝剂，像硫酸铝、聚合氯化铝、硫酸亚铁、三氯化铁、活性硅酸、聚丙烯酰胺等。

（2）油水分离。经破乳、凝聚处理后，油和杂质形成絮凝体，通过物理方法使油水分层，刮出油泥，达到油水分离效果。

（3）水质净化。经破乳、油水分离后，油、有机物、COD、等都大大降低，但仍有微量的油和相当量的稳定的非离子表面活性剂存在，可采用活性炭等吸附过滤材质进行吸附过滤除去。

经过这样处理的水质，可达到排放要求。对于含油量小于100mg/L的废液，在砂子过滤以后不用再经过活性炭过滤就达到排放要求。

B 酸洗废水

用于清洗的除锈剂中，除组分本身含有硫酸、盐酸和磷酸等酸类、少量缓蚀剂、表面活性剂溶剂等之外，还混有溶解的金属或其他污浊物。因此，pH、SS及溶解在酸液中的金属等作为废液处理的主要对象。

酸度很高时，$pH<1$，可用石灰乳、$CaCO_3$、Na_2CO_3、NaOH进行中和至pH值为6~9，此时金属离子形成氢氧化合物而沉淀析出。但悬浮物的处理较麻烦，可采用凝聚剂凝聚沉淀和破乳分离。

C 磷化废水

反应型化学成膜的磷化段废液，pH为2.5~5，主要含有磷酸等酸类、锌等金属、氧化剂以及其他的添加剂等，除此之外还含有一部分当采用铁系或锌系成膜反应时，由钢带表面溶出的铁离子所生成的磷酸铁以及析出的磷酸二氢锌、磷酸锌等悬浮物质。因此，pH、SS及金属离子为废液处理的主要对象。这些物质，采用石灰乳中和法即可大部分去除。如果废液处理时，同时使用凝聚剂，就更有利于悬浮物质的分离，以提高淤浆脱水过滤效果。如果在化学处理剂中含有六价铬离子时，则应加入硫酸、亚硫酸钠等使之还原为三价铬离子，再作进一步中和、凝聚沉淀等处理操作。

D 表面调整废水

表面调整废水主要是指PO_4^{3+}和TiO^{2+}，其$pH<9$，为弱碱性。所以需要处理的项目是磷含量，它的浓度远低于磷化液，处理方法同磷化液。

E 钝化废水

反应型化学成膜的钝化工序主要是用铬酸液对磷化膜层作封闭处理。这种后处理剂多为酸性，并含有Cr^{6+}、Cr^{3+}、悬浮物。虽然含铬离子的浓度很低，但不处理就直接排放有时会超过国家或地方的排放标准。为此，必须进行还原处理，首先加硫酸酸化，添加亚硫酸钠使Cr^{6+}还原成Cr^{3+}，再经碱中和、凝聚沉淀、过滤除渣等处理操作。

F 辊涂铬化液

目前用于辊涂成膜的化学液的主要成分大部分为六价铬，另外还含有磷酸、少量的金属盐、氟化物、氰化物等。因此，处理的项目主要为pH、SS、Cr^{6+}、Cr^{3+}等。因为该废液的成分主要以铬酸为主，因而本工序的废水处理方法可以采用上面介绍的钝化废水处理工艺进行。

9-43 彩涂机组生产过程中产生哪些废物，通常处理的方法有哪些？

答：目前，彩涂线产生的废物主要包括如下几类：

（1）废切头、尾；

（2）废包装材料；

（3）废脱脂、化成液；

（4）废有机溶剂；

（5）废液压油；

（6）废涂料及乘装桶。

对彩涂机组生产过程中产生的废气处理方法主要有：焚化、催化燃烧、冷凝回收、吸附和吸收等。

附录　涂装作业安全规程

一、涂装作业安全规程术语（GB/T 14441—1993）

1　主题内容与适用范围

本标准规定了涂装作业安全的通用术语

本标准适用于涂装作业，也适用于与此有关的生产、管理、设计、科研、教学、出版等。

2　基本术语

2.1　涂装作业

在涂装全过程中作业人员进行的生产活动的总称。

2.2　涂装作业场所

进行涂装作业的场地和特定的周围空间。

2.3　涂装作业安全规程

为消除限制或预防涂装作业中存在的各种危险和有害因素而制定的系列职业安全卫生标准。

2.4　涂装作业场所整体安全

涂装作业场所和各种生产设施和作业环境，符合相应的安全卫生规定，且相互协调配套，形成统一的总体安全。

2.5　有限空间

仅有1~2个人孔，进出口受到限制的密闭、狭窄、通风不良的隔间，或浓度大于1.2m封闭或敞口的只允许单人进出的通风不良空间。

同义词：密闭空间。

3　涂漆前处理

3.1　脱漆剂

能使旧漆膜溶解溶胀并从底材表面上脱去的液体或膏状物等。

3.2　金属清洗液

能清除金属底材表面上油、污等的清洗液。

3.3　化学处理液

通过化学方法除去底材表面异物或形成转化膜的液体。

3.4 喷（抛）丸室

能阻止弹丸飞出，并设置防止粉尘外逸的通风除尘净化系统，专用于喷（抛）丸作业的密闭的和有封隔装置的室体或围护结构体。

3.5 喷（吹）砂室

能阻止砂子飞出，并设置防止粉尘外逸的通风除尘净化系统，专用于喷（吹）砂作业的密闭和有封隔装置的室体或围护结构体。

4 涂料及其调配

4.1 有机涂料

主要成膜物质由有机物组成的涂料。

4.2 溶剂型涂料

完全以有机物为溶剂的涂料。

4.3 含苯涂料

苯含量超过1%（体积分数）的涂料。

4.4 含铅涂料

固体分（不挥发物）中铅含量超过0.5%（m/m，铅化合物以金属铅计）的涂料。

4.5 高固体分涂料

固体分（不挥发物）含量超过60%（体积分数）的涂料。

4.6 无溶剂涂料

不含挥发性有机溶剂的涂料。

4.7 水性涂料

完全或主要以水为介质的涂料。

4.8 粉末涂料

不含溶剂的粉末涂料。

4.9 无苯稀释剂

苯含量不超过1%（体积分数）的稀释剂。

4.10 调漆室

设有良好机械通风，符合安全卫生规定的专用于调配涂料的房间。

5 涂料涂覆

5.1 涂漆区

由于涂覆作业而存在危险量的易燃和可燃性蒸气，漆雾、粉尘或积累或可燃性残存物的区域。

5.2 喷漆室

完全封闭或半封闭的，设有良好机械通风和照明设备的，专用于喷涂涂料的室体或围护结构体。室内气流组织能防止漆雾、溶剂蒸气向外逸散，并使其集中安全引入排风系统。

5.2.1 漆雾

过喷的雾状涂料。

5.2.2　漆雾去除率

喷漆室漆雾去除装置进出口气体中减少的平均漆雾量与进口平均漆雾量之比（以质量百分数表示）。

5.2.3　漆渣

未附着工作表面的涂料残存物。

5.3　喷粉室

完全封闭或半封闭的，设有良好机械通风和照明设备的，专用于喷涂粉末涂料的室体或围护结构体。室内气流组织能防止粉尘向外逸散，并使其集中安全引入回收、净化系统。

5.3.1　粉末回收率

喷粉室粉末回收装置进出口气体中减少的平均粉末量与进口平均粉末量之比（以质量百分数表示）。

5.4　静电喷枪

利用静电原理工作并具有防护措施的喷涂涂料的喷枪。

5.5　自动喷涂机

能按既定的控制程序完成喷涂作业的自动化机械装置。

6　涂层烘干作业

6.1　涂层烘干室

用加热方式使涂层进行干燥、固化的装置。

7　通风净化

7.1　涂装废气

涂装作业过程中产生的含有有寄托和易燃易爆物质的气体。

7.1.1　涂装废气净化率

涂装废气各种净化装置进出口气体中平均减少的有害物质总量与进口有害物质总量之比（以质量分数表示）。

7.2　有效通风

涂装作业场所空气中有害物质浓度低于国家卫生标准规定的最高容许浓度的通风措施。

7.3　安全通风

涂装作业通风区域内任何部位在任何工作状态下易燃易爆气体浓度均达到国家防爆标准规定的安全浓度的通风措施。

7.4　燃烧净化

用燃烧方法使涂装废气中有害物质变成无害物质达到净化的方法。

7.4.1　直接燃烧净化

在燃烧装置中可燃的涂装废气直接作为燃料进行燃烧达到净化的方法。

7.4.2　热力燃烧净化

借助外加燃料使可燃的涂装废气进行燃烧达到净化的方法。

7.4.3 催化燃烧净化

借助催化剂使可燃的涂装废气进行燃烧达到净化的方法。

7.5 冷凝净化

将涂装废气中有害物质的蒸气冷凝成液体，并加以收集利用达到净化的方法。

7.6 吸收净化

用液体吸收剂吸收涂装废气中有害物质达到净化的方法。

7.7 吸附净化

用固体吸附剂吸附涂装废气中有害物质达到净化的方法。

二、涂漆前处理工艺安全及其通风净化（GB 7692—1999）

1 范围

本标准规定了涂装前处理工艺及其通风净化的通风安全卫生技术要求。

本标准适用于涂装前处理工艺及其通风净化系统的设计、施工安装、验收及使用。船舶、桥梁、建筑物、大型金属构件等的涂漆前处理作业亦可参照使用。

2 引用标准

下列标准所包含的条文，通过在本标准中引用而构成为本标准的条文。本标准出版时，所示版本均为有效。所有标准都会被修订，使用本标准的各方应探讨使用下列标准最新版本的可能性。

GB 2493—1995 砂轮的回转试验方法

GB 2894—1996 安全标志

GB 2494—1995 磨具安全规则

GB/T 3805—1993 特低电压（ELV）限值

GB 3883.1—1991 手持电动工具的安全第一部分：一般要求

GB 4053.3—1993 固定式工业防护栏杆安全技术条件

GB 6514—1995 涂装作业安全规程 涂漆工艺安全及其通风净化

GB 8978—1996 污水综合排放标准

GB 12942—1991 涂装作业安全规程 有限空间作业安全技术要求

GB 14443—1993 涂装作业安全规程 涂层烘干室安全技术规定

GB 16297—1996 大气污染物综合排放标准

GB 50058—1992 爆炸和火灾危险环境电力装置设计规范

GB J16—1987 建筑设计防火规范

GB J87—1985 工业企业噪声控制设计规范

GB J140—1990 建筑灭火器配置设计规范

JB/T 7992—1995 磨具的检查方法

3 定义

本标准采用下列定义。

3.1　涂漆前处理工艺

涂装作业中涂料施工前的整个工艺过程。包括工件的除锈、除油、化学预处理、除尘和除旧漆等工序。可分喷、抛丸及风动工具砂磨等的机械前处理；脱脂、酸洗、中和、表调、磷化、钝化、清洗等工序的化学前处理及有机溶剂处理。

3.2　前处理作业场所

为前处理作业专门设置的场地和特定的周围空间。

3.3　前处理区

由于前处理作业而存在危险量的易燃和可燃性蒸气、各类化学物质的雾、粉尘或积聚可燃性、腐蚀性残存物的区域。

3.4　有限空间（confined spaces）

指仅有1~2个人孔，进出口受限制的密闭、狭窄、通风不良的分隔间，或深度大于1.2m封闭和敞口的只允许单人进出的通风不良空间。

4　涂漆前处理区范围

4.1　涂漆前处理区一般应包括以下范围：

a）机械喷、抛丸室体内部及与其相连的弹丸收集、提升、除尘系统；

b）化学前处理各工艺槽、流水线上联合清洗机封闭的内部空间及相连的排风系统；

c）有机溶剂清洗槽、高压清洗、超声波清洗槽、气相清洗装置、静电除尘装置及相连的排风系统。

4.2　除4.1条外，涂漆前处理作业尚存在有危险量的易燃、可燃性蒸气、腐蚀性液体和气体等的区域，应划入涂漆前处理区范围。

Ⅰ　涂漆前处理工艺安全

5　一般要求

5.1　涂漆前处理作业场所

5.1.1　涂漆前处理作业应在前处理作业场所，或在划定的前处理区内进行。

5.1.2　除特大型构件外，一般不宜在露天设置涂漆前处理作业场所，如需设置应符合本标准的规定。

5.1.3　涂漆前处理作业场所，应设置在厂区全年最小频率风向的上风向，并宜与生产过程相关的机加工、冲焊、装配等工序相分隔。

5.1.4　涂漆前处理作业场所，宜布置在单层建筑物的近外墙一侧处。

5.1.5　用有机溶剂除油、除旧漆的前处理作业场所，分别属于甲、乙类火灾危险性生产区域。作业场所的防火，均应符合GB J16的有关设计规定。

5.1.6　用有机溶剂除油、除旧漆的作业场所必须有良好的通风，严禁吸烟和引入火种，作业过程中不准电瓶车、汽车和金属轮车进入。作业人员应穿着防静电的工作服和不带钉靴鞋。

5.1.7　化学前处理的作业场所，地坪应采用耐腐蚀材料敷设，且应平整、防滑、易于清扫、不渗水积水。废水应排向废水处理系统。对采用浸渍式酸洗工艺的，其建筑物的内墙、立柱、屋架及屋面应采取有效防腐措施。

5.1.8 与高压喷射清洗装置配套的泵、配件及管路系统和喷丸除锈（或除旧漆）装置的筒体和橡胶软管，应按国家有关规定作耐压性能试验和密封性能试验。

5.1.9 涂漆前处理作业用的手持照明灯具，应符合 GB/T 3805 的有关规定。

5.2 涂漆前处理作业场所卫生

5.2.1 涂漆前处理作业场所的夏季空气温度，应按车间内外温差计算。其室内外温差的限度，根据各地夏季通风室外计算温度确定，应不超过附表 1 的规定；冬季根据生产需要和机械排风状在封闭的手工作业区域相应采取局部采暖，以保持作业区环境温度不低于 12℃。

附表 1　车间内工作地点的夏季空气温度规定

当地夏季通风室外温度/℃	22 及以下	23	24	25	26	27	28	29～32	33 及以上
工作地点与室外温差/℃	10	9	8	7	6	5	4	3	2

5.2.2 涂漆前处理作业场所，空气中有害物质的最高容许浓度，应符合 GB 6514—1995 中 5.2.1 的规定。

5.2.3 机械法除锈或清除旧漆必须设置独立的排风系统和除尘装置，作业人员呼吸区域空气中含尘量应小于 $10mg/m^3$。

5.2.4 涂漆前处理作业场所卫生特征级别为 2 级。

5.2.5 涂漆前处理作业场所应设置不断水的事故应急冲洗用水设备。

5.2.6 机械前处理除锈严格限制使用于喷砂，应用喷丸和抛丸等工艺。

5.2.7 涂漆前处理作业人员应按国家有关劳动保护规定穿戴个人防护用品，当进行人工喷丸操作时应穿戴封闭型橡胶防护服和供氧面具。

5.2.8 涂漆前处理作业中严禁使用苯。

5.2.9 大面积除油和清除旧漆作业中，禁止使用甲苯、二甲苯和汽油。

5.2.10 化学前处理作业中产生的浸洗水、喷淋水、各类化学废液的排放，经处理后应符合 GB 8978 的有关规定。

5.2.11 涂漆前处理作业中产生的各类废弃物应妥善处理。

5.2.12 涂漆前处理车间（工段）的化学药品存放量不许超过两个工作班的耗用量。药品储存柜应靠近使用点。

5.3 涂漆前处理场所噪声

5.3.1 涂漆前处理工艺过程中所用的风机、水泵、电机等噪声源部件及风管、水管应采取减振、隔声、消声、吸声等措施，使操作区的噪声符合 GB J87 的有关规定。

5.4 电气设备及点火源

5.4.1 用有机溶剂作业的涂漆前处理区内一般不宜设置电气设备。如必须设置时，应符合 GB 50058 的有关规定。

5.4.2 采用有机溶剂作业的前处理区，区内爆炸性气体环境划分为 1 区危险区域。其通向露天的门、窗以外，垂直和水平距离 3m 以内的空间划为 2 区。

5.4.3 用有机溶剂清洗并有良好通风的封闭或半封闭的涂漆前处理工艺装置内为 1 区，其开敞面以外垂直和水平距离 3m 以内的空间划为 2 区；3m 以外的场所降低一级。

5.4.4　用有机溶剂除油、除旧漆工作位置周围15m内，用风动工具除锈工作位置周围5m内，均严禁堆放易燃、易爆物料。

5.4.5　严禁使用火炉、电炉、燃气和燃油炉及其他明火加热设备。

5.4.6　有机溶剂前处理作业区入口处应有禁止烟火的安全标志，并按GB J140的有关规定设置消防器材，定期检查，保持有效状态。

6　有机溶剂、气相除油清洗

6.1　用可燃性有机溶剂除油时，应先卸下产品或部件上的蓄电池或其他电源装置，其作业场所应设有醒目标牌，并配置可燃气体快速测量仪，定期检测。

6.2　气相除油清洗应在半封闭槽内进行，应有严格的防止清洗液蒸气逸出的措施；槽体内壁衬里材料宜用不锈钢、陶瓷、阻燃型不饱和聚酯树脂纤维增强塑料及其他合适的材料。

6.3　气相除油清洗装置应具有清洗液的温度和液位的自动控制。监视以及冷凝器冷却水的供水监视器，其中测温用温度仪的分度值应不大于0.5℃。

7　机械前处理除锈

7.1　机械除锈应优先选用抛丸和喷丸；实现除锈过程密闭化，改善劳动条件。

7.2　手工除锈用的钢刷、铲刀和铁锤等工具，作业前应检查可靠性。相邻操作人员的间距应大于1m。

7.3　凡离地2m以上进行手工除锈作业，必须设置脚手板及其扣挂绳索，脚手板应采用金属格栅结构等防滑措施，脚手板和坐身板应牢固平稳。工具放置固定可靠，防止坠落。

7.4　除锈用手持式电动打磨工具必须符合GB 3883.1的有关规定。

7.5　除锈用风动打磨或电动打磨工具，应按照所选用的磨片材料、钢丝抛轮限制其线速度。作业前进行空载试转2min检验机动工具的可靠性，作业过程应经常检查磨具的材质损耗，超过限度不准使用。并符合GB 2494的有关规定。

7.6　砂轮、磨片、钢丝抛轮的回转强度的检查应按GB/T 2493和JB/T 7992的有关规定执行。

7.7　直径60mm以上的风动打磨机应设置防护罩，其开口夹角不大于150°。

7.8　喷丸除锈作业必须在密闭的喷丸室内进行。喷丸室的通风除尘净化系统必须与喷丸的压缩空气源连锁，只有当通风除尘净化系统正合运行后，气源才能启动。作业人员一般应在室外操作，当不得不进人喷丸室内操作时，必须穿戴封闭型橡胶防护服和供氧用具。作业人员呼吸区空气中粉尘浓度应符合5.2.3的规定。

7.9　喷丸室围护结构应在非对流区设置由不易碎材料制作的观察窗，供室外操作人员进行安全监护。喷丸室应同时设置室内外都能控制启动和停止的控制开关，并设置相应的声光信号器件。

7.10　喷丸室内壁应设置耐磨材料制作的护板。与其配套的喷射软管应耐磨、防静电。

7.11　喷丸室应设置固定或移动吸口的丸、粒回收装置。集丸地坑上应设置防滑盖板，坑内设扶梯，斜壁设踏步，地坑入口处设活动盖板、人孔、护栏。

7.12　丸粒回收设备地坑的高度应保证人员出入安全，设置固定扶梯、照明装置、通气口。

7.13 当采用升降装置或脚手架进行喷丸除锈时，操作人员站立的板应为格栅或钢板网，四周设置高度为1.2m的安全栏杆。

7.14 抛丸除锈应在封闭的抛丸室内进行。对大型工件可采用通过式抛丸室进行除锈，抛丸室进出口两端应设置隔离区段，在此段中采用多层橡胶帘或其他软性遮挡结构封隔。

7.15 抛丸室的围护结构、内部耐磨挡板设置、丸粒回收装置、集丸地坑，应符合7.9～7.12的有关规定。

7.16 抛丸室装置的通风除尘净化系统应与抛丸作业设备连锁。前者先启动运行，再开始抛丸作业；当抛丸作业终止，通风系统需继续运行2～3min后，作业人员才准进入抛丸室工作。

7.17 抛丸室在工作状态时人员不得靠近。对于通过式抛丸室进出口端10m处，按GB 2894的有关规定设置安全标志。抛丸室应设检修开关，严禁在抛丸作业进行中打开抛丸室的密闭门进入操作。

7.18 采用高压水清洗除锈应符合8.11～8.13的规定。

8 化学前处理

8.1 采用敞开式全浸型脱脂、酸洗、中和、表调、磷化、钝化、清洗等化学前处理的作业场所，宜布置于单独建筑物内，若与其他非涂装车间合用一个建筑物，应将此作业场所布置在建筑物的靠外墙一侧。

车间墙面和地坪应采用防蚀材料，照明和其他电气设施宜采用防潮型。

8.2 敞开式全浸型化学前处理应配置专用的起重设备和吊装工具，严禁作业人员直接用手搬运或使用钢丝绳捆绑工件。若采用桥式和梁式起重机，其驾驶室应设在化学槽的另一侧。

8.3 大型全浸型化学槽的槽口宜高出地平面0.8m，当槽体全部埋入地面时，应在槽体四周按GB 4053.3的有关规定设置防护栏杆，并按GB 2894的规定设置安全标志。

8.4 全浸型有挥发性化学液和加热要求的化学槽，应设置局部排风系统，加热方式应符合安全要求。

8.5 各化学槽配制槽液时应先注入水，后注入化学液，对挥发性较强的化学槽配制后宜施覆盖层或抑制剂。

8.6 各类化学原液和添加剂的容器应加盖严封，并有醒目标签。

8.7 采用氢氟酸作业场所，应设置具有明显标记的事故喷淋装置和洗眼用具。

8.8 采用全喷淋型的各化学前处理设备应为全封闭或半封闭式，工件出入口应设置防喷淋液飞溅的屏幕室，该室用门洞或挡帘隔开，并设置独立的排风系统。

8.9 喷淋用泵应与排风装置连锁，待风机运行正常后泵再启动；喷淋过程结束，排风装置须继续运行2～3min；当排风装置发生故障，喷淋操作应能立即停止。

8.10 所有与腐蚀性化学液接触的前处理槽体、加热系统、循环搅拌系统、喷淋系统、加料系统、排风系统及泵等均应具有耐腐蚀性。

8.11 采用高压喷射清洗装置应配置压力控制和连锁装置，并应与驱动高压水泵的电动机连锁。

8.12　长臂高压喷枪应配置自锁安全机构，喷射间歇应将喷枪自锁。

8.13　高压水泵短期停用时，应清洗保养，重新使用前应检查高压水泵系统密封性能，并作耐压试验。

9　钢材预处理流水线

9.1　钢材预处理流水线主要由预热、抛丸清理、喷涂车间底漆、烘干及输送辊道组成，为半封闭生产线。各组成部分均应符合国家有关规定，并设置机械排风系统。

9.2　钢材预处理流水线中抛丸清理系统应符合7.14～7.17的规定。

9.3　钢材预处理线中高压无气喷涂车间底漆及烘干的技术安全，以及底漆的储存应符合GB 6514和GB 14443中的有关规定。

9.4　车间底漆烘干装置，不应采用直接燃气辐射加热式结构。

9.5　车间底漆烘干室体内滴漆和油漆中挥发冷凝物应定期清除并集中处理。

9.6　车间底漆的组分中，不应含苯、汞、砷、铅、镉和锑等成分，且不宜含铬酸盐。

10　清除旧漆

10.1　清除旧漆宜用机械方法、碱液、水基清洗液、有机溶剂或脱漆剂清除，禁止使用火焰法清除旧漆。

10.2　机械方法清除旧漆的有手工、机动工具、喷丸、湿式喷砂、真空喷砂、抛丸等诸法，其安全技术要求与第7章相同。

10.3　用有机溶剂或脱漆剂清除旧漆，不应同时使用易发火的钢制工具敲铲。高处作业的安全要求应符合7.3的规定。

10.4　地面溅留的脱漆剂残液不应用木屑和化纤织物揩擦，应用棉纱头、抹布等揩擦。废纱头、抹布等应集中回收处理。

10.5　用脱漆剂和有机溶剂清除旧漆时，操作人员应戴有效防护手套、防毒口罩和防护眼镜。

11　有限空间内的涂漆前处理

11.1　有限空间内的涂漆前处理是指对有限空间本身或设在有限空间内的固定设备进行涂漆前处理作业。除此以外，有限空间内不应作为涂漆前处理作业场所。

11.2　有限空间作业的安全技术要求应符合GB 12942的有关规定。

11.3　在有限空间内进行除旧漆作业的亦应符合本章规定。

Ⅱ　涂漆前处理工艺通风净化

12　一般要求

12.1　为防止酸碱雾、溶剂蒸气、粉尘等有害物质在室内逸散，涂漆前处理应首先采用有利于局部排风的工艺和设备。当无法采用局部排风或采用局部排风后仍达不到5.2.2的规定时，应采用或增加全面换气通风。

12.2　排风系统排出的污染物，当影响周边地区的大气质量时，应在采取净化处理、回收或综合利用措施后，再向大气排放，并符合 GB 16297 的规定。

13 作业场所通风

13.1 涂漆前处理作业中的浸蚀处理液、除油清洗液和除旧漆脱漆剂的配制宜在封闭装置或配制间内进行，并应设置机械排风。

13.2 在实体墙分隔的建筑物内，在固定工位上对大件进行除油或除旧漆时，应设置局部排风并同时辅以全面排风；当操作工位不固定时，则可采用移动式局部排风或全面排风。

14 化学前处理工艺通风净化

14.1 各种涂漆前处理作业槽槽宽大于 1.5m 时，在工艺操作许可时，应设置盖板减少敞开面。

14.2 酸性浸蚀处理槽，在工艺操作许可时，宜添加有效的酸雾抑制剂。

14.3 涂漆前处理作业中各种酸性或碱性处理槽应设置局部排风系统。在采用机械化化学前处理生产线时，排风罩宜采用隧道密闭式；在采用手工操作时，排风罩宜采用侧吸式。

槽宽小于或等于 0.7m 时，宜采用单侧排风；槽宽为 0.7～1.5m 时，宜采用双侧或周边排风；槽宽大于 1.5m 时，单面操作的处理槽宜采用吹吸式槽边排风罩。

14.4 槽边侧吸罩宜采用条缝式，且各种处理槽的液面控制风速宜按附表 2 取值。

附表 2 各种前处理槽的液面控制风速

处理槽名称		主要组分	处理温度/℃	液面控制风速/$m \cdot s^{-1}$
硫酸酸蚀处理槽		硫酸，15%～25%	50～60	0.35
盐酸酸蚀处理槽		盐酸，10%～20%	25～40	0.35
混合酸酸处理槽		硫酸、盐酸等	30～40	0.35
磷化处理槽	常温	磷酸、磷酸二氢锌、硝酸钠、硝酸锌、亚硝酸钠、氧化锌等	55～65	0.35
	中温		45～55	0.30
	高温		<45	0.30
除油处理槽	碱液	氢氧化钠、碳酸钠、磷酸三钠等	50～80	0.35
	清洗剂	金属清洗剂、表面活性剂等	30～50	0.30
铬酸钝化处理槽		铬酐，0.1～0.5g/L	40～70	0.40

14.5 由酸蚀处理槽排出的酸雾或由钝化处理槽排出的铬酸雾应设净化装置。净化装置宜分别采用药液吸收式及网格过滤式净化回收器。

14.6 采用喷淋法脱脂、磷化和钝化处理的装置应为密闭式或半密闭式，且应设置局部排风装置。工件进出口门洞处风速宜不小于 0.5m/s。

15 机械前处理工艺通风净化

15.1 手工除锈或机动工具除锈集中作业的场所，除在工位设置局部排风外，还应辅以全面排风。

大件手工除锈或机动工具除锈应在实体墙分隔的建筑物内进行，并设置全面排风。当不能达到 5.2.2 的规定时，作业人员还应正确穿戴符合国家有关标准的个体防护用品。

15.2　抛丸清理室室体内的气流流向应使产生的粉尘能迅速有效地排除。

从门洞、观察窗及缝隙散逸的粉尘，应保证作业场所的粉尘浓度符合5.2.3的规定。

15.3　抛丸清理室室体排风量，当每个抛丸器抛丸量不大于140kg/min时，应按抛丸器数计算。第一个抛丸器为3500m^3/h，以后每个抛丸器为2500m^3/h。对于连续式抛丸清理室需附加30%的漏风量；间歇式附加10%～15%。当每个抛丸器的抛丸量大于140kg/min时，宜按附录A所列的公式计算。

15.4　喷丸室室体的排风量应符合下列各条要求，并应与保证门洞及缝隙处带尘气流不外流所求得的风量互相校核，取其大值。

15.4.1　作业人员在喷丸室外操作时，喷丸室的排风量应按室体容积断面（与气流垂直）的风速为0.12～0.30m/s计算，见附表3。

附表3　按喷丸室室体容积确定的断面风速

喷丸室室体容积/m^3	断面风速/$m \cdot s^{-1}$	喷丸室室体容积/m^3	断面风速/$m \cdot s^{-1}$
<8	0.30～0.25	21～100	0.20～0.15
8～20	0.25～0.20	>100	0.15～0.12

15.4.2　作业人员在喷丸室内操作时，喷丸室的排风量应以喷嘴直径和数量确定，见附表4。

附表4　按喷嘴直径确定的排风量

喷嘴直径/mm	7	8	9	10	12	14	16
排风量/$m^3 \cdot h^{-1}$	5000	5500	6000	7000	10000	13500	18000

注：1. 喷嘴直径系指磨损后允许使用的最大直径；

2. 排风量为单个喷嘴的排风量。

15.4.3　压缩空气射流所及缝隙处带尘气流外流速度宜参照附录B计算。

15.5　喷、抛丸结合的除锈设备，宜采用下吸、上进风的气流组织方式。其排风量应比附录A计算所得的风量增大50%～80%。此外，还须按喷丸条件进行核算。

15.6　含尘空气的净化宜采用袋式除尘器。

16　有机溶剂蒸气排出及其净化处理

16.1　除油或除旧漆作业过程中，在空气中同时散发醇类、酯类等多种有机溶剂蒸气时，全面通风换气量应按各种有机溶剂蒸气分别稀释至最高允许浓度所需空气量的总和计算。除上述的有害物质的气体及蒸气外，其他有害物质同时散发在空气中时，通风量应按需要空气量最大的物质计算。

16.2　有机溶剂除油清洗槽及其挥发段应采用半密闭罩，且其长度宜大于除油清洗槽，半密闭罩罩面风速应不小于0.4m/s。

16.3　刷涂除锈磷化膏、带锈涂料或磷化底漆的工作台架应设置通风柜、侧吸式或底吸式局部排风系统，使工件上散逸的有机溶剂蒸气集中排出。

17 钢材预处理通风及其净化处理

17.1 钢材预处理生产线上机械除锈作业时的通风净化应符合第 16 点的要求。
17.2 采用刷涂工艺涂刷车间底漆，应在作业场所设置机械排风，其排风量应按使作业人员呼吸带有机溶剂蒸气浓度符合 5.2.2 的规定计算。
17.3 钢材预处理生产线上喷漆室的断面风速应取 0.50 ~ 0.70m/s。漆雾和有机溶剂蒸气的排放应符合第 12.2 的要求。
17.4 车间底漆烘干室的排风应经净化处理，净化方法和装置应符合 GB 6514 的规定。

18 通风系统

18.1 管线布置
18.1.1 化学前处理作业场所的风管宜明设，有冷凝水析出的风管宜按 1% 坡度敷设，并在最低点设泄水管，接向排水沟。
18.1.2 输送含有机溶剂蒸气的风管，应采用非燃烧体材料制作，不应穿过防火墙，如必须穿过，应在穿过处设防火阀。穿过防火墙两侧各 2m 范围的风管，其保温材料应采用非燃烧体材料。风管穿过处的空隙应用非燃烧体材料填塞。
18.1.3 输送含有机溶剂蒸气的风管，其正压段不得通过其他房间。
18.1.4 管壁温度为大于（或等于）80℃的管道与输送易燃易爆气体、蒸气、粉尘的管道之间的水平距离应不小于 1m；当互为上下布置时，表面温度较高者或危险性混合物比重较小者应布置在上面。
18.1.5 管壁温度为大于（或等于）80℃的管道与输送易燃易爆气体、蒸气、粉尘的管道同沟敷设时应采取保温隔热措施。
18.2 机械送风系统进风口处室外空气的有害物含量，不应超过车间空气中有害物质最高容许浓度的 30%，其位置应符合下列要求：

a）应设在室外空气清洁和无火花坠入的地点，并安装铁丝网和百叶格；

b）应设在排风口常年最小频率风向的下风向，且应低于排风口 2m；

c）进风口底边距室外地坪应不低于 2m，当其设在绿化地带时，可不低于 1m；

d）进、排风口如必须设在屋面以上同一高度时，其水平距离应不小于 10m；

e）进风口应避免设在有害物质排出的天窗口附近。

18.3 通风管道的计算，应符合下列规定。
18.3.1 风管内风速应按下列数值选用：

a）输送酸碱气体和有机溶剂蒸气的水平干管，风速为 8 ~ 12m/s，垂直支管为 4 ~ 8m/s；

b）输送含尘空气的水平支管，风速为 16 ~ 18m/s，垂直支管为 14 ~ 16m/s。

18.3.2 系统漏风量应根据管道长度及其气密程度，按系统风量的百分率附加：

a）对一般送、排风系统，应取 10%；

b）对除尘净化系统，应取 10% ~ 15%。

18.3.3 系统压力损失可按下列百分率附加：

a）对一般送、排风系统，应取10%～15%；

b）对除尘净化系统，应取15%～20%。

三、涂漆工艺安全及其通风净化（GB 6514—1995）

1　范围

本标准规定了涂装工艺及其通风净化的通风安全卫生技术要求。

本标准适用于涂装工艺及其通风净化系统的设计、安装及使用、涂料的生产和研制亦应参照使用。桥梁、建筑物、大型储罐、船舶等大型构件等室外涂漆工艺的通风净化亦可参照使用。

2　引用标准

下列标准所包含的条文，通过在本标准中引用而构成为本标准的条文。本标准出版时，所示版本均为有效。所有标准都会被修订，使用本标准的各方应探讨使用下列标准最新版本的可能性。

GB 3836—83　爆炸性环境用防爆电器设备

GB 8978—88　污水综合排放标准

GB 12367—90　涂装作业安全规程　静电喷漆工艺安全

GB 12942—91　涂装作业安全规程　有限空间作业安全技术要求

GB 14443—93　涂装作业安全规程　涂层烘干室安全技术规定

GB 14443—93　涂装作业安全规程　喷漆室安全技术规定

GB 14773—93　涂装作业安全规程　静电喷枪及其辅助装置安全技术条件

GB 50058—92　爆炸和火灾危险环境电力装置设计规范

GBJ 16—87　建筑设计防火规范

GBJ 57—83　建筑防雷设计规范

GBJ 87—85　工业企业噪声控制设计规范

GBJ 140—90　建筑灭火器配置设计规范

TJ 36—79　工业企业设计卫生标准

3　定义

本标准采用下列定义。

3.1　涂漆工艺

涂装作业中涂料施工的整个工艺过程。包括涂料的调配、各种方法的涂覆、干燥或固化、打磨和刮腻子等工序。

3.2　涂漆作业场所

为涂漆作业而专门设置的厂房或房间的内部区域。

3.3　涂漆区

由于涂漆作业而存在危险量的易燃和可燃性蒸气、漆雾、粉尘或积聚或可燃性残存物的区域。

3.4 有限空间

指仅有1~2个人孔，即进出口受限制的密闭、狭窄、通风不良的分隔间，或深度大于1.2m封闭和敞口的只允许单人进出的通风不良空间。

4 涂漆区范围

4.1 涂漆区一般应包括以下范围：

a）喷漆室（喷粉室）内部及与其相连的排风系统内部；

b）涂漆流水线上封闭的内部空间；

c）涂料直接涂到的其他地方。

4.2 除4.1条外，涂漆作业尚存在有危险量的易燃、可燃性蒸气、漆雾等的区域，应列入涂漆区范围。

I 涂漆工艺安全

5 一般要求

5.1 涂漆作业场所

5.1.1 涂漆作业应在涂漆作业场所，或在划定的涂漆区内进行。

5.1.2 在文化教育、医疗等公共建筑物和居住建筑物内不应设置涂漆作业场所。对以上建筑物进行装修需涂漆者除外。

5.1.3 除桥梁等大型构件外，一般不应在露天设置涂漆作业场所，如需设置应符合本标准的规定。

5.1.4 涂漆作业场所的出入口至少应有两个，并且有一个出口必须直接通向露天。

5.1.5 涂漆作业场所的门应向外开，其内的通道宽度应不小于1.2m。

5.1.6 涂漆作业场所的厂房一般采用单层建筑或独立厂房，如布置在多层建筑物内，宜布置在建筑物上层。如布置在多跨厂房内，宜布置在外边跨。

5.1.7 涂漆作业生产的火灾危险性分类，见附表5。

附表5 涂漆作业生产的火灾危险性分类

涂 料 种 类	火灾危险性分类
闪点<28℃的涂料及有机溶剂	甲
闪点≥28℃至<60℃的涂料及有机溶剂、粉末涂料	乙
闪点≥60℃的涂料	丙

5.1.8 涂漆作业场所的耐火等级、防火间距、防爆和安全疏散措施应根据表1确定的生产火灾危险性类别，按GBJ16的有关规定执行。

5.2 涂漆作业场所卫生

5.2.1 涂漆作业场所空气中有害物质不应超过附表6所列的最高允许浓度，未列入附表6的应符合TJ36的规定。

附表 6　涂漆作业场所空气中主要有害物质最高允许浓度　(mg/m^3)

编号	物质名称	最高允许浓度	编号	物质名称	最高允许浓度
1	乙醚	500	16	苯（皮）	40
2	二甲苯	100	17	苯乙烯	40
3	二硫化碳（皮）	10	18	氧化锌	5
4	甲苯二异氰酸酯（皮）	0.2	19	铅尘	0.05
5	三氧化铬、铬酸盐、重铬酸盐（换算成 CrO_3）	0.05	20	酚（皮）	5
6	丙酮	400	21	锰及其化合物（换算成 MnO_2）	0.2
7	甲苯	100	22	氯苯	50
8	丁二烯	100	23	三氯乙烯	30
9	吡啶	4	24	溶剂汽油	300
10	有机汞化合物（皮）	0.005	25	乙酸乙酯	300
11	松节油	300	26	乙酸丁酯	300
12	环氧氯丙烷（皮）	1	27	丙醇	200
13	环氧乙烷	2	28	丁醇	200
14	环己酮	50	29	四氯化碳（皮）	25
15	环己烷	100	30	涂料粉尘	10

注：1. 表中最高允许浓度是作业人员工作地点空气中有害物质所不应超过的数值。工作地点系指作业人员操作、观察和管理生产过程而经常或定时停留的地点，如生产操作在作业场所许多不同地点进行，则整个场所均算为工作地点。

2. 有“（皮）”标记者为除经呼吸道吸收外，尚易经皮肤吸收的有毒物质。

3. 本表所列各项有毒物质的检验方法，应按相应毒物分析方法的国家标准执行。未颁布国家标准的按行业标准分析方法执行。

5.2.2　涂漆作业场所作业人员工作地点的夏季空气温度，应符合 TJ36 中第 49 条的规定。

5.2.3　涂漆作业场所作业人员工作地点的冬季空气温度，应符合 TJ36 中第 55 条的规定。

5.2.4　涂漆作业场所卫生特征级别的确定见附表 7。

附表 7　涂漆作业场所卫生特征级别

涂漆作业方式	卫生特征级别	涂漆作业方式	卫生特征级别
空气喷涂、无空气喷涂作业	2 级	有限空间内的涂漆作业	2 级
含铅、铬颜料的涂漆作业	2 级	其他方式的涂漆作业	2 级

5.2.5　涂漆作业场所的生产卫生用室，应根据表 3 确定的卫生特征级别，按 TJ36 的有关规定执行。

5.3　涂漆作业场所噪声

5.3.1　涂漆工艺过程所用的风机、水泵、电机等各个噪声源部件及其风管、水管应采取消声和隔振措施，使操作位置的噪声符合 GBJ 87 的规定。

5.4　电气设备及点火源

5.4.1 涂漆作业场所的电气设备，明火及点火源都应符合本章规定。

5.4.2 涂漆区内一般不设置电气设备。如必需设置时，应符合 GB 50058 的规定。

5.4.3 涂漆区内爆炸性气体环境划为 1 区危险区域。

5.4.4 整个涂漆作业场所划为涂漆区者，其通向露天的门、窗以外，垂直和水平距离 3m 以内的空间划为 2 区。

5.4.5 封闭或半封闭涂漆工艺装置，其开敞面以外垂直和水平距离 3m 以内的空间划为 2 区。

5.4.6 与涂漆区相邻车间之间的隔墙应为非燃烧体的实体墙。隔墙上的门亦应是非燃烧体。

5.4.7 用有门的隔墙与涂漆区隔开的相邻场所危险区域的划分见附表 8。

附表 8　与涂漆区相邻场所的爆炸性气体环境危险区域划分

涂 漆 区	用有门隔墙隔开的相邻场所		备 注
	一首有门隔墙	两首有门隔墙（通过走廊或套间）	
1 区	2 区	非爆炸危险区域	两道隔墙门框距离不应小于 2m

5.4.8 只有一道有门隔墙，门外水平距离 7.5m 以内为 2 区。

5.4.9 需加热涂料等易燃物质时，应使用热水，蒸汽等热源。严禁使用火炉、电炉、煤气炉及其他明火。

5.4.10 沾有涂料等易燃物质的棉纱、抹布等物应放入带盖的金属箱（桶）内，当班清除处理，严禁乱抛。

5.4.11 涂漆区内爆炸性粉尘环境划为 11 危险区域。

5.4.12 涂漆区入口处及其他禁止明火和产生火花的场所，应有禁止烟火的安全标志。

5.4.13 涂漆设备、贮存容器、通风管道和物料输送系统等停产检修时，如需采用电焊、气焊、喷灯等明火作业，应经企业安全技术部门审查批准，严格执行动火安全制度，遵守安全操作规程。

5.4.14 涂漆区附近应按 GBJ 140 的规定设置消防器材，并定期检查，保持有效状态。

5.5 涂料的调配与输送

5.5.1 涂料及辅料

5.5.1.1 涂料及辅料入厂时，应有完整、准确、清晰的产品包装标志、检验合格证和说明书。

5.5.2 涂料的调配

5.5.2.1 调配涂料应在专用调漆室，调漆室应符合 5.4.1、15.1 和 15.5 的规定。

5.5.2.2 使用溶剂型涂料量较少时（一般少于 20kg），允许在涂漆区现场配制。

5.5.3 涂料的输送及处理

5.5.3.1 输送涂料、溶剂、稀释剂的管道应连接完好、严禁滴漏。

5.5.3.2 无集中供料系统时，工作结束后应将剩余的涂料及辅料送回调漆室或倒入密闭容器中。

5.5.3.3 不能继续使用的涂料和辅料及其容器，应放到指定的废物堆放处，集中妥善处理。

5.5.3.4　废液体涂料和辅料严禁倒入下水道。

5.5.3.5　涂漆作业场所允许存放一定量的涂料及辅料，但不应超过一个班的用量。

6　空气喷涂

6.1　除特大工件外，空气喷涂应在喷漆室内进行。

6.2　喷漆室的安全技术要求应符合 GB 14444 的规定。

6.3　集中多个喷漆室的作业场所，与相邻其他非涂漆作业场所之间，宜用非燃烧体隔墙隔开。

7　无空气喷涂

7.1　除特大工件外，无空气喷涂应在喷漆室内进行。

7.2　喷漆室的安全技术要求应符合 GB 14444 和 6.3 的规定。

7.3　无空气喷涂装置中的增压缸体、部件、管路、阀件等均应按高压管件规定进行液压试验和气密性试验，配套的高压软管除经上述试验合格外，管线布置时，其最小曲率半径宜不小于软管直径的 2.5 倍。

7.4　无空气喷涂的喷枪应配置自锁安全装置，喷涂间歇时应能将喷枪自锁。

7.5　压缩空气驱动型无空气喷涂装置的进气端应设置限压安全装置，并配置超压安全报警装置和接地装置。

7.6　任何情况下，不应将承压的无空气喷涂装置的喷嘴对准人体、电源、热源，亦不应以手掌试压。

8　静电喷涂

8.1　静电喷漆工艺的安全技术要求应符合 GB 12367 的规定。

8.2　静电喷漆室

8.2.1　静电喷漆应在静电喷漆室内进行。

8.2.2　静电喷漆室的安全技术要求应符合 GB 14444 和 GB 12367 的有关规定。

8.2.3　静电喷漆室的出入口宜设置钢质甲级防火门，并装有闭门器。

8.2.4　静电喷漆室的门宜与静电发生器的电源有门开即断电的联锁装置。

8.3　高压静电发生器

8.3.1　高压静电发生器的电源插座应为专用结构，插座中的接地端与专用地线连接，不应用零线代替地线。

8.3.2　高压静电发生器的高压输出与高压电缆连接端，应设置限流安全装置，高压电缆的屏蔽线应牢固地接入专用地线上。

8.3.3　高压静电发生器应设置控制保护系统，当工作系统发生故障或出现过载时，自动切断电源。

8.4　静电喷漆枪与供漆装置

8.4.1　静电喷漆枪的安全技术要求应符合 GB 14773 的规定。

8.4.2　静电喷漆枪及其他导体与工件之间应保持的安全距离，至少为该电压下的火花放电最大距离的两倍。

8.4.3 静电喷漆枪与接地设备和接地零件的最小间距应大于静电喷漆枪与工件间距离的三倍。

8.4.4 供漆管道周围 800mm 空间内，应设置其他导体和电缆，并悬挂安全标志。

8.4.5 静电喷漆所用高压电缆宜用有屏蔽层的。无屏蔽层的高压电缆应悬挂安装，与周围配电线和导体的最小间距，当静电电压为 100kV 及以下时，取 800mm。

9 粉末静电喷涂

9.1 喷粉室与粉末回收装置

9.1.1 粉末静电喷涂应在符合第 18 章规定的喷粉室内进行，操作者应在室外操作。

9.1.2 喷粉室室体必须采用难燃或非燃烧体制作，内壁光滑，无凹凸椽。

9.1.3 喷粉室出口排风管内粉尘的最高浓度不应超过其爆炸下限浓度的 50%。未知其爆炸下限浓度者，其最高浓度不应超过 $15g/m^3$。

9.1.4 喷粉室室体的金属构架与工件应可靠接地。

9.1.5 自动喷涂的喷粉室内应安装火灾报警装置和自动灭火器，该报警装置应与关闭压缩空气、切断电源、启动自动灭火器、停止工件输送进行联锁。

9.1.6 自动化生产的流水作业，在喷粉室与回收装置之间应采取防止相互间爆炸传递的联锁控制，一端有火情时，应能迅速自动切断连接通道。

9.1.7 喷粉室和粉末回收装置均应设置泄压装置。

9.1.8 粉末输送管道的设置和安装应避免形成静电积聚。

9.2 喷涂装置与供粉装置

9.2.1 高压静电发生器宜配置具有恒场强喷粉的自动控制系统，在已整定的工作条件下，如喷枪与工件间距在许可范围内变化，则其电流值宜不超过整定值的 10%。

9.2.2 高压静电发生器和联接电缆与粉末喷枪配套后，当电压调到最大值时，对地短路应无火花。

10 电泳涂漆

10.1 电泳槽应设置间壁设施和通风排气装置。并应装有防止人员发生触电事故的安全或防护联锁装置。

10.2 电泳涂漆的整流系统应单独设置在围护设施内。操作及维修应有专人负责。

10.3 电泳涂漆需排放的废水应经过净化处理，净化后的废水应符合 GB 8978 的规定。

11 浸涂、淋（流）涂、滚涂

11.1 浸涂、淋涂、滚涂作业流水线一般应设间壁防护设施。

11.2 浸涂、淋涂、滚涂作业流水线的设计和运行应保证安全操作。

11.3 浸涂、淋涂、滚涂作业场所宜安装火灾报警装置和自动灭火器。

11.4 工件滴落漆液的地方应设置漆液收集装置，并应设有局部排风装置。

11.5 进入烘干室的工件应符合 14.4 的规定。

11.6 浸涂、淋涂、滚涂装置应设置通风排气装置。淋涂的通风排气装置应与供漆泵自动联锁。
11.7　浸漆槽应备有非燃烧体制成的槽盖，浸漆槽不工作时，槽盖应能严密地盖上。
11.8　浸漆槽与烘干室共用厂房时，其间距不应小于7.5m。水性涂料的浸漆槽除外。
11.9　大型浸漆槽、淋漆装置应在室外设地下贮槽，不工作时应将漆液放入贮槽，发生火灾时应能迅速将漆液排入贮槽。水性涂料除外。

12　手工涂漆

12.1　手工涂漆指的是手工刷涂、滚涂、揩涂、刮腻子、打磨等。
12.2　手工涂漆作业场所应设置通风装置，并划定涂漆区。
12.3　手工刷涂大型固定设备时，应设置局部排风装置。
12.4　手工刷涂、滚涂、揩涂时，操作者应戴防溶剂手套和口罩。
12.5　干式打磨时，操作者应戴防尘口罩。
12.6　清洗涂漆工具用的溶剂宜用毒性小、挥发性低的溶剂。

13　有限空间内的涂漆作业

13.1　有限空间内的涂漆作业是指对有限空间本身或设在有限空间内的固定设备、设施等进行装修。除此以外，有限空间内不应作为涂漆作业场所。
13.2　在有限空间内进行脱漆作业者，也应符合本章的规定。
13.3　有限空间只有一个出入口时，宜增开一个工艺口。
13.4　有限空间作业的安全技术要求应符合GB 12942的规定。

14　干燥、固化

14.1　涂漆设备不应交替地用于涂料的干燥、固化。下列情况可以除外。
14.1.1　涂漆设备兼用于涂料的空气自然干燥、固化，则其干燥、固化的空气温度不应高于周围环境温度，且通风系统应符合15.5的规定。
14.1.2　间歇式涂漆作业，包括汽车复涂喷室，在符合本标准的有关规定和下述规定时，其涂漆设备可以交替地用于涂料的干燥、固化：

（1）涂漆区内表面（特别是地面），保持无可燃性残存物；

（2）应设置温度安全保护装置，其设定温度超过93℃时，应自动关闭加热装置。

（3）涂漆区内的固定式辐射加热装置上，不应溅落漆雾。

（4）涂漆装置、干燥装置和通风系统应设置联锁装置。且当加热装置运行时或涂漆区内有便携式辐射加热器时，涂漆装置不应运行。涂漆或干燥装置运行时，通风系统应始终在运行，且应符合15.3和15.5的规定。

（5）其他易燃物质不应带入涂漆区。

14.2　干燥时使用明火或可能产生火花的加热系统，不应安装在涂漆区内。在配备了按下述要求设计的联锁通风系统时，可靠近涂漆区安装：

a）在加热系统启动之前，干燥所在空间必须彻底地通风；

b）在任何火源处都应符合15.5的规定；

c）通风失灵时，能自动关闭加热系统。

14.3 涂漆作业的流平段应设置漆液收集装置，并设置局部排风装置。
14.4 进入烘干室的工件不应再有余漆滴落。
14.5 烘干室的安全技术要求应符合 GB 14443 的规定。
14.6 自然干燥的涂漆工件应放在经企业安全技术部门批准的场所内。如在室内，应为专用室；如在室外，周围 5m 内不得有明火或火花。

Ⅱ 涂漆工艺通风净化

15 一般要求

15.1 为防止气体、烟、尘等有害物质在室内逸散，涂漆工艺应首先采用局部排风。当不可能采用局部排风或采用局部排风仍达不到 5.2.1 规定时，应采用全面通风换气。
15.2 排风系统排出的含有害气体、烟、尘等的污染物，当影响车间四周环境或附近居民居住区的空气质量时，应采取净化处理、回收或综合利用措施后，再向大气排放，使之符合国家有关大气污染综合排放标准及有关省市的地方总量排放标准。
15.3 涂漆作业开始时应先开风机，后启动喷涂设备。作业结束时，应先关闭喷涂设备，后关风机。当通风系统停止运转或失灵时，自动控制装置应立即切断电源，并向操作人员发出信号。
15.4 工业企业可根据工艺条件和污染状况选择采用活性炭吸附、催化燃烧、热力燃烧或液体吸收等净化措施，以保证作业场所内和四周环境的空气质量符合 5.2.1 条和 15.2 的规定要求。
15.5 在通风净化设备和系统中，易燃易爆的气体、蒸气的体积浓度不应超过其爆炸下限浓度的 25%。粉尘浓度不应超过其爆炸下限浓度的 50%。

16 局部排风

16.1 涂漆作业的局部排风系统，应设置去除漆雾或粉尘回收的装置。
16.2 局部排风的排风罩，应符合下述要求：

a）排风罩应设置在污染源处；

b）排风罩罩口吸风方向应使有害物质不流经操作者的呼吸带；

c）排风罩的形式、大小和位置应根据排出污染物的挥发性、密度以及涂漆的作业方法而定。

16.3 散发有害物质的工艺设备和工艺过程应首先加以密闭，当无法采用密闭或半密闭的装置时，应根据生产条件和通风效果，分别采用侧吸式、伞形式、吹吸式排风罩或槽边排风罩。
16.4 经常排出有害气体的机械排风系统，应设置旁通排风管。以在通风设备停止运转时仍能继续排出有害气体。

17 喷漆室通风

17.1 喷漆室应设有机械通风和去除漆雾装置。
17.2 喷漆室的通风应符合 GB 14444—1993 第 4 章的规定。

18 喷粉室通风

18.1 喷粉室应设有机械通风和粉末回收装置。
18.2 喷粉室粉末净化回收装置的净化效率要求保证不污染周围环境。
18.3 粉末净化回收装置的出粉口，应采取防止粉尘飞扬的措施，以保证作业环境空气中粉尘最高容许浓度符合5.2.1规定。
18.4 喷粉室的排风口应尽可能与粉末扩散时的方向一致。
18.5 喷粉室开口处的风速宜为0.3~0.6m/s，开口面积包括操作孔、悬链出入口等。
18.6 设置喷粉室的作业场所，应防止干扰气流的影响。
18.7 喷粉室和输送管道的内壁应光滑，并具有足够的风速，以避免粉尘聚集。
18.8 喷粉室风机应与喷枪进行无风断电联锁。
18.9 粉末净化回收装置排放的已净化气体直接回入操作区时，其粉尘浓度应符合21.3的规定。

19 烘干室通风

烘干室通风应符合GB 14443—1993第5.1条的规定。

20 全面排风

20.1 当涂漆工艺和设备不固定，无法采用局部排风时，涂漆区内应采用全面排风。
20.2 特殊情况下，大面积涂漆作业，因放散面广，应采用有组织的全面排风，使操作者不处于污染气流中。
20.3 数种溶剂（芳烃类、醇类、乙酸酯类等）的蒸气同时放散于空气中时，全面通风换气量应按各种气体分别稀释至最高允许浓度所需要的空气量的总和计算。
20.4 散入涂漆作业场所的有害气体量，在没有工艺设计资料或不可能用计算方法求得时，全面通风所需的换气量可根据类似车间的实测资料或经验数据，按房间的换气次数确定。
20.5 全面排风系统排出有害气体及蒸气时，其吸风口应设在有害物质浓度最大的区域。全面排风系统气流组织的流向应避免使有害物质流经操作者的呼吸带。

21 送风系统

21.1 设有局部排风或全面排风的涂漆作业场所，应进行自然补风；当自然补风不能使室内空气中有害物质符合5.2.1规定或室温过低影响生产时，应设置机械送风系统。
21.2 涂漆作业场所处于尘土较大的环境，机械送风系统应设置空气过滤装置。
21.3 机械送风系统送入车间空气中的有害物质的含量，不应超过表2规定的最高允许浓度的30%。
21.4 机械送风系统进风口的位置，应符合下列要求：

a）应设在室外空气清洁的地点；

b）应设在排风口常年最小频率风向的下风向，且宜低于排风口2m；

c）进风口的底部距室外地坪，不宜低于2m；

d）进风口和排风口，如必须设在屋面以上的同一高度时，其水平距离应不小于管径的10倍，并不应小于10m；

e）当作业场所内有害物质通过天窗排出时，则在该场所屋顶上应避免设置进风口。

21.5　机械送风系统的送入空气，应送至工作地带或工人经常停留的工作地点。

21.6　合理组织进风排风气流，防止含有害物质的空气，流经不含或仅含少量有害物质的作业地带。

22　通风管道

22.1　涂漆作业场所的送排风系统应明设；进风口和排风口应设铁丝网，并应直接通到室外不可能有火花坠落的地方；风管上的调节阀等活动部件应采用由设计部门确定的不发火的材料制成。

22.2　排风管的防雷措施，应符合GBJ 57的规定。

22.3　涂漆工艺用的通风管不应与其他工艺用的通风管或输送可燃物质的烟囱烟道相连接。

22.4　需进行调节风量的通风系统，应在风管内气流较稳定的截面处设置风量测定孔。

22.5　为观察高温排风系统风管内的空气温度，应在风管上设置温度测定孔和温度计。

22.6　进排风装置和进排风管应采取有效措施，防止污染物沉积，并应经常清理。

22.7　通风净化设备和管道所输送的空气温度有较显著的提高或降低时，或者可能冻结时，应采取隔热、保温或防冻措施。

22.8　直径300mm以下的排风管，敷设长度每隔3m左右应设置检查孔，但大管径风管上检查孔之间的距离可加大。检查孔宜设在管道拐弯处。

22.9　通风系统风管的设置应严密，不漏风，并应拆卸清理方便。

22.10　风管支架应牢固可靠，支架应能承受风管本身自重与风管动负荷。

22.11　输送高温气体的风管，当其外表温度为80～200℃时，其与建筑物的易燃结构和设备应保持大于0.5m的距离，距耐火结构和设备的距离应保持大于0.25m。

22.12　管壁温度高于80℃的排风管与输送易燃易爆气体、蒸气、粉尘的管道之间的水平距离应不小于1m。输送热气体的风管应铺设在输送较低温度的气体的风管上面。输送80℃以上气体或易燃易爆气体的管道应用非燃烧体制成。

22.13　电线、煤气管、热力管道和输送液态燃料的管道不应装在通风管的管壁上或穿过风管。

22.14　当风管穿过易燃烧的屋顶或墙壁时，在风管穿过处应敷以耐火材料或使风管四周脱空。

22.15　通风管道不宜穿过防火墙，如必须穿墙，应在穿过处设防火阀。穿过防火墙两侧各2m范围内的风管及其保温材料应采用非燃烧体。风管穿过的空隙应用非燃烧体填塞。

22.16　用于过滤有爆炸危险粉尘的干式除尘器和过滤器，应布置在系统负压段上。

22.17　排出有爆炸危险的气体和蒸气混合物的局部排风系统，其正压段风管不应通过其他房间。

23　通风机室

23.1　通风机室应与其他房间隔开，不应兼作他用。

23.2　送风和排风设备不应布置在同一通风机室内。排风设备也不应与其他无爆炸危险房间用的通风设备布置在同一通风机室内。

23.3　确定通风机风量时，应附加风管和设备的漏风量。一般送排风系统附加5%~10%；除尘系统附加10%~15%。

23.4　确定通风机风压时，应同时考虑压力损失附加值。一般送排风系统附加10%~15%；除尘系统附加15%~20%。

24　活性炭吸附净化

24.1　净化涂漆作业排出的常温有机气体，可采用活性炭吸附法，脱吸方法可采用蒸汽脱吸、热气体脱吸等。吸附后有害气体浓度应符合15.2的规定。

24.2　在吸附器中应设置温度计、温度报警器和防火水管，当活性炭层温度达到150℃时立即报警，关闭风机及吸附器进口阀门。如温度继续上升，则应打开水管阀门，放水降温。

24.3　吸附器顶部应设置压力计和泄压管（或安全阀）。

24.4　在吸附器气体排出口处应设置气体采样管，定期测定气体浓度，当有害气体浓度超过规定值时应停止吸附器运行，进行脱吸。

24.5　在每个吸附器气体排出口的风管上应设置压力计，以测定和调节经过各吸附器的排风量。

24.6　在风机前管路中应设置去除杂质、尘土等的过滤器，过滤器应设置压力计，当过滤器的阻力超过设计允许最大阻力时应立即清理。

24.7　在过滤器前应设旁通排风管，当吸附净化系统发生故障或工作结束时，应立即打开排风管阀门，把有害气体暂时排空，防止浓度过高而发生中毒或爆炸事故。

24.8　在过滤器后应设置阻火器。用蒸汽脱吸时，在油水分离器、贮油槽、气液分离器等设备上应设置安全排气管。

24.9　在用于脱吸的蒸汽管道上应设置温度计、压力计、蒸汽流量计和蒸汽减压阀。

24.10　在用于脱吸的热气中可能产生静电的一切设备和接线方法应符合GB 3836的规定。

24.12　所有设备施工完毕，均应进行耐压试验，完全合乎要求后，方可进行安装。

25　催化燃烧净化

25.1　催化燃烧后的有害气体浓度应符合15.2的规定。

25.2　催化燃烧装置应设温度计或气体浓度报警器，当温度或气体浓度达到最高极限时，立即报警，关闭预热加热器，开启旁通排风管，同时停止工件进入喷涂系统，催化燃烧设备应设置泄压装置。

25.3　预热室应设置温度报警或指示装置，当超过设计最高温度，立即发出信号，同时停止加热。加热系统应与通风系统联锁，通风系统失灵，应能自动关闭加热系统。

25.4　净化含有黏性物质的有机废气时，在催化燃烧装置前必须设置过滤器。当过滤器阻力达到设计允许最大阻力时，应立即予以处理。

25.5 催化燃烧装置前旁通排风管的设置与操作，应符合 24.7 的规定。

25.6 在涂层烘干室与催化燃烧设备之间应设置阻火器。

25.7 通过风机的气体温度应小于风机的规定温度。风机前应设调节阀，使风量可调。

25.8 催化燃烧设备系统的隔热、保温材料应采用非燃烧体制作。

25.9 催化燃烧系统所用的设备、电控装置以及接线方法等均应符合 24.11 的规定。

25.10 催化燃烧装置和管道的连接处均应严密，不漏气，安装完毕应进行气密性试验。

25.11 催化燃烧装置工作开始时，应先启动风机 2 ~ 3min，把积存在设备和风管中的有机气体排出后，再启动预热设备。工作终止时，应先关闭预热设备，让风机继续运行，待剩余的有机气体排尽后再关闭。最后拉开电气总闸，开启旁通排风管阀门。

26 热力燃烧净化

26.1 预热室应设置温度报警器，当温度超过设计最高温度时，立即报警，同时停止加热，并开启旁通排风管阀门。加热装置应与风机联锁，当风机停止运转时应自动切断热源。

26.2 燃烧室燃烧产物的浓度应符合 15.2 的规定。燃烧室应设置温度报警器，当燃烧后气体温度超过设计最高温度时，立即报警，关闭加热系统，停止工件继续进入涂漆系统，同时开启旁通排风管阀门。

26.3 热力燃烧装置前的管道上应设阻火器，燃烧装置上应设置泄压装置。

26.4 热力燃烧装置前的旁通排风管的设置和操作，应符合 24.7 的规定。

26.5 兼作为处理废气的锅炉或生产用的燃烧炉应是常年使用的。处理的废气量应小于锅炉或燃烧炉的鼓风量，不应影响锅炉或燃烧炉的正常运行。

26.6 设计热力燃烧装置时，应考虑废气中所含物质不弄脏换热器或锅炉的传热面；如含有这些物质，应设置过滤器予以去除，超过设计允许最高阻力时应及时清理。

26.7 热力燃烧系统用的隔热、保温材料应符合 25.8 的规定。

26.8 热力燃烧装置的风机设置应符合 25.7 的规定。

26.9 热力燃烧装置和管道的安装应符合 25.10 的规定。

26.10 热力燃烧系统可能产生静电的设备、管道、电器设备以及接线方法等均应符合 24.11 的规定。

26.11 热力燃烧装置工作开始和终止的操作步骤应符合 25.11 的规定。

27 液体吸收净化

27.1 液体吸收净化后的有害气体浓度应符合 15.2 的规定。

27.2 废吸收液的处理装置应与吸收装置同时进行设计，并保证安全。

27.3 吸收净化系统中的液泵应与风机联锁。工作开始，应先开液泵，后开风机；工作终止，先关风机，后关液泵。

27.4 吸收净化系统可能产生静电的设备和管道，应符合 24.11 的规定。所用的液泵应为防爆型。

27.5 净化室应符合防火防爆要求。

27.6　吸收净化装置和管道的安装，应符合 25.10 的规定。

四、涂层烘干室安全技术规定（GB 14443—1993）

1　主题内容与适用范围

本标准规定了涂装作业涂层烘干室的设计、制造、安装、检验、使用和维修的基本安全技术要求。

本标准适用于涂装作业涂层的干燥、固化用烘干室。

2　引用标准

GB 2900.35　电工名词术语　爆炸性环境用防爆电气设备

GB 4942.1　电机外壳防护分级

GB 6514　涂装作业安全规程　涂漆工艺安全

GB 6515　涂装作业安全规程　涂漆工艺通风净化

GB 7691　涂装作业安全规程　劳动安全和劳动卫生管理

GBJ 58　爆炸和火灾危险环境电力装置设计规范

GBJ 87　工业企业噪声控制设计规范

GBJ 140　建筑灭火器配置设计规范

TJ 36　工业企业设计卫生标准

3　术语

3.1　引燃温度

按照标准试验方法试验时，引燃爆炸性混合物的最低温度。

3.2　烘干室安全通风

烘干室内控制可燃气体（或粉末）浓度的专用通风，其中包括：供给适量的新鲜空气；将废气排至适当区域；组织合理的空气循环气流。用以保证烘干室内任何部位在任何工作状态下可燃气体（或粉末）的浓度都低于爆炸下限。

3.3　直接燃烧加热

烘干室加热系统的燃烧产物进入其工作空间，并直接地接触和加热工件。

3.4　间接燃烧加热

烘干室加热系统的燃烧产物与其工作空间气密地隔开，并间接地加热工件。

3.5　空气循环系统

有组织地将烘干室工作空间的空气抽出并送回的整套装置，用以满足工件对流加热的要求和避免室内空气中可燃物集聚。

3.6　间歇式烘干室

间歇地装入工件并周期地进行干燥、固化作业的烘干室。

3.7　连续式烘干室

均衡地装入工件并连续地进行干燥、固化作业的烘干室。

4 爆炸危险区域

4.1 烘干室内部及周围环境爆炸危险区域的类别、等级和范围，应按第 4.2 ~ 4.6 条规定确定。

4.2 烘干室内工件涂层在干燥、固化过程中释放易燃、可燃蒸气或气体时，其工作空间应为爆炸危险区，符合第 5 章结构要求时为 2 区。

4.3 粉末涂料涂层熔融、固化用的烘干室，其工作空间应为爆炸危险区，等级为 11 区。但当熔融、固化过程中释放大量易燃和可燃气体时，其工作空间则按第 4.2 条确定爆炸危险区。

4.4 符合第 4.2 条或 4.3 条规定的烘干室，其装料门的水平和垂直方向 3m 范围内，应为爆炸危险区，该区的类别和等级与烘干室工作空间相同。

4.5 烘干室周围的地坑与爆炸危险区连通时，其爆炸危险区的划分应按 GBJ 58 中有关规定确定。

4.6 设置在非爆炸危险区的烘干室，除按第 4.4 及 4.5 条确定为爆炸危险区的部位外，烘干室周围的其他区域为非爆炸危险区。

5 结构

5.1 安全通风

5.1.1 在烘干过程中，烘干室内含有挥发的溶剂或悬浮的粉末时，烘干室须设置安全通风装置。

5.1.2 烘干室内可燃气体最高体积浓度不应超过其爆炸下限值的 25%。空气中粉末最大含量不应超过爆炸下限浓度的 50%。

5.1.3 各种类型及工作温度的烘干室，应按附表 9 选取烘干室内可燃气体爆炸下限计算值。

附表 9 烘干室内可燃气体爆炸下限计算值

烘干室类型	烘干温度 <120℃	烘干温度 ≥120℃
	可燃气体爆炸下限计算值	
间歇式	取室温时爆炸下限值	取室温时爆炸下限值/1.4
连续式	取室温时爆炸下限值	取室温时爆炸下限值

5.1.4 溶剂型涂料涂层烘干室可按 13（补充件）的计算方法确定安全通风所需的新鲜空气量。

5.1.5 当确定安全通风所需的新鲜空气量时，应用带入烘干室内溶剂量的实测值。当已有经验数据时，也可用估算法确定带入烘干室的溶剂量。

5.1.6 烘干室内排气口位置应设在可燃气体浓度最高的区域。

5.1.7 每台烘干室宜单独设置废气排放管道，不宜与其他设备共用排放管道。

5.1.8 多区的烘干室，允许设一个废气排放总管，但烘干室在各种工作状态下，各支管的排气量不得低于设计值。

5.1.9 烘干室的安全通风系统不宜使用自然通风。

5.1.10　排气管道上装设余热回收换热器时，应采取措施防止凝结物堵塞废气排气系统。

5.1.11　排气管道和检修口应保持良好的气密性

5.2　加热系统

5.2.1　加热器表面温度

5.2.1.1　间歇式烘干室，当设置不同的安全设备时，其加热器表面温度应分别符合以下要求：

a. 未设置第5.4.2条规定的安全通风监测装置时，加热器表面温度不应超过工件涂层溶剂引燃温度（℃）的80%；

b. 设置第5.4.2条规定的安全通风监测装置时，加热器表面温度不应超过工件涂层溶剂引燃温度；

c. 除设置第5.4.2条规定的安全通风监测装置外，安全通风系统的排气使用专用风机与加热系统联锁的情况下，加热器表面温度允许超过工件涂层溶剂的引燃温度。

5.2.1.2　连续式烘干室的加热器表面温度不应超过工件涂层溶剂的引燃温度，但具有下列安全措施之一者除外：

a. 设置第5.4.2条规定的安全通风监测装置；

b. 开敞面积大的辐射加热烘干室，采取不使爆炸性气体积聚的有效通风措施，能保证设备正常工作及设备故障和误操作的非正常工作时，工作空间的气体都不形成爆炸浓度。

5.2.2　加热器设置

5.2.2.1　不得使涂料滴落在加热器表面上。

5.2.2.2　烘干室内宜使用有足够强度的加热器，如使用易碎加热元件，室内应有防护装置，防止因机械损伤引起的火灾及触电事故。

5.2.3　电加热系统

5.2.3.1　烘干室工作区使用裸露电阻丝（带）作为加热元件时，应加防护措施，防止电气短路。

5.2.3.2　电加热器与金属支架间应有良好电气绝缘，其常温绝缘电阻不得小于1MΩ。

5.2.3.3　电加热器与导线的连接须保证良好接触。接线端的设置应便于检查。

5.2.4　燃油及燃气加热系统

5.2.4.1　燃料供给系统必须设置紧急断阀。

5.2.4.2　燃烧装置应符合工业用火焰炉有关安全技术规定。

5.2.4.3　烘干室宜使用间接燃烧加热系统，但在符合5.2.4.4条规定下，也可使用直接燃烧加热系统。

5.2.4.4　当使用直接燃烧加热系统时，烘干室必须设置空气循环系统，循环空气流量应符合第5.3.2条要求。如使用自动点火系统，则燃烧装置应安装火焰监测器，并使燃烧器熄火时能自动切断该燃烧器的燃料供给。

5.3　空气循环系统

5.3.1　烘干室设置空气循环系统时，应使室内的可燃气体不产生积聚。

5.3.2　直接燃烧加热的烘干室，其空气循环系统的体积流量应不少于加热系统燃烧产物体积流量的10倍。

5.4 控制与联锁

5.4.1 烘干室设置温度自动控制及超温报警。

5.4.2 需设置安全通风监测装置的烘干室，宜优先使用可燃气体浓度报警器，直接监测爆炸危险浓度；也可使用设备的故障监测装置，间接地进行监测。每种情况均应与加热系统联锁。

5.4.3 可燃气体浓度报警装置的报警浓度及联锁浓度，应设定在可燃气体爆炸下限的50%以内。烘干室在这种情况下运行时，室内可燃气体浓度允许高于爆炸下限的25%。

5.4.4 烘干室控制系统的联锁，开机时应使循环风机及排气风机启动后，才能继续启动加热系统及工件输送系统；相反，停机时应使加热系统和工件输送系统关闭后，才能继续停止风机运行。

5.5 调节阀

5.5.1 烘干室内使用空气流量调节阀时，在系统的正常调节范围内，应使安全通风系统能达到所需的风量。

5.5.2 烘干室的安全通风系统使用调节阀时，应设置阀门最小安全开度的限位装置。

5.6 泄压设施

5.6.1 烘干室宜设置泄压装置。

5.6.2 每立方米烘干室工作容积宜设置0.05 ~ 0.22m^2的泄压面积。

5.6.3 泄压装置移动部分的单位面积质量不宜大于12.5kg/m^2。

5.6.4 低结构强度的大型烘干室可利用设备上的开口、侧门及靠自重封严的轻型保温顶作为泄压面积。

5.7 风机与电机

5.7.1 空气循环及排气系统中所使用的风机，必须设有防止火花产生的可靠措施。

5.7.2 烘干室使用的电动机，如设置在第4章中规定的爆炸危险区内，则应按GBJ 58规定选用防爆型；如设置在非爆炸危险区内，其防护等级应不低于附表10的要求。

附表10 防护等级

烘干室用途	防护等级（按GB 4942.1）	烘干室用途	防护等级（按GB 4942.1）
烘干溶剂型涂料涂层	IP 44	烘干粉末涂料涂层	IP 54

5.8 电气设备

5.8.1 烘干室应设置静电保护接地，其接地电阻值不大于100Ω。

5.8.2 装有电器设备的烘干室，其外壳必须接地，接地电阻值不大于10Ω。金属外壳的各部件之间，应保持良好的电气连接。

5.8.3 烘干室内部电气导线端应有耐温绝缘层。

5.8.4 烘干室内部电气导线接线端应有防护罩。

5.8.5 烘干室的电气设备应符合GBJ 58的规定。

5.9 材料

5.9.1 烘干室室体及其保温层均须使用非燃材料制造。

5.9.2 烘干室应有良好保温层，外壁表面温度不应高于室温15℃。

5.9.3 燃烧装置与烘干室之间的连接管道应使用非燃材料绝热。外表面温度不应超过

70℃。

5.10　噪声控制

5.10.1　烘干室的附属设备宜采用低噪声产品。

5.10.2　设备的整体设计应使工人操作区噪声符合 GBJ 87 的规定。

5.11　其他

5.11.1　人工装挂工件的大型间歇式烘干室，对于能保证下列各项要求的特殊设备，允许交替地进行喷漆及烘干作业：

a. 设备内部残留的漆渣能限时清理干净；

b. 加热器、电气设备及导线不接触漆雾；

c. 烘干室工作温度不超过60℃时；

d. 通风和加热系统分别符合第 5.1.2 条和 5.2.1.1a 条的规定。

5.11.3　距地面 2m 以上的操作及维修平台、周围应安装防护栏杆。

6　安装

6.1　靠近涂漆区安装烘干室时，应按 GB 6514 第 8.2 条要求设置车间通风系统。

6.2　当烘干室排气管道必须穿过有可燃材料组成的墙壁或屋面时，管道必须用非燃材料绝热。

6.3　排气管道的设置应便于清理其中的可燃沉积物。

6.4　离地面 2m 以内的高温物体（超过 70℃）应加防护措施，以免烫伤工作人员。

6.5　可燃气体浓度取样管道的内壁温度不得低于被检测气体的凝结温度。

6.6　烘干室泄压装置的泄压面不应朝向工人操作区域设置。

6.7　烘干室四周和顶部应留有安装、检测和维修的活动空间。

7　安全运行及维修

7.1　使用烘干室时，必须具有安全操作规程，并悬挂在设备附近醒目位置。

7.2　烘干室用户应根据制造厂提出的使用说明书制订设备维护制度，并定期检修。

7.3　烘干室操作人员，应经过专业安全技术培训，熟悉操作规程，经考核合格，才能上岗操作。

7.4　烘干室启动前应做预通风，预通风排气体积不应少于烘干室容积的 4 倍。预通风结束后，才允许启动加热器。

7.5　烘干室电加热器关闭 5～10min 后，方可关闭循环风机或排气风机。

7.6　烘干室因故障自动切断热源后，必须认真检查设备，在确认故障已经排除时，方可重新启动运行。

7.7　烘干室内部应保持清洁，随时清除室内漆渣和定期清除排气管内沉积物，以避免可燃物自燃引起的火灾。

8　废气处理

8.1　烘干室排出的废气应符合环保部门规定的大气排放标准。

8.2　烘干室废气净化系统的安全要求，应参照 GB 6515 中的有关规定。符合 TJ 36 的要求。

9 防火

9.1 墙烘干易燃材料（如纸、布及塑料等）涂装件时，烘干室应采取预防工件着火的可靠措施，并配备可靠的灭火装置。
9.2 大型烘干室的排气管道上应设防火阀，当烘干室内发生火灾时，应能自动关闭阀门，同时使循环风机和排气风机自动停止工作。
9.3 严禁烘干室周围存放易燃、易爆物品。
9.4 烘干室附近应按照 GBJ 140 设置扑救火灾的消防器材。

10 设计

10.1 涂层烘干室的设计单位应符合 GB 7691 第 4.1.1 条要求。
10.2 设计文件应包括如下安全数据：

烘干室工作容积	m^3
加热功率（电，煤气，燃油）	kW，m^3/h，kg/h
最高允许温度	℃
烘干室装载量(连续式)	kg/h
(间歇式)	kg/次
溶剂名称	
最大溶剂量(连续式)	kg/h
(间歇式)	kg/次
新鲜空气量（20℃）	m^3/h

11 出厂

11.1 烘干室出厂时必须附有安全检验合格证明和使用说明书，使用说明书中应注册有关安全技术内容。
11.2 烘干室上应有注明安全技术数据的铭牌，以便核查设备安全性能，其内容详见 14（补充件）。
11.3 烘干室交付使用前，应进行设备安全性能检测。安全性能检测内容为：

a. 铭牌规定的新鲜空气量；
b. 第 5.2.3.2 及 5.8.2 条规定的绝缘电阻及接地电阻；
c. 第 5.10.2 条规定的噪声控制要求；
d. 浓度报警器（或控制器）、温度控制器及火焰监测器等仪表的校验；
c. 其他应检测项目。

12 使用

12.1 烘干室用户应根据设计单位及制造厂提供技术文件进行定期安全检查。安全检查的内容为：

a. 装载量及溶剂是否符合设备技术文件要求；

b. 安全装置（如控制及报警系统、泄压装置等）的有效性检查；

c. 其他应检查项目。

12.2　烘干室用户每年至少进行一次安全性能检测，核对检测结果是否符合安全要求，并将检测结果记入档案。

13　溶剂型涂料涂层烘干室新鲜空气量计算

13.1　间歇式烘干室

13.1.1　用经验数据确定新鲜空气量

烘干室新鲜空气量可按下式计算：

$$Q_b = \frac{4G}{t_0 a}$$

式中　Q_b——烘干室安全通风所需的新鲜空气量（20℃时），m^3/h；

G——一次装载带入烘干室内的溶剂质量，g/次；

a——溶剂蒸气的爆炸下限计算值（见 5.1.3 条），g/m^3；

t_0——以最大挥发率计算的溶剂蒸发时间（经验值，烘干金属薄壁工件时，推荐 $t_0=0.11h$），h；

4——保证溶剂蒸气浓度低于爆炸下限值的 25% 的安全系数。

13.1.2　用溶剂挥发率的实测数据确定新鲜空气量

烘干安全通风所需的新鲜空气量为：

$$Q_b = \frac{4R_p \times 60}{a}$$

式中　Q_b——烘干室安全通风所需的新鲜空气量（20℃时），m^3/h；

a——溶剂蒸气的爆炸下限计算值（见第 5.1.3 条），g/m^3；

R_p——峰值溶剂蒸发率，g/min；

4——保证溶剂蒸气浓度低于爆炸下限值的 25% 的安全系数。

当已知溶剂每小时的最大蒸发量时，可按下式计算：

$$Q_{bt} = \frac{10R_1}{a}$$

式中　Q_{bt}——烘干室安全通风所需的新鲜空气量（20℃时），m^3/h；

a——溶剂蒸气的爆炸下限计算值（见第 5.1.3 条），g/m^3；

R_1——烘干过程中溶剂每小时的最大蒸发量，g/h；当烘干周期小于 1h，则 R_1 为间歇装载的 1h 平均蒸发量，例如：烘干周期为 40min，40min 周期中溶剂蒸发量为 R_{40}(g)，则 $R_1 = R_{40} \times 60/40$(g/h)；

10——经验系数。

13.2　连续式烘干室

新鲜空气量可按下式计算：

$$Q_e = \frac{4G}{a}$$

式中 Q_e——烘干室安全通风所需的新鲜空气量（20℃时），m^3/h；

G——每小时带入烘干室内的溶剂质量，g/h；

a——溶剂蒸气的爆炸下限计算值（见5.1.3条），g/m^3；

4——保证溶剂蒸气浓度低于爆炸下限值的25%的安全系数。

14 烘干室铭牌中应注明的安全技术项目

烘干室铭牌中应注明的安全技术项目如下：

适用溶剂________________

最大允许溶剂量（间歇式）________________kg/次

（连续式）________________kg/h

最高工作温度________________________________℃

额定排气量（____℃时）________________m^3/h

设计单位名称：________________________

制造厂名：________________________

创造年月：

注：1. 附录A和B规定注明的项目仅为核查设备的安全性能时使用，附录B不作为产品铭牌的规定格式。

2. 额定排气量（____℃时）是指：在上述适用溶剂范围及最大允许溶剂量条件下，排气温度为______℃时，排气系统的体积流量（m^3/h）规定值。当排气温度不符合上述数值时，排气的体积流量应做温度修正。

15 溶剂蒸气特性表

溶剂蒸气特性表如附表11所示。

附表11 溶剂蒸气特性表

溶剂名称	相对分子质量	引燃温度组别	闪点/℃	引燃温度/℃	爆炸极限/% 下限	爆炸极限/% 上限	蒸气密度（空气=1）
汽油（沸点38～204℃）*	混合	T_3	−43	257	1.4	7.6	3.4
煤油（沸点151～301℃）*	混合	T_3	43～72	210	0.7	5.0	—
石油醚（沸点35～60℃）*	混合	T_3	<−18	288	1.1	5.9	2.50
苯	78	T_1	11.1	555	1.2	8.0	3.03
甲苯	92	T_1	4.4	535	1.2	7.0	3.18
二甲苯	106	T_1	30	465	1.0	7.6	3.36
萘溶剂	128	T_1	79	526	0.9	5.9	4.4
乙酸乙酯	88	T_1	−4.4	460	2.1	11.5	3.04
乙酸丁酯	116	T_2	22	370	1.2	7.6	4.01
乙酸戊酯	130	T_2	25	375	1.0	7.5	4.99
丙酮	58	T_1	−19	537	2.5	13.0	2.00
丁酮	72	T_1	−6.1	505	1.8	11.5	2.48
环己酮	98	T_2	33.8	420	1.3	9.4	3.38

续附表 11

溶剂名称	相对分子质量	引燃温度组别	闪点/℃	引燃温度/℃	爆炸极限/%		蒸气密度（空气=1）
					下限	上限	
乙　醇	46	T_2	11.1	422	3.5	19.0	1.59
丙　醇	60	T_2	15	405	2.1	13.5	2.07
丁　醇	74	T_2	29	340	1.4	10.0	2.55
甲基纤维剂*	76	T_3	41	289	—	—	2.6
乙基纤维剂（乙二醇乙醚）*	90	T_3	41	238	2.6	15.7	3.1
丁基纤维剂（乙二醇丁醚）*	118	T_3	64	244	—	—	4.1
乙二醇乙醚乙酯	132	T_2	52	380	1.7	—	4.7
松节油*	136	T_3	35	253	0.8	—	4.8
樟脑油*	152	T_1	66	466	0.6	3.5	5.2
二氯乙烷	99	T_2	13.3	412	6.2	16.0	3.4
氯　苯	113	T_1	29	593	1.3	9.6	3.9

注：1. 表中数据取自1987年颁发的《中华人民共和国爆炸危险场所电气安全规程（试行）》，带“*”号项目数据取自ANSI/NFPA 86—1985。

2. 爆炸极限的容积值（%）换算成20℃时的单位体积空气溶剂含量（g/m^3）时，按下式计算：

$$a = \text{极限值}(\%) \times \text{蒸气密度} \times 1.2 \times 1000$$

式中　a——以单位体积空气中含有溶剂质量表示的爆炸极限值，g/m^3；

极限值(%)——爆炸极限值（%），如爆炸下限为1%，则该值为0.01；

蒸气密度——蒸气与空气的密度比值，空气密度为1；

1.2——20℃时单位体积空气质量，kg/m^3；

1000——千克换算为克的换算系数。

参考文献

[1] 李鸿波，李绮屏，韩志勇．彩色涂层钢板生产工艺与装备技术［M］．北京：冶金工业出版社，2006.

[2] 张启富，黄建中．有机涂层钢板［M］．北京：化学工业出版社，2003.

[3] 朱立，徐小连编著．彩色涂层钢板技术［M］．北京：化学工业出版社，2005.

[4] 周小舟．彩色涂层钢板的新工艺及新产品［J］．涂料技术与文摘，2004，№5.

[5] 刘国杰．现代涂料与涂装技术［M］．北京：中国轻工业出版社，2002.

[6] 李士俊．中国涂层钢板现状及发展［J］．上海，2004.

[7] 肖佑国，祝福君．预涂金属卷材及涂料［J］．2003.

[8] 王桂琴主编．电工学Ⅰ（电工技术）［M］．北京：机械工业出版社，2004. 1.

[9] 佟纯厚主编．近代交流调速（第二版）［M］．北京：冶金工业出版社，1995（2004 重印）．

[10] 牛秀岩主编．电机学［M］．北京：冶金工业出版社，1990（2006 重印）．

[11] 曹京宜．涂装质量控制技巧问答［M］．北京：化学工业出版社，2007.

[12] 张凤珍，张代儒，张瑜．彩色涂层钢板质量的提高［J］．2007-09-14．

[13] 虞莹莹．预涂卷材涂料的测试方法．江苏鸿业涂料科技产业有限公司（内部资料）．

[14] 魏竹波，周继维．金属清洗技术［M］．北京：化学工业出版社，2007.

[15] 淋涂设备技术管理细则及主要工艺参数［OL］．福建涂装网，2007. 09.

[16] 许秀飞．钢带热镀锌技术问答［M］．北京：化学工业出版社，2007.

[17] 黄英杰，等．钢板彩涂过程中张力控制系统的研究［J］．广东工业大学学报，2006. 12.

[18] 柯勇，林贤聪．变频器在固化炉带钢传动的张力控制的应用［OL］．控制网，2007. 12.

[19] 黄志坚，等．冶金设备液压润滑实用技术［M］．北京：冶金工业出版社，2006.

冶金工业出版社部分图书推荐

书　　名	定价(元)
彩色涂层钢板生产工艺与装备技术	69.00
铝加工技术实用手册	248.00
铝及铝合金粉材生产技术	25.00
铝合金特种管、型材生产技术	36.00
铝合金熔铸生产技术问答	49.00
铝合金材料的应用与技术开发	48.00
大型铝合金型材挤压技术与工模具优化设计	29.00
铝型材挤压模具设计、制造、使用及维修	43.00
镁合金制备与加工技术	128.00
半固态镁合金铸轧成形技术	26.00
铜加工技术实用手册	268.00
铜加工生产技术问答	69.00
铜水（气）管及管接件生产、使用技术	28.00
铜加工产品性能检测技术	36.00
冷凝管生产技术	29.00
铜及铜合金挤压生产技术	35.00
铜及铜合金熔炼与铸造技术	28.00
铜合金管及不锈钢管	20.00
现代铜盘管生产技术	26.00
高性能铜合金及其加工技术	29.00
薄板坯连铸连轧钢的组织性能控制	79.00
连续挤压技术及其应用	26.00
金属挤压理论与技术	25.00
金属塑性变形的实验方法	28.00
复合材料液态挤压	25.00
型钢孔型设计（第2版）	24.00
简明钣金展开系数计算手册	25.00
控制轧制控制冷却	22.00
热轧带钢生产知识问答（第2版）	35.00
冷轧带钢生产问答（第2版）	45.00
高炉生产知识问答（第2版）	35.00
高炉热风炉操作与煤气知识问答	29.00
转炉炼钢问答	29.00
电炉炼钢500问（第2版）	20.00
球团矿生产知识问答	19.00
金银生产与应用知识问答	22.00
高速轧机线材生产知识问答	33.00